수학 좀 한다면

# 최상위를 위한 특별 학습 서비스

**상위권 학습 자료**
상위권 단원평가＋경시 기출문제(디딤돌 홈페이지 www.didimdol.co.kr)

**문제풀이 동영상**
HIGH LEVEL 전 문항 및 LEVEL UP TEST 80%

**최상위 초등수학 5-1**

**펴낸날** [개정판 1쇄] 2022년 8월 15일 [개정판 6쇄] 2024년 8월 27일
**펴낸이** 이기열
**펴낸곳** (주)디딤돌 교육
**주소** (03972) 서울특별시 마포구 월드컵북로 122 청원선와이즈타워
**대표전화** 02-3142-9000
**구입문의** 02-322-8451
**내용문의** 02-323-9166
**팩시밀리** 02-338-3231
**홈페이지** www.didimdol.co.kr
**등록번호** 제10-718호

# 최상위 수학 5·1 학습 스케줄표

짧은 기간에 집중력 있게 한 학기 과정을 학습할 수 있도록 설계하였습니다.
방학 때 미리 공부하고 싶다면 8주 완성 과정을 이용하세요.

공부한 날짜를 쓰고 하루 분량 학습을 마친 후, 부모님께 확인 check ☑를 받으세요.

| | 월 일 | 월 일 | 월 일 | 월 일 | 월 일 |
|---|---|---|---|---|---|
| **1주** | **1. 자연수의 혼합 계산** | | | | |
| | 10~12 쪽 ☐ | 13~15 쪽 ☐ | 16~18 쪽 ☐ | 19~21 쪽 ☐ | 22~24 쪽 ☐ |

| | 월 일 | 월 일 | 월 일 | 월 일 | 월 일 |
|---|---|---|---|---|---|
| **2주** | **1. 자연수의 혼합 계산** | **2. 약수와 배수** | | | |
| | 25~27 쪽 ☐ | 32~34 쪽 ☐ | 35~37 쪽 ☐ | 38~40 쪽 ☐ | 41~43 쪽 ☐ |

| | 월 일 | 월 일 | 월 일 | 월 일 | 월 일 |
|---|---|---|---|---|---|
| **3주** | **2. 약수와 배수** | | | **3. 규칙과 대응** | |
| | 44~46 쪽 ☐ | 47~49 쪽 ☐ | 50~52 쪽 ☐ | 56~58 쪽 ☐ | 59~61 쪽 ☐ |

| | 월 일 | 월 일 | 월 일 | 월 일 | 월 일 |
|---|---|---|---|---|---|
| **4주** | **3. 규칙과 대응** | | | | **4. 약분과 통분** |
| | 62~64 쪽 ☐ | 65~67 쪽 ☐ | 68~70 쪽 ☐ | 71~73 쪽 ☐ | 78~81 쪽 ☐ |

## 공부를 잘 하는 학생들의 좋은 습관 8가지

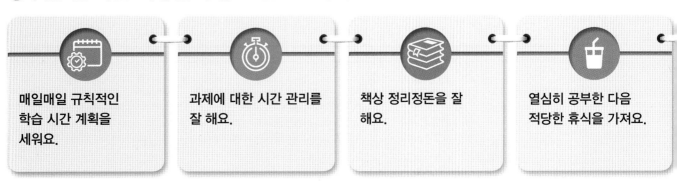

매일매일 규칙적인 학습 시간 계획을 세워요.

과제에 대한 시간 관리를 잘 해요.

책상 정리정돈을 잘 해요.

열심히 공부한 다음 적당한 휴식을 가져요.

# 12주 완성

| 7<sup>주</sup> | 월 일 | 월 일 | 월 일 | 월 일 | 월 일 |
|---|---|---|---|---|---|
| | **4. 약분과 통분** | | | | |
| | 84~85 쪽 ☐ | 86~87 쪽 ☐ | 88~89쪽 ☐ | 90~91 쪽 ☐ | 92~93 쪽 ☐ |

| 8<sup>주</sup> | 월 일 | 월 일 | 월 일 | 월 일 | 월 일 |
|---|---|---|---|---|---|
| | **4. 약분과 통분** | | **5. 분수의 덧셈과 뺄셈** | | |
| | 94~95 쪽 ☐ | 96~97 쪽 ☐ | 102~104 쪽 ☐ | 105~107 쪽 ☐ | 108~109 쪽 ☐ |

| 9<sup>주</sup> | 월 일 | 월 일 | 월 일 | 월 일 | 월 일 |
|---|---|---|---|---|---|
| | **5. 분수의 덧셈과 뺄셈** | | | | |
| | 110~111 쪽 ☐ | 112~113 쪽 ☐ | 114~115 쪽 ☐ | 116~117 쪽 ☐ | 118~119 쪽 ☐ |

| 10<sup>주</sup> | 월 일 | 월 일 | 월 일 | 월 일 | 월 일 |
|---|---|---|---|---|---|
| | **5. 분수의 덧셈과 뺄셈** | **6. 다각형의 둘레와 넓이** | | | |
| | 120~121 쪽 ☐ | 126~128 쪽 ☐ | 129~130 쪽 ☐ | 131~132 쪽 ☐ | 133~134 쪽 ☐ |

| 11<sup>주</sup> | 월 일 | 월 일 | 월 일 | 월 일 | 월 일 |
|---|---|---|---|---|---|
| | **6. 다각형의 둘레와 넓이** | | | | |
| | 135~136 쪽 ☐ | 137~138 쪽 ☐ | 139~140 쪽 ☐ | 141~142 쪽 ☐ | 143~144 쪽 ☐ |

| 12<sup>주</sup> | 월 일 | 월 일 | 월 일 | 월 일 | 월 일 |
|---|---|---|---|---|---|
| | **6. 다각형의 둘레와 넓이** | | | | |
| | 145~146 쪽 ☐ | 147~148 쪽 ☐ | 149~150 쪽 ☐ | 151~152 쪽 ☐ | 153~154 쪽 ☐ |

# 최상위 수학 5·1 학습 스케줄표

부담되지 않는 학습량으로 공부 습관을 기를 수 있도록 설계하였습니다.
학기 중 교과서와 함께 공부하고 싶다면 12주 완성 과정을 이용하세요.

**공부한 날짜를 쓰고 하루 분량 학습을 마친 후, 부모님께 확인 check☑를 받으세요.**

## 1주

| 월 일 | 월 일 | 월 일 | 월 일 | 월 일 |
|---|---|---|---|---|
| 1. 자연수의 혼합 계산 | | | | |
| 10~11쪽 | 12~13쪽 | 14~15쪽 | 16~17쪽 | 18~19쪽 |
| ☐ | ☐ | ☐ | ☐ | ☐ |

## 2주

| 월 일 | 월 일 | 월 일 | 월 일 | 월 일 |
|---|---|---|---|---|
| 1. 자연수의 혼합 계산 | | | | 2. 약수와 배수 |
| 20~21쪽 | 22~23쪽 | 24~25쪽 | 26~27쪽 | 32~34쪽 |
| ☐ | ☐ | ☐ | ☐ | ☐ |

## 3주

| 월 일 | 월 일 | 월 일 | 월 일 | 월 일 |
|---|---|---|---|---|
| 2. 약수와 배수 | | | | |
| 35~36쪽 | 37~38쪽 | 39~40쪽 | 41~42쪽 | 43~44쪽 |
| ☐ | ☐ | ☐ | ☐ | ☐ |

## 4주

| 월 일 | 월 일 | 월 일 | 월 일 | 월 일 |
|---|---|---|---|---|
| 2. 약수와 배수 | | | | 3. 규칙과 대응 |
| 45~46쪽 | 47~48쪽 | 49~50쪽 | 51~52쪽 | 56~57쪽 |
| ☐ | ☐ | ☐ | ☐ | ☐ |

## 5주

| 월 일 | 월 일 | 월 일 | 월 일 | 월 일 |
|---|---|---|---|---|
| 3. 규칙과 대응 | | | | |
| 58~59쪽 | 60~61쪽 | 62~63쪽 | 64~65쪽 | 66~67쪽 |
| ☐ | ☐ | ☐ | ☐ | ☐ |

## 6주

| 월 일 | 월 일 | 월 일 | 월 일 | 월 일 |
|---|---|---|---|---|
| 3. 규칙과 대응 | | | 4. 약분과 통분 | |
| 68~69쪽 | 70~71쪽 | 72~73쪽 | 78~80쪽 | 81~83쪽 |
| ☐ | ☐ | ☐ | ☐ | ☐ |

**8주 완성**

| 5주 | 월 일 | 월 일 | 월 일 | 월 일 | 월 일 |
|---|---|---|---|---|---|
| | 4. 약분과 통분 | | | | |
| | 82~85 쪽 ☐ | 86~88 쪽 ☐ | 89~91 쪽 ☐ | 92~94 쪽 ☐ | 95~97 쪽 ☐ |

| 6주 | 월 일 | 월 일 | 월 일 | 월 일 | 월 일 |
|---|---|---|---|---|---|
| | 5. 분수의 덧셈과 뺄셈 | | | | |
| | 102~105 쪽 ☐ | 106~109 쪽 ☐ | 110~112 쪽 ☐ | 113~115 쪽 ☐ | 116~118 쪽 ☐ |

| 7주 | 월 일 | 월 일 | 월 일 | 월 일 | 월 일 |
|---|---|---|---|---|---|
| | 5. 분수의 덧셈과 뺄셈 | 6. 다각형의 둘레와 넓이 | | | |
| | 119~121 쪽 ☐ | 126~129 쪽 ☐ | 130~133 쪽 ☐ | 134~136 쪽 ☐ | 137~139 쪽 ☐ |

| 8주 | 월 일 | 월 일 | 월 일 | 월 일 | 월 일 |
|---|---|---|---|---|---|
| | 6. 다각형의 둘레와 넓이 | | | | |
| | 140~142 쪽 ☐ | 143~145 쪽 ☐ | 146~148 쪽 ☐ | 149~151 쪽 ☐ | 152~154 쪽 ☐ |

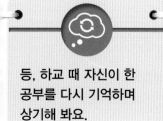

등, 하교 때 자신이 한 공부를 다시 기억하며 상기해 봐요.

모르는 부분에 대한 질문을 잘 해요.

수학 문제를 푼 다음 틀린 문제는 반드시 오답 노트를 만들어요.

자신만의 노트 필기법이 있어요.

초등 **5·1**

상위권의 기준

# 최상위 수학

수학 좀 한다면

# 구성과 특징

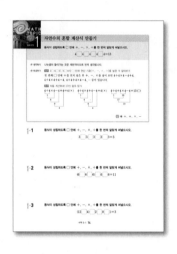

## MATH TOPIC

엄선된 대표 심화 유형들을 집중 학습함으로써 문제
해결력과 사고력을 향상시키는 단계입니다.

## BASIC CONCEPT

개념 설명과 함께 구성되어 있습니다.
교과서 개념 이외의 실전 개념, 연결 개념, 주의 개념,
사고력 개념을 함께 정리하여 심화 학습의 기본기를
갖출 수 있게 하였습니다.

## BASIC TEST

본격적인 심화 학습에 들어가기 전 단계로 개념을
적용해 보며 기본 실력을 확인합니다.

# HIGH LEVEL

교외 경시 대회에서 출제되는 수준 높은 문제들을 풀어 봄으로써 상위 3% 최상위권에 도전하는 단계입니다.

> 윗 단계로 올라가는 데 어려움이 없도록 BRIDGE 문제들을 각 코너별로 배치하였습니다.

# LEVEL UP TEST

대표 심화 유형 외의 다양한 심화 문제들을 풀어 봄으로써 해결 전략과 방법을 학습하고 상위권으로 한 걸음 나아가는 단계입니다.

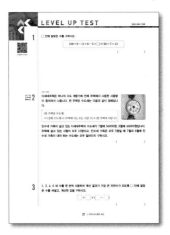

# 차례 ────────────────

# 자연수의 혼합 계산

# 사칙연산의 의미와 계산 순서

## 교환법칙과 결합법칙

2에 5를 더해도 7이 되고, 5에 2를 더해도 7이 됩니다. 즉 더하는 두 수의 순서를 바꾸어 더해도 합은 그대로예요.

2씩 3묶음도 6이고 3씩 2묶음도 6입니다. 곱하는 두 수의 순서를 바꾸어 곱해도 곱은 그대로이니까요.

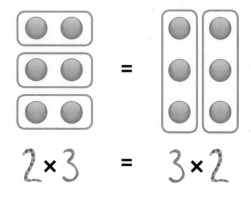

$$2 \times 3 = 3 \times 2$$

이처럼 덧셈이나 곱셈에서는 두 수의 순서를 서로 바꾸어 계산해도 식이 성립합니다. 이를 덧셈이나 곱셈의 **교환법칙**이라고 해요.

세 수를 더할 때 앞의 두 수를 먼저 더해도, 뒤의 두 수를 먼저 더해도 그 합은 같습니다. 또한 세 수를 곱할 경우 어떤 두 수를 먼저 곱하더라도 계산 결과는 같습니다.

$$2 \times 3 \times 5 = 2 \times 3 \times 5 = 2 \times 3 \times 5$$

6     15     10

30     30     30

이를 덧셈이나 곱셈의 **결합법칙**이라고 합니다.

## 덧셈과 곱셈의 합작, 분배법칙

다음 그림에서 전체 달의 개수는 4개씩 5묶음이므로 $4 \times 5 = 20$(개)예요. 노란색 달과 파란색 달의 개수를 각각 세어 볼까요?

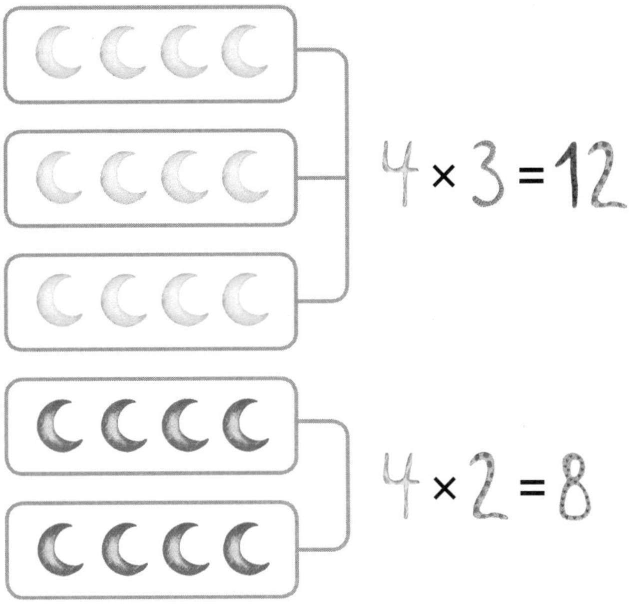

$$4 \times 3 = 12$$

$$4 \times 2 = 8$$

노란색 달은 4개씩 3묶음이므로 $4 \times 3 = 12$(개)이고, 파란색 달은 4개씩 2묶음이므로 $4 \times 2 = 8$(개)예요. 그래서 달은 모두 $12 + 8 = 20$(개)가 됩니다. 이를 하나의 식으로 나타내 볼게요.

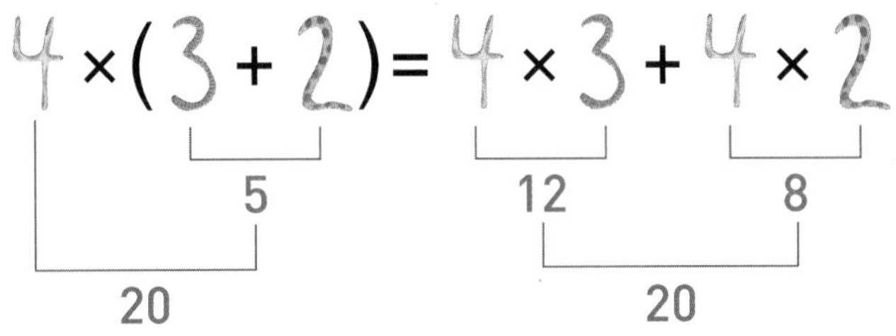

$$4 \times (3 + 2) = 4 \times 3 + 4 \times 2$$

이렇게 두 수의 합에 다른 수를 곱한 값은 두 수를 각각 곱한 것의 합과 같아요. 이것을 **분배법칙**이 성립한다고 말합니다.

## 곱셈과 나눗셈을 먼저 해야 하는 이유

사칙연산쯤이야 쉽게 할 수 있다고요? 그런데 덧셈에 곱셈, 거기에 뺄셈과 나눗셈까지 있는 식은 어떻게 계산해야 할까요? 이런 혼합 계산은 계산 순서가 아주 중요합니다. 다음 혼합 계산식을 서로 다른 순서로 계산해 볼게요.

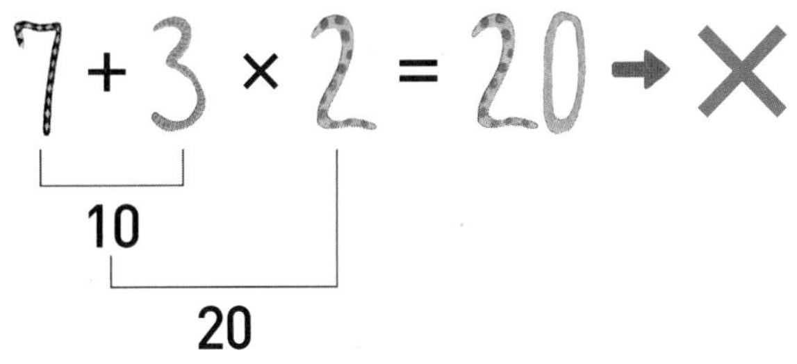

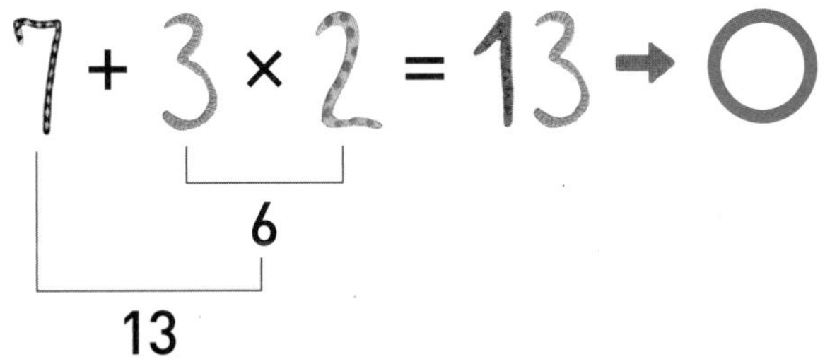

$$7 + 3 \times 2 = 20 \rightarrow \times$$

$$7 + 3 \times 2 = 13 \rightarrow \bigcirc$$

이렇게 혼합 계산에서는 계산하는 순서가 다르면 서로 다른 결과를 얻게 돼요. 그래서 덧셈, 뺄셈, 곱셈, 나눗셈이 섞여 있는 식은 **곱셈과 나눗셈을 먼저 계산**하기로 약속하고 있습니다.

# 1 자연수의 혼합 계산 (1)

## ❶ 덧셈과 뺄셈이 섞여 있는 식 계산하기

앞에서부터 차례로 계산합니다. ( )가 있는 식에서는 ( ) 안을 먼저 계산합니다.

$$42-29+7=13+7=20$$
$$42-(29+7)=42-36=6$$

## ❷ 곱셈과 나눗셈이 섞여 있는 식 계산하기

앞에서부터 차례로 계산합니다. ( )가 있는 식에서는 ( ) 안을 먼저 계산합니다.

$$40÷5×2=8×2=16$$
$$40÷(5×2)=40÷10=4$$

## ❸ 덧셈, 뺄셈, 곱셈이 섞여 있는 식 계산하기

곱셈을 먼저 계산합니다. ( )가 있는 식에서는 ( ) 안을 가장 먼저 계산합니다.

$$18+3×9-4=18+27-4$$
$$=45-4$$
$$=41$$

$$18+3×(9-4)=18+3×5$$
$$=18+15$$
$$=33$$

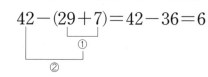

## ❶ 두 식을 비교하여 식의 계산 순서 알아보기

계산 순서에 따라 계산 결과가 달라질 수 있습니다.

$$36+2×6-4=36+12-4$$
$$=48-4$$
$$=44$$

$$36+2×(6-4)=36+2×2$$
$$=36+4$$
$$=40$$

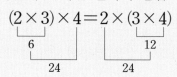

중등 연계

## ❶ 결합법칙

세 수의 덧셈이나 곱셈에서 어떤 두 수를 먼저 계산해도 계산 결과가 같습니다.

$$(3+4)+9=3+(4+9)$$

7     13

16     16

$$(2×3)×4=2×(3×4)$$

6     12

24     24

## ❷ 분배법칙

어떤 수에 두 수의 합을 곱한 값은 어떤 수를 두 수와 각각 곱한 것의 합과 같습니다.

$$2×(4+3)=2×4+2×3$$

7    8    6

14      14

**1** 계산 순서를 나타내고 계산하시오.

(1) $18-7\times2+24$

(2) $16+2\times9-7$

**2** 계산 결과를 비교하여 ○ 안에 $>$, $=$, $<$ 를 알맞게 써넣으시오.

$5\times10-6+34$ ◯ $5\times(10-6)+34$

**3** 다음은 어떤 식을 계산한 과정을 차례로 쓴 것입니다. 어떤 식을 계산한 것인지 하나의 식으로 나타내시오.

$2\times3=6$ ➡ $168\div6=28$ ➡ $28\div4=7$

(　　　　　　　　)

**4** ☐ 안에 알맞은 수를 써넣으시오.

$6\times(\boxed{\phantom{0}}-5)+27=81$

**5** 한 사람이 한 시간에 종이별을 3개 만들 수 있다고 합니다. 4명이 종이별 96개를 만들려면 몇 시간이 걸리는지 하나의 식으로 나타내어 구하시오.

식 _____

답 _____

**6** 대화를 보고 민아와 수호가 일주일 동안 줄넘기를 모두 몇 번 했는지 하나의 식으로 나타내어 구하시오.

> 민아: 난 일주일 동안 매일 줄넘기를 25번씩 했어.
> 수호: 난 일주일 중 2일은 쉬고 나머지 날은 매일 줄넘기를 45번씩 했어.

식 _____

답 _____

**7** 수 카드를 한 번씩 모두 사용하여 계산 결과가 3이 되도록 식을 만들려고 합니다. ☐ 안에 알맞은 수를 써넣으시오.

$\boxed{\phantom{0}}-\boxed{\phantom{0}}+\boxed{\phantom{0}}\times\boxed{\phantom{0}}=3$

# 2 자연수의 혼합 계산 (2)

## ❶ 덧셈, 뺄셈, 나눗셈이 섞여 있는 식 계산하기

나눗셈을 먼저 계산하고, (    )가 있으면 (    ) 안을 가장 먼저 계산합니다.

$$8+18 \div 2-4 = 8+9-4$$
$$= 17-4$$
$$= 13$$

$$(8+18) \div 2-4 = 26 \div 2-4$$
$$= 13-4$$
$$= 9$$

## ❷ 덧셈, 뺄셈, 곱셈, 나눗셈이 섞여 있는 식 계산하기

곱셈과 나눗셈을 먼저 계산하고, (    )가 있으면 (    ) 안을 가장 먼저 계산합니다.

$$53-80 \div 4+6 \times 4 = 53-20+6 \times 4$$
$$= 53-20+24$$
$$= 33+24$$
$$= 57$$

$$53-80 \div (4+6) \times 4 = 53-80 \div 10 \times 4$$
$$= 53-8 \times 4$$
$$= 53-32$$
$$= 21$$

---

## ❶ 상황에 맞는 혼합 계산식 만들기

> 1자루에 600원인 연필과 4권에 2000원인 공책이 있습니다. 연필 7자루와 공책 5권을 사고 10000원을 냈습니다. 받아야 할 거스름돈은 얼마인지 하나의 식으로 나타내어 구하시오.

① 각각의 부분을 식으로 나타냅니다.

(연필 7자루의 값)$=600 \times 7=4200$(원)

(공책 1권의 값)$=2000 \div 4=500$(원), (공책 5권의 값)$=2000 \div 4 \times 5=2500$(원)

(연필 7자루와 공책 5권의 값)$=600 \times 7+2000 \div 4 \times 5=6700$(원)

② 하나의 식으로 나타냅니다.

(받아야 할 거스름돈)$=10000-(600 \times 7+2000 \div 4 \times 5)=3300$(원)

---

## ❶ 등식이 성립하도록 (    )로 묶기

$$40 - 5 \times 2 + 4 = 26$$

• + 또는 −가 있는 식을 (    )로 묶어 보기

➡ $(40-5) \times 2+4=35 \times 2+4=70+4=74$ (×)

➡ $40-5 \times (2+4)=40-5 \times 6=40-30=10$ (×)

• 세 수로 이루어진 식을 (    )로 묶어 보기

➡ $40-(5 \times 2+4)=40-(10+4)=40-14=26$ (○)

**1** 계산 순서에 맞게 ○ 안에 번호를 써넣고, 계산하시오.

$$(4 + 9) \times 3 - 40 \div 8$$
↑    ↑    ↑    ↑
○    ○    ○    ○

(         )

**2** 계산이 잘못된 곳을 찾아 ○표 하고 바르게 고쳐 계산하시오.

$$90 - 72 \div 9 + 5 = 18 \div 9 + 5$$
$$= 2 + 5$$
$$= 7$$

↓

$$90 - 72 \div 9 + 5$$

**3** 계산 결과가 큰 것부터 차례로 기호를 쓰시오.

㉠ $(36 - 12) \div 4 \times 3 + 3$
㉡ $36 - 12 \div (4 \times 3) + 3$
㉢ $36 - 12 \div 4 \times (3 + 3)$

(         )

**4** 가◆나＝가＋가×나일 때 다음을 계산하시오.

$$(5 \diamond 8) - (3 \diamond 6)$$

(         )

**5** 연필 한 타의 무게는 300 g이고, 똑같은 지우개 5개의 무게는 120 g입니다. 연필 4자루와 지우개 한 개의 무게를 합하면 몇 g인지 하나의 식으로 나타내어 구하시오.

식 ..........................................................

답 ..........................................................

**6** 서아는 당근과 양파를 각각 4개씩 사고, 연우는 깻잎을 2봉지 샀습니다. 서아가 쓴 돈은 연우가 쓴 돈보다 얼마나 많은지 하나의 식으로 나타내어 구하시오.

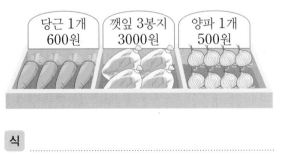

당근 1개 600원 | 깻잎 3봉지 3000원 | 양파 1개 500원

식 ..........................................................

답 ..........................................................

## 자연수의 혼합 계산식 만들기

등식이 성립하도록 □ 안에 $+$, $-$, $\times$, $\div$를 한 번씩 알맞게 써넣으시오.

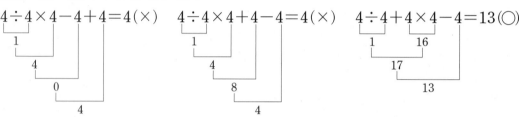

$$4\ \square\ 4\ \square\ 4\ \square\ 4\ \square\ 4=13$$

● 생각하기　나눗셈이 들어가는 곳은 제한적이므로 먼저 생각합니다.

● 해결하기　**1단계** $4\square4\square4\square4\square4$의 □ 안에 연산 기호($+$, $-$, $\times$, $\div$)를 넣은 식 알아보기

첫 번째 □ 안에 $\div$를 먼저 넣은 후 $+$, $-$, $\times$를 넣어 보면 $4\div4\times4-4+4$,
$4\div4\times4+4-4$, $4\div4+4\times4-4$, … 등이 있습니다.

**2단계** 식을 계산하여 13인 경우 찾기

$$4\div4\times4-4+4=4(\times)\qquad 4\div4\times4+4-4=4(\times)\qquad 4\div4+4\times4-4=13(\bigcirc)$$

$4\div4\times4-4+4$: $1$, $4$, $0$, $4$

$4\div4\times4+4-4$: $1$, $4$, $8$, $4$

$4\div4+4\times4-4$: $1$, $16$, $17$, $13$

답　예 $\div$, $+$, $\times$, $-$

**1-1**　등식이 성립하도록 □ 안에 $+$, $-$, $\times$, $\div$를 한 번씩 알맞게 써넣으시오.

$$3\ \square\ 3\ \square\ 3\ \square\ 3\ \square\ 3=3$$

**1-2**　등식이 성립하도록 □ 안에 $+$, $-$, $\times$, $\div$를 한 번씩 알맞게 써넣으시오.

$$(6\ \square\ 6\ \square\ 6)\ \square\ 6\ \square\ 6=11$$

**1-3**　등식이 성립하도록 □ 안에 $+$, $-$, $\times$, $\div$를 한 번씩 알맞게 써넣으시오.

$$(12\ \square\ 4)\ \square\ 2\ \square\ 8\ \square\ 1=3$$

## 심화유형 2 어떤 수 구하기

어떤 수의 5배에 24를 6으로 나눈 몫을 더했더니 13과 3의 곱과 같았습니다. 어떤 수를 구하시오.

● 생각하기 　 어떤 수를 □라고 하여 식을 세웁니다.

● 해결하기 　 **1단계** 어떤 수를 □라고 하여 식 세우기

어떤 수의 5배에 24를 6으로 나눈 몫을 더했다는 것을 식으로 나타내면

$\square \times 5 + 24 \div 6$이고, 이 식의 값이 13과 3의 곱과 같으므로

$\square \times 5 + 24 \div 6 = 13 \times 3$입니다.

**2단계** 어떤 수 구하기

$\square \times 5 + 24 \div 6 = 13 \times 3$, $\square \times 5 + 4 = 39$, $\square \times 5 = 35$, $\square = 7$이므로

어떤 수는 7입니다.

답 7

**2-1** 어떤 수를 8과 5의 차로 나눈 몫에 16을 곱한 다음 7과 4의 곱을 뺐더니 36이 되었습니다. 어떤 수를 구하시오.

( 　　　　　 )

**2-2** 어떤 수보다 5 큰 수의 6배는 84를 9와 5의 차로 나눈 몫에 27을 더한 수와 같습니다. 어떤 수를 구하시오.

( 　　　　　 )

**2-3** 80에서 어떤 수를 빼고 2를 곱해야 하는데 잘못하여 80에 어떤 수를 더하고 2로 나누었더니 50이 되었습니다. 바르게 계산하면 얼마입니까?

( 　　　　　 )

## □ 안에 들어갈 수 있는 수 구하기

□ 안에 들어갈 수 있는 가장 큰 자연수를 구하시오.

$$24 \div (2+6) \times \square < 65 - (4+6) \times 4 \div 8$$

● 생각하기　혼합 계산을 하여 식을 간단하게 한 다음 두 수의 크기를 비교합니다.

● 해결하기　**1단계** 혼합 계산하기

$24 \div (2+6) \times \square < 65 - (4+6) \times 4 \div 8$에서

$24 \div (2+6) \times \square = 24 \div 8 \times \square = 3 \times \square$이고

$65 - (4+6) \times 4 \div 8 = 65 - 10 \times 4 \div 8 = 65 - 40 \div 8 = 65 - 5 = 60$입니다.

**2단계** □ 안에 들어갈 수 있는 수 구하기

$3 \times \square < 60$에서 $\square < 60 \div 3$, $\square < 20$이므로 □ 안에 들어갈 수 있는 자연수 중에서 가장 큰 수는 19입니다.

답 19

---

**3-1**　□ 안에 들어갈 수 있는 가장 큰 자연수를 구하시오.

$$18 \div (6-4) \times \square < 34 + 2 \times (11-4) \div 7$$

(　　　　　　　　)

**3-2**　종이에 물감이 묻어 계산식에서 수가 보이지 않습니다. 보이지 않는 부분에 들어갈 수 있는 가장 작은 자연수를 구하시오.

$$\text{▨} + 5 \times (8-2) > 35 + (24-7) \times 4 \div 2$$

(　　　　　　　　)

**3-3**　□ 안에 들어갈 수 있는 자연수는 모두 몇 개인지 구하시오.

$$7 + (12-8) \times \square < 63 - 3 \times (17+8) \div 15$$

(　　　　　　　　)

## MATH TOPIC 4

### 심화유형 4 계산 결과가 가장 클 때의 값과 가장 작을 때의 값 구하기

수 카드 2 , 3 , 8 을 한 번씩 사용하여 다음과 같은 식을 만들려고 합니다. 계산 결과가 가장 클 때의 값과 가장 작을 때의 값을 차례로 구하시오.

$$36 \times (\square + \square) - \square$$

● 생각하기   계산 결과를 가장 크게(작게) 만들려면 곱하는 두 수가 최대(최소)가 되어야 합니다.

● 해결하기   **1단계** 계산 결과가 가장 클 때의 값 구하기

계산 결과를 가장 크게 만들려면 곱하는 수가 최대, 빼는 수는 최소가 되어야 하므로
$36 \times (3+8) - 2$ 또는 $36 \times (8+3) - 2$입니다.
따라서 계산 결과가 가장 클 때의 값은
$36 \times (3+8) - 2 = 36 \times (8+3) - 2 = 36 \times 11 - 2 = 396 - 2 = 394$입니다.

**2단계** 계산 결과가 가장 작을 때의 값 구하기

계산 결과를 가장 작게 만들려면 곱하는 수가 최소, 빼는 수는 최대가 되어야 하므로
$36 \times (2+3) - 8$ 또는 $36 \times (3+2) - 8$입니다.
따라서 계산 결과가 가장 작을 때의 값은
$36 \times (2+3) - 8 = 36 \times (3+2) - 8 = 36 \times 5 - 8 = 180 - 8 = 172$입니다.

답 394, 172

**4-1** 수 카드 3 , 4 , 7 을 한 번씩 사용하여 다음과 같은 식을 만들려고 합니다. 계산 결과가 가장 클 때의 값과 가장 작을 때의 값을 차례로 구하시오.

$$(\square + \square) \times 43 - \square$$

(                    )

**4-2** 수 카드 2 , 6 , 9 를 한 번씩 사용하여 다음과 같은 식을 만들려고 합니다. 계산 결과가 가장 클 때의 값과 가장 작을 때의 값의 곱을 구하시오.

$$108 \div (\square \times \square) + \square$$

(                    )

## 등식이 성립하도록 (    )로 묶기

등식이 성립하도록 (    )로 묶으시오.

$$24 \times 8 \div 4 \times 2 \div 6 - 2 = 2$$

● 생각하기

방법1 직접 (    )로 묶어 보고 구합니다.

방법2 논리적으로 생각하여 (    )를 어디에 넣어야 하는지 생각해 봅니다.
계산한 값이 2이므로 나누는 수를 크게 합니다.

● 해결하기

1단계 $24 \times 8 \div 4 \times 2 \div 6 - 2$를 (    )로 묶어 보기

직접 (    )로 묶어 보면 $24 \times (8 \div 4) \times 2 \div 6 - 2$, $24 \times 8 \div 4 \times 2 \div (6 - 2)$, $24 \times (8 \div 4 \times 2) \div 6 - 2$, $24 \times 8 \div (4 \times 2) \div 6 - 2$가 있습니다.

2단계 식을 계산하여 결과가 2인 경우 찾기

· $24 \times (8 \div 4) \times 2 \div 6 - 2 = 24 \times 2 \times 2 \div 6 - 2 = 14$ (×)

· $24 \times 8 \div 4 \times 2 \div (6 - 2) = 24 \times 8 \div 4 \times 2 \div 4 = 24$ (×)

· $24 \times (8 \div 4 \times 2) \div 6 - 2 = 24 \times 4 \div 6 - 2 = 14$ (×)

· $24 \times 8 \div (4 \times 2) \div 6 - 2 = 24 \times 8 \div 8 \div 6 - 2 = 2$ (○)

답 $24 \times 8 \div (4 \times 2) \div 6 - 2 = 2$

**5-1** 등식이 성립하도록 (    )를 한 번 사용하여 묶으시오.

$$8 \times 26 + 4 \div 10 - 2 = 22$$

**5-2** 등식이 성립하도록 (    )를 한 번 사용하여 묶으시오.

$$10 + 12 \div 4 - 6 \div 3 + 2 = 9$$

**5-3** 등식이 성립하도록 (    )를 2번 사용하여 묶으시오.

$$20 + 14 + 26 \times 15 - 13 = 100$$

# MATH TOPIC 6
**심화유형**

## 실생활 상황에 맞는 혼합 계산식 만들기

상호네 반 학생은 42명입니다. 이 중 몇 명은 9명씩 4모둠으로 나누어 야구를 하고, 나머지 학생은 다른 반 학생 10명과 함께 피구를 했습니다. 피구를 한 학생은 몇 명입니까?

● 생각하기
　• 문제를 읽고, 각 부분으로 나누어 식으로 표현한 후, 하나의 식으로 만듭니다.
　• 덧셈, 뺄셈, 곱셈이 섞여 있는 식에서는 곱셈을 먼저 계산한 후, 앞에서부터 차례로 계산합니다.

● 해결하기
　**1단계** 각 부분으로 나누어 식으로 나타내기
　9명씩 4모둠으로 나누어 야구를 하고 ➡ $9 \times 4$
　42명 중 몇 명은 9명씩 4모둠으로 나누어 야구를 하고 나머지 학생은 ➡ $42 - 9 \times 4$
　나머지 학생은 다른 반 학생 10명과 함께 피구를 했습니다. ➡ $42 - 9 \times 4 + 10$

　**2단계** 피구를 한 학생 수 구하기
$$42 - 9 \times 4 + 10 = 42 - 36 + 10$$
$$= 6 + 10 = 16$$
　따라서 피구를 한 학생은 16명입니다.

**답** 16명

---

**6-1** 경민이는 한 상자에 10개씩 들어 있는 과자를 7상자 사서 누나와 똑같이 나누어 가졌습니다. 그리고 친구에게 8개를 주었습니다. 경민이에게 남은 과자는 몇 개인지 하나의 식으로 나타내어 구하시오.

식 ........................................　　　답 ........................................

---

**6-2** 민희는 용돈으로 3000원을 받았습니다. 이 돈으로 3개에 900원 하는 지우개 한 개와 700원짜리 공책 한 권을 샀습니다. 지우개와 공책을 사고 남은 돈은 얼마인지 하나의 식으로 나타내어 구하시오.

식 ........................................　　　답 ........................................

---

**6-3** 어느 과수원에서 수확한 사과 4780개를 한 상자에 30개씩 상자 50개와 한 상자에 40개씩 상자 80개에 나누어 담았습니다. 상자에 담지 못한 사과는 몇 개인지 하나의 식으로 나타내어 구하시오.

식 ........................................　　　답 ........................................

# MATH TOPIC 7
심화유형

## 자연수의 혼합 계산을 활용한 교과통합유형

STEAM형
■●▲

수학+사회

바코드는 총 13개의 숫자로 이루어져 있습니다. 마지막 열세 번째 숫자는 앞의 12개의 숫자들에 의해 결정되는 '검사 숫자'입니다. 검사 숫자를 찾는 방법은 다음과 같습니다. (홀수 번째 자리 숫자의 합)＋(짝수 번째 자리 숫자의 합)×3＋(검사 숫자)의 일의 자리가 0이 되어야 합니다. 이와 같은 방법으로 바코드의 검사 숫자를 구하시오.

8  802045  67890 □
국가 코드  제조업체 코드  상품 코드
↑
검사 숫자

● **생각하기**  바코드 숫자의 규칙을 알아봅니다.

● **해결하기**  **1단계** 바코드 숫자의 규칙에 맞는 식 세우기

(홀수 번째 자리 숫자의 합)＋(짝수 번째 자리 숫자의 합)×3＋(검사 숫자)

＝(8＋0＋0＋5＋7＋9)＋(8＋2＋4＋6＋8＋0)×3＋(검사 숫자)

＝ ☐ ＋ ☐ ×3＋(검사 숫자)＝ ☐ ＋ ☐ ＋(검사 숫자)

＝ ☐ ＋(검사 숫자)

**2단계** 검사 숫자 찾기

☐ 과 검사 숫자를 더하여 일의 자리가 0이 되어야 하므로 검사 숫자는 ☐ 입니다.

답 ☐

---

## 7-1

수학+체육

기초대사량은 체온을 유지하고 숨을 쉬고 심장을 뛰게 하는 등 기초적인 활동을 위해 필요한 에너지를 말합니다. 기초대사량이 높으면 사용되는 에너지가 많기 때문에 효과적으로 체중 조절을 할 수 있습니다. 개인의 신체 조건에 따라 기초대사량은 차이가 있지만 보통 다음과 같은 방법으로 기초대사량(kcal)을 구할 수 있습니다.

에너지 소비의 약 $70^*$%는 기초대사

기초대사의 거의 대부분은 근육에서 이루어집니다.

*%: 백분율이라고 하며 기준량을 100으로 할 때 비교하는 양의 비율을 나타냅니다.

> 남자: 66＋14×(체중)＋5×(키)－7×(나이)
> 여자: 655＋10×(체중)＋2×(키)－5×(나이)

**위와 같은 방법으로 은우와 강준이의 기초대사량은 각각 몇 kcal인지 구하시오.**

| 이름 | 성별 | 나이(살) | 키(cm) | 체중(kg) |
|------|------|---------|--------|---------|
| 은우 | 여자 | 12 | 146 | 39 |
| 강준 | 남자 | 12 | 150 | 45 |

은우 (                              ), 강준 (                              )

문제풀이 동영상

**1** □ 안에 알맞은 수를 구하시오.

$$108 \div 9 - (3 \times 6 - 5 \times \square) + 28 \div 7 = 13$$

( )

수학+사회

STE
AM형 **2**
■●▲

다세대주택은 하나의 수도 계량기에 전체 주택에서 사용한 사용량이 합쳐져서 나옵니다. 한 주택당 수도세는 다음과 같이 정해집니다.

> (한 주택당 수도세)
> =(전체 수도세)÷(주택에 사는 모든 사람 수)×(한 주택의 사람 수)

민수네 가족이 살고 있는 다세대주택의 전체 수도세가 7월에 56000원, 8월에 48000원입니다. 주택에 살고 있는 사람이 모두 16명이고, 민수네 가족은 모두 5명일 때 7월과 8월에 민수네 가족이 내야 하는 수도세는 모두 얼마인지 구하시오.

( )

**3** 1, 3, 4, 6 네 수를 한 번씩 사용하여 계산 결과가 가장 큰 자연수가 되도록 □ 안에 알맞은 수를 써넣고, 계산한 값을 구하시오.

$$\square \div \square \times (\square - \square)$$

( )

**4** ㉠♣㉡＝㉠×㉡－㉠×(㉡－㉠)일 때 ☐ 안에 알맞은 수를 구하시오. (단, ☐＜7입니다.)

$$☐♣7=25$$

(               )

**서술형 5** 어떤 수와 36의 곱에서 어떤 수와 26의 곱을 빼면 170입니다. 어떤 수는 얼마인지 풀이 과정을 쓰고 답을 구하시오.

풀이 ......................................................................................................

......................................................................................................

......................................................................................................

답 ......................................

**6** 세 개의 식을 하나의 식으로 나타내시오.

- $5 \times 3 + 1 = 16$
- $247 - 10 \times 5 = 197$
- $16 - 24 \div 3 + 2 = 10$

식 ......................................................................................................

**서술형 7** 길이가 117 cm인 종이테이프를 9등분 한 것 중의 한 도막과 길이가 105 cm인 종이테이프를 7등분 한 것 중의 한 도막을 3 cm가 겹치도록 이어 붙였습니다. 이어 붙인 종이테이프의 전체 길이는 몇 cm인지 풀이 과정을 쓰고 답을 구하시오.

풀이

답

**8** 길이가 7 m 60 cm인 철사를 둘로 나누려고 합니다. 긴 철사를 짧은 철사보다 80 cm 더 길게 하려면 긴 철사의 길이를 몇 cm로 해야 합니까?

( )

수학+사회

**STEAM형 9** '되로 주고 말로 받는다.'는 속담이 있습니다. 이 속담은 하나를 주고 몇 배로 돌려 받는다는 뜻입니다. 되와 말은 옛날에 쓰던 들이의 단위로 지금도 종종 사용되고 있으며 한 되는 약 1 L 800 mL이고 한 말은 한 되의 10배입니다. 시장에서 보리쌀을 윤지 어머니는 5말 2되, 성현이 어머니는 8말 사셨습니다. 윤지 어머니와 성현이 어머니가 사신 보리쌀은 모두 약 몇 mL입니까?

( )

서술형 **10** 달걀 한 판은 30개입니다. 어느 음식점에서는 달걀을 매일 두 판보다 12개씩 더 사용합니다. 이 음식점에서 달걀 몇 판을 사 와서 일주일 동안 사용하였더니 남은 달걀이 한 판과 6개였습니다. 처음에 사 온 달걀은 몇 개인지 풀이 과정을 쓰고 답을 구하시오.

풀이 ................................................................................................................

.............................................................................................................................

.............................................................................................................................

답 ............................................

**11** 자전거 한 대를 빌려 타는 데 30분에 1600원이라고 합니다. 자전거 5대를 8사람이 1시간 30분 동안 빌려 타고 똑같이 나누어 대여비를 내기로 했습니다. 한 사람이 내야 하는 돈은 얼마입니까?

( )

**12** 보기 와 같이 4개의 6과 ＋, －, ×, ÷, ( )를 사용하여 계산 결과가 1이 되는 식을 2개 만드시오. (단, ＋, －, ×, ÷, ( )를 모두 사용하지 않아도 됩니다.)

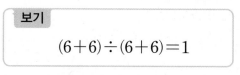

보기

$(6＋6)÷(6＋6)＝1$

식 ....................................

▶경시
기출▶
▶문제 **1**

문제풀이 동영상

☐ 안에 ＋, －, ×, ÷ 중 서로 다른 연산 2개를 사용하여 계산 결과가 자연수가 되는 식을 모두 몇 개 만들 수 있는지 구하시오.

$$4\ \square\ 7\ \square\ 9$$

(           )

**2**

우리나라의 초고속열차는 KTX로 2004년부터 운행하였습니다. 최고 속도는 시속 300 km이며 직선 구간에서는 이보다 더 빠르게 달릴 수 있습니다. KTX의 전체 차량의 길이는 388 m이고, 차량 내 좌석 수는 모두 935석입니다. 한 시간에 300 km의 빠르기로 달리고 있는 KTX가 터널에 들어가기 시작한 지 2분 만에 완전히 통과하였다면 이 터널의 길이는 몇 m입니까?

(           )

▶경시
기출▶
▶문제 **3**

☐ 안에 ＋, －, ×, ÷ 중에서 서로 다른 세 개를 써넣으려고 합니다. 계산 결과로 가능한 자연수를 모두 구하시오.

$$5\ \square\ 4\ \square\ 3\ \square\ 2$$

(           )

서술형 **4** 세 자연수 가, 나, 다가 다음 식을 만족할 때 가＋나×나＋다의 값을 구하려고 합니다. 풀이 과정을 쓰고 답을 구하시오. (단, 가＞나＞다입니다.)

> · 가×나×다＝80
> · 가＋다＝10

풀이 ....................................................................................................................

........................................................................................................................

........................................................................................................................

답 ..............................................................

**5** 과일 가게에서 사과 300개를 135000원에 사 와서 한 개에 350원의 이익을 남기고 팔기로 했습니다. 팔다 남은 사과는 썩어서 팔지 못하고 버렸습니다. 사과를 팔아 93000원의 이익을 남겼다면 썩어서 버린 사과는 몇 개인지 구하시오.

(           )

**6** 다음과 같은 규칙으로 계산할 때 □ 안에 알맞은 수를 구하시오.

> $2♣3＝2×2×2$      $4♣5＝4×4×4×4×4$      $6♣2＝6×6$

$$□♣(5♣3－3♣4)＋4♣2＝17$$

(           )

**경시 기출 문제 7**

■, ▲, ♥, ●가 다음 조건을 모두 만족할 때 ■×▲＋♥×●의 값을 구하시오.

> ㉠ ■, ▲, ♥, ●는 11, 13, 16, 21 중 서로 다른 수입니다.
> ㉡ ■＋2×▲＋●＝51
> ㉢ ■＋♥＋2×●＝63

(             )

**경시 기출 문제 8**

㉠, ㉡, ㉢이 1부터 9까지의 자연수 중에서 서로 다른 수일 때 다음을 만족하는 (㉠, ㉡, ㉢)은 모두 몇 가지인지 구하시오. (단, ㉠은 3으로 나누어떨어집니다.)

$$4 < ㉠ ÷ 3 ＋ ㉡ × 2 － ㉢ < 9$$

(             )

# 연필 없이 생각 톡

색종이를 접어서 오린 다음 펼치면 어떤 모양이 될까요?

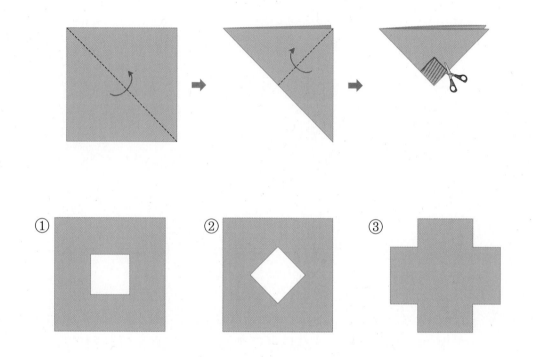

①   ②   ③

# 약수와 배수

# 약수와 배수가 필요한 순간

## 약수는 나눗셈으로, 배수는 곱셈으로

8개의 사과를 똑같이 나누어 주려고 합니다. 몇 명에게 나누어 줄 수 있을까요? 이 질문에 답하려면 8을 어떤 수로 나누어야 나누어떨어지는지 생각해 보아야 합니다.

$8 \div 1 = 8$, $8 \div 2 = 4$, $8 \div 4 = 2$, $8 \div 8 = 1$이므로
8개를 1개씩 주면 8명에게 줄 수 있고,
2개씩 주면 4명에게,
4개씩 주면 2명에게,
8개씩 주면 1명에게만 줄 수 있습니다.

이때 8을 나누어떨어지게 하는 수 1, 2, 4, 8을 8의 약수라고 불러요. 약수(約數)의 約에 '묶는다'는 뜻이 있거든요.

배수(倍數)의 倍는 '곱' 또는 '갑절'이라는 뜻으로, 배수는 어떤 수를 1배, 2배, 3배, … 한 수를 나타내요. 예를 들어 4의 배수는 4를 1배, 2배, 3배, 4배, … 한 수인 4, 8, 12, 16, …입니다. 이처럼 약수는 나눗셈으로 구할 수 있고 배수는 곱셈으로 구할 수 있어요.

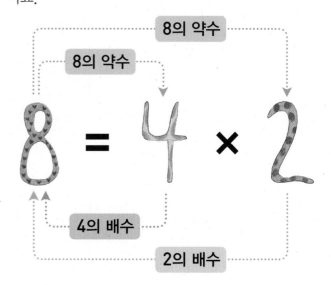

## 가장 큰 공약수, 최대공약수

사과 8개와 배 20개를 가장 많은 사람에게 똑같이 나누어 주려고 해요. 이번에는 8의 약수는 물론이고 20의 약수도 생각해야 하겠죠? 두 수의 공통된 약수인 공약수를 알아야 사과와 배 두 가지를 다 공평하게 나누어 줄 수 있으니까요.

> **8의 약수:** 1, 2, 4, 8
>
> **20의 약수:** 1, 2, 4, 5, 10, 20

두 수의 약수 중 같은 수는 2와 4입니다. 가장 많은 사람에게 나누어 주려면 공약수 중 가장 큰 수인 4를 사용해야 해요. 사과는 4명에게 2개씩, 배는 4명에게 5개씩 나누어 줄 수 있어요. 이때 8과 20의 공약수 중 가장 큰 수인 4를 두 수의 최대공약수라고 해요.

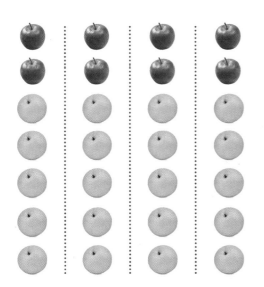

## 가장 작은 공배수, 최소공배수

덜 잠긴 수도꼭지 두 개가 있습니다. 왼쪽 수도꼭지에서는 물이 6초마다 한 방울씩, 오른쪽 수도꼭지에서는 물이 10초마다 한 방울씩 떨어져요. 만약 지금 두 수도꼭지에서 동시에 물방울이 떨어진다면, 다음에 처음으로 동시에 물방울이 떨어지는 때는 몇 초 후일까요? 한쪽씩 물방울이 떨어지는 시각을 따져 볼게요. 왼쪽 수도꼭지에서 물방울이 떨어지는 시각은 6의 배수로 늘어나고, 오른쪽은 10의 배수로 늘어나요.

> **왼쪽:** 6초, 12초, 18초, 24초, 30초, …
>
> **오른쪽:** 10초, 20초, 30초, 40초, 50초, …

시각을 나열하다 보면 해결 방법이 떠올랐을 거예요. 6의 배수와 10의 배수 중 공통된 수, 그 중에서도 가장 작은 수를 찾으면 해결됩니다. 즉 6과 10의 최소공배수인 30을 찾는 문제예요. 두 수도꼭지에서 다음에 처음으로 동시에 물방울이 떨어지는 때는 30초 후입니다.

# 1 약수와 배수

## ① 약수와 배수

묶는다는 뜻으로 주어진 대상을 똑같은 묶음 여러 개로 나눈다는 뜻

곱한다는 뜻으로 똑같은 수가 거듭해 커진다는 뜻

| 약수(約數) | 배수(倍數) |
|---|---|
| 어떤 수를 나누어떨어지게 하는 수 | 어떤 수를 1배, 2배, 3배, …한 수 |
| $8 \div 1 = 8$ <br> $8 \div 2 = 4$ <br> $8 \div 4 = 2$ <br> $8 \div 8 = 1$ | $8 \times 1 = 8$ <br> $8 \times 2 = 16$ <br> $8 \times 3 = 24$ <br> ⋮ |
| 8의 약수 | 8의 배수 |

## ② 곱을 이용하여 약수와 배수의 관계 알아보기

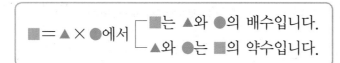

■＝▲×●에서 ┌ ■는 ▲와 ●의 배수입니다.
            └ ▲와 ●는 ■의 약수입니다.

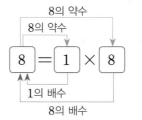

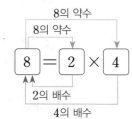

---

**실전 개념**

## ① 약수의 기본 성질

• 1은 모든 수의 약수입니다.

• 0이 아닌 모든 수는 자기 자신을 약수로 갖습니다.

## ② 주어진 범위 안에 있는 배수가 몇 개인지 구하기 어떤 수의 배수는 무수히 많습니다.

• 20부터 100까지의 수 중에서 8의 배수의 개수

1부터 100까지의 수 중에서 8의 배수의 개수 ➡ $100 \div 8 = 12 \cdots 4$이므로 12개

1부터 19까지의 수 중에서 8의 배수의 개수 ➡ $19 \div 8 = 2 \cdots 3$이므로 2개

따라서 20부터 100까지의 수 중에서 8의 배수의 개수는 $12 - 2 = 10$(개)입니다.

20부터이므로 $20 - 1 = 19$까지를 생각합니다.

---

**연결 개념**

[중등 연계]

## ① 배수 판정법

① 2의 배수: 일의 자리 숫자가 짝수인 수

② 3의 배수: 각 자리 숫자의 합이 3의 배수인 수 예 417: $4 + 1 + 7 = 12$ ➡ 3의 배수

③ 4의 배수: 마지막 두 자리 수가 00이거나 4의 배수인 수

예 200 ➡ 4의 배수, 328 ➡ 4의 배수

■00＝■×100 ➡ 100이 4의 배수이므로 끝의 두 자리가 00이면 4의 배수

■▲●＝■×100＋▲● ➡ ▲●가 4의 배수이면 4의 배수
                              4의 배수

④ 5의 배수: 일의 자리 숫자가 0 또는 5인 수

⑤ 9의 배수: 각 자리 숫자의 합이 9의 배수인 수 예 369: $3 + 6 + 9 = 18$ ➡ 9의 배수

■▲●＝■×100＋▲×10＋●＝■×(99＋1)＋▲×(9＋1)＋●

＝■×99＋▲×9＋■＋▲＋● ➡ ■＋▲＋●가 3(또는 9)의 배수이면 3(또는 9)의 배수

3(또는 9)의 배수

# BASIC TEST

**1** 약수의 수가 많은 수부터 순서대로 쓰시오.

$$12 \quad 27 \quad 36$$

( )

**2** 보기 에서 약수와 배수의 관계인 수를 모두 찾아 쓰시오.

보기

$$3 \quad 7 \quad 9 \quad 14 \quad 28$$

약수┐ ┌배수
( 3 , 9 ) ( , )
( , ) ( , )

**3** 다음 조건을 모두 만족하는 수를 구하시오.

• 20과 50 사이의 수입니다.
• 홀수입니다.
• 15의 배수입니다.

( )

**4** 4의 배수인 어떤 수가 있습니다. 이 수의 약수를 모두 더하였더니 31이 되었습니다. 어떤 수를 구하시오.

( )

**5** 터미널에서 놀이동산으로 가는 순환 버스가 9분 간격으로 출발합니다. 첫차가 오전 8시 5분에 출발한다고 하면 오전 9시까지 순환 버스는 몇 번 출발합니까?

( )

**6** 크기가 같은 정사각형 6개로 만들 수 있는 직사각형은 다음과 같이 2가지입니다. 정사각형 56개로 만들 수 있는 직사각형은 모두 몇 가지입니까? (단, 돌려서 겹쳐지는 것은 한 가지로 봅니다.)

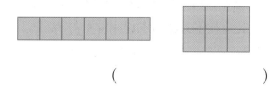

( )

**7** 50부터 400까지의 수 중에서 3의 배수는 모두 몇 개입니까?

( )

**8** 왼쪽 수가 오른쪽 수의 배수일 때 □ 안에 들어갈 수 있는 수를 모두 구하시오.

$$(42, \square)$$

( )

# 2 공약수와 최대공약수

## ❶ 공약수와 최대공약수

- 공약수: 두 수의 공통된 약수
- 최대공약수: 공약수 중에서 가장 큰 수

| 18의 약수: 1, 2, 3, 6, 9, 18 | → | 18과 24의 공약수: 1, 2, 3, 6 |
| 24의 약수: 1, 2, 3, 4, 6, 8, 12, 24 | | 18과 24의 최대공약수: 6 |

## ❷ 공약수와 최대공약수의 관계

공약수는 최대공약수의 약수와 같습니다.

➡ 18과 24의 최대공약수가 6이므로 두 수의 공약수는 6의 약수인 1, 2, 3, 6입니다.

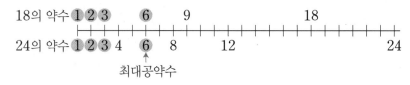

18의 약수 ①②③ 6 9 18
24의 약수 ①②③ 4 6 8 12 24
최대공약수

## ❸ 최대공약수 구하는 방법

- 18과 24의 최대공약수 구하기

방법1  $18 = 2 \times 3 \times 3$    $24 = 2 \times 2 \times 2 \times 3$
     ‖           ‖
     6           6

$2 \times 3 = 6$ ➡ 18과 24의 최대공약수

방법2  18과 24의 공약수 ➡  2 ) 18  24
     9와 12의 공약수 ➡   3 )  9  12
                        3   4

$2 \times 3 = 6$ ➡ 18과 24의 최대공약수

---

⚡ 실전 개념

## ❶ 최대공약수의 실생활 활용 문제

문제에서 '가장 큰', '가능한 한 많은', '되도록 많은', '최대한' 등의 표현이 있으면서 어떤 물건을 똑같이 나누어 주거나, 큰 것을 작게 나누는 경우는 대부분 최대공약수를 이용합니다.

⑩ 두 종류 이상의 물건을 가능한 한 많은 사람에게 똑같이 나누어 주는 문제

직사각형을 가능한 한 큰 정사각형으로 채우는 문제

몇 개의 자연수를 나누어 각각 일정한 나머지가 생기게 하는 가장 큰 자연수를 구하는 문제

---

🔧 연결 개념

중등 연계

## ❶ 세 수의 최대공약수 구하기

세 수의 공통된 약수로 동시에 나누어 구합니다.

24, 28, 32의 공약수 ➡  2 ) 24  28  32
12, 14, 16의 공약수 ➡  2 ) 12  14  16
                        6   7   8

$2 \times 2 = 4$ ➡ 24, 28, 32의 최대공약수

**1** 최대공약수가 30인 두 수의 공약수를 모두 구하시오.

(                 )

**2** 다음 두 수의 공약수 중에서 가장 큰 수를 구하시오.

| 36      48 |

(                 )

**3** 48과 90을 어떤 수로 나누면 두 수 모두 나누어떨어집니다. 어떤 수 중에서 가장 큰 수를 구하시오.

(                 )

**4** 어떤 두 수의 최대공약수가 24일 때, 이 두 수의 공약수 중에서 짝수들의 합을 구하시오.

(                 )

**5** 대화를 읽고 잘못 말한 사람을 찾고, 그 이유를 설명하시오.

> 민우: 27과 45의 공약수 중에서 가장 작은 수는 1이야.
> 은아: 16과 36의 공약수는 두 수를 모두 나누어떨어지게 할 수 있어.
> 수호: 36과 54의 공약수 중에서 가장 큰 수는 6이야.

잘못 말한 사람 ........................................................

이유 ........................................................

........................................................

**6** 초콜릿 56개와 사탕 72개를 최대한 많은 친구들에게 남김없이 똑같이 나누어 주려고 합니다. 최대 몇 명의 친구들에게 나누어 줄 수 있습니까?

(                 )

**7** 다음과 같은 직사각형을 남는 부분 없이 한 변의 길이가 자연수인 같은 크기의 가장 큰 정사각형으로 나누어 자르려고 합니다. 모두 몇 개의 정사각형으로 나눌 수 있습니까?

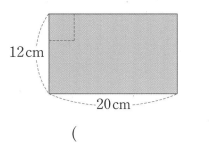

(                 )

# 3 공배수와 최소공배수

**BASIC CONCEPT**

## ❶ 공배수와 최소공배수

- 공배수: 두 수의 공통된 배수
- 최소공배수: 공배수 중에서 가장 작은 수

> 20의 배수: 20, 40, 60, 80, 100, 120, …
> 30의 배수: 30, 60, 90, 120, 150, …
>
> ➡ 20과 30의 공배수: 60, 120, …
> 20과 30의 최소공배수: 60

## ❷ 공배수와 최소공배수의 관계

공배수는 최소공배수의 배수와 같습니다.

➡ 20과 30의 최소공배수가 60이므로 두 수의 공배수는 60의 배수인 60, 120, 180, …입니다.

```
20의 배수 0    20    40    60    80    100    120
          ├──┼──┼──┼──┼──┼──┼──┤
30의 배수 0         30        60         90        120
                              ↑
                           최소공배수
```

## ❸ 최소공배수 구하는 방법

- 20과 30의 최소공배수 구하기

**방법1** $20 = 2 \times 2 \times 5$　　$30 = 2 \times 3 \times 5$

공통으로 들어 있는 곱셈식 $\underline{2 \times 5} \times 2 \times 3 = 60$
➡ 20과 30의 최소공배수

**방법2** 20과 30의 공약수 ➡
10과 15의 공약수 ➡

$$2 \overline{)\,20\quad 30\,}$$
$$5 \overline{)\,10\quad 15\,}$$
$$\phantom{5)}\,\,2\quad\,\,3$$

$2 \times 5 \times 2 \times 3 = 60$
➡ 20과 30의 최소공배수

---

**배경지식**

공약수 중에서 가장 작은 수
### ❶ 최소공약수를 구하지 않는 이유

모든 수의 가장 작은 약수는 1이므로 최소공약수는 항상 1이 됩니다.

공배수 중에서 가장 큰 수
### ❷ 최대공배수를 구하지 않는 이유

모든 수의 배수는 무수히 많으므로 최대공배수는 구할 수 없습니다.

---

**연결개념**

[중등 연계]
### ❶ 세 수의 최소공배수 구하기

세 수 중 어떤 두 수도 공통으로 나누어지지 않을 때까지 나누어 구합니다.

24, 28, 32의 공약수 ➡ $2 \overline{)\,24\quad 28\quad 32\,}$
12, 14, 16의 공약수 ➡ $2 \overline{)\,12\quad 14\quad 16\,}$
　　6, 8의 공약수 ➡ $2 \overline{)\,\,\,6\quad\,\,\,7\quad\,\,\,8\,}$
　　　　　　　　　　　$3\quad\,\,\,7\quad\,\,\,4$
　　　　　　　　　　나누어떨어지지 않으면 그대로 내려 씁니다.

$2 \times 2 \times 2 \times 3 \times 7 \times 4 = 672$ ➡ 24, 28, 32의 최소공배수

수학 5-1 **36**

**1** 다음 두 수의 공배수 중에서 가장 큰 두 자리 수를 구하시오.

| 10 | 15 |

(                    )

**2** 4의 배수도 되고 6의 배수도 되는 수를 모두 찾아 기호를 쓰시오.

㉠ 12    ㉡ 18    ㉢ 24
㉣ 42    ㉤ 70    ㉥ 96

(                    )

**3** 1부터 100까지의 수 중에서 2와 3의 공배수는 모두 몇 개입니까?

(                    )

**4** 어떤 두 수의 최소공배수가 28일 때, 이 두 수의 공배수 중에서 200에 가장 가까운 수를 구하시오.

(                    )

**5** 은우와 지수가 다음과 같이 규칙에 따라 각각 바둑돌 100개를 놓을 때 같은 자리에 검은 바둑돌이 놓이는 경우는 모두 몇 번입니까?

은우 ○○●○○○●○○○●○○○●○ …
지수 ○○○○●○○○○○●○○○ …

(                    )

**6** 성수네 아파트에서는 음식물 쓰레기를 3일에 한 번, 재활용 쓰레기를 7일에 한 번 수거한다고 합니다. 같은 날 음식물 쓰레기와 재활용 쓰레기를 수거했다면 두 쓰레기는 최소한 며칠마다 동시에 수거하게 됩니까?

(                    )

**7** 두 개의 톱니바퀴 ㉮, ㉯가 맞물려 돌아가고 있습니다. ㉮ 톱니바퀴의 톱니 수는 36개, ㉯ 톱니바퀴의 톱니 수는 54개입니다. 처음에 맞물렸던 톱니가 다시 같은 자리에서 만나려면 ㉯ 톱니바퀴는 최소한 몇 바퀴를 돌아야 합니까?

(                    )

# MATH TOPIC 1

심화유형

## 조건에 알맞은 공배수의 개수 구하기

100부터 300까지의 수 중에서 <u>15의 배수도 되고 18의 배수도 되는</u> 수는 모두 몇 개
인지 구하시오.
　　　　　　　　15와 18의 공배수

● 생각하기　　·●의 배수도 되고 ▲의 배수도 되는 수는 ●와 ▲의 공배수입니다.

　　　　　　　·공배수는 최소공배수의 배수와 같습니다.

● 해결하기　　**1단계** 두 수의 최소공배수 구하기

$$
\begin{array}{r}
3\ )\ \underline{15\ \ 18} \\
5\ \ \ 6
\end{array}
$$　➡　최소공배수: $3 \times 5 \times 6 = 90$

15와 18의 공배수는 90의 배수와 같습니다.

**2단계** 공배수의 개수 구하기

1부터 300까지의 수 중에서 90의 배수의 개수　➡　$300 \div 90 = 3 \cdots 30$이므로 3개

1부터 99까지의 수 중에서 90의 배수의 개수　➡　$99 \div 90 = 1 \cdots 9$이므로 1개
　　100부터이므로 $100 - 1 = 99$까지를 생각합니다.
**3단계** 범위에 속하는 공배수의 개수 구하기

100부터 300까지의 수 중에서 15의 배수도 되고 18의 배수도 되는 수는

모두 $3 - 1 = 2$(개)입니다.

답 2개

**1-1**　150부터 400까지의 수 중에서 12의 배수도 되고 30의 배수도 되는 수는 모두 몇 개인
지 구하시오.

（　　　　　　　　）

**1-2**　500까지의 수 중에서 16의 배수도 아니고 40의 배수도 아닌 수는 모두 몇 개인지 구하
시오.

（　　　　　　　　）

**1-3**　다음을 만족하는 수 중에서 400에 가장 가까운 수를 구하시오.

> ·12와 30의 공배수입니다.　　　·9로 나누어떨어집니다.

（　　　　　　　　）

## MATH TOPIC 2 · 심화유형

# 나머지가 있을 때 어떤 수 구하기

115와 166을 어떤 수로 나누면 나머지가 각각 3과 6입니다. 어떤 수 중에서 가장 큰 수를 구하시오.

● 생각하기
- ■를 어떤 수로 나눈 나머지가 ▲일 때 (■－▲)를 어떤 수로 나누면 나누어떨어집니다.
- 두 수를 모두 나누어떨어지게 하는 수는 두 수의 공약수입니다.

● 해결하기
**1단계** 어떤 수가 될 수 있는 조건 알아보기

어떤 수는 115－3＝112와 166－6＝160의 공약수 중에서 6보다 큰 수입니다.

**2단계** 어떤 수 중에서 가장 큰 수 구하기

$$\begin{array}{r} 2\,)\ 112\quad 160 \\ 2\,)\ \ 56\quad\ 80 \\ 2\,)\ \ 28\quad\ 40 \\ 2\,)\ \ 14\quad\ 20 \\ \hline 7\quad\ 10 \end{array}$$ ➡ 최대공약수: $2 \times 2 \times 2 \times 2 = 16$

따라서 어떤 수 중에서 가장 큰 수는 16입니다.

답 16

---

**2-1** 38과 44를 어떤 수로 나누면 나머지가 모두 2입니다. 어떤 수 중에서 가장 큰 수를 구하시오.

( )

**2-2** 59와 66을 어떤 수로 나누면 나머지가 모두 3입니다. 어떤 수를 구하시오.

( )

**2-3** 18로 나누어도 5가 남고 24로 나누어도 5가 남는 세 자리 수 중에서 가장 작은 수를 구하시오.

( )

## 최대공약수의 활용

사과 36개와 귤 60개를 될 수 있는 대로 많은 바구니에 남김없이 똑같이 나누어 담으려고 합니다. 한 바구니에 담는 사과와 귤의 개수의 차를 구하시오.

● 생각하기   될 수 있는 대로 많은 바구니에 남김없이 똑같이 나누어 담으려면 최대공약수를 이용해서 구합니다.

● 해결하기   **1단계** 바구니의 수 구하기

바구니의 수는 36과 60의 최대공약수입니다.

$$
\begin{array}{r|rr}
2 & 36 & 60 \\
2 & 18 & 30 \\
3 & 9 & 15 \\
\hline
 & 3 & 5
\end{array}
$$

➡ 최대공약수: $2 \times 2 \times 3 = 12$
바구니의 수는 12개입니다.

**2단계** 한 바구니에 담는 사과 수와 귤 수의 차 구하기

(한 바구니에 담는 사과 수)$= 36 \div 12 = 3$(개)
(한 바구니에 담는 귤 수)$= 60 \div 12 = 5$(개)
➡ (한 바구니에 담는 사과 수와 귤 수의 차)$= 5 - 3 = 2$(개)

답 2개

**3-1**   연필 3타와 공책 42권이 있습니다. 이것을 될 수 있는 대로 많은 사람에게 남김없이 똑같이 나누어 주려고 합니다. 모두 몇 명에게 나누어 줄 수 있습니까?

(                    )

**3-2**   길이가 72 cm와 27 cm인 두 개의 끈이 있습니다. 두 개의 끈을 될 수 있는 대로 길게 남김없이 똑같은 길이로 잘랐을 때, 끈은 모두 몇 개가 됩니까?

(                    )

**3-3**   사과 36개, 귤 126개, 배 54개를 최대한 많은 학생들에게 남김없이 똑같이 나누어 주려고 합니다. 최대 몇 명의 학생들에게 나누어 줄 수 있습니까?

(                    )

# MATH TOPIC 4

**심화유형**

## 최소공배수의 활용

어느 역에서 ㉮ 기차는 10분마다, ㉯ 기차는 6분마다 출발한다고 합니다. 9시 15분에 이 역에서 ㉮와 ㉯ 기차가 동시에 출발하였다면 다음 번에 두 기차가 동시에 출발하는 시각은 몇 시 몇 분입니까?

● 생각하기    동시에 출발하는 시각의 간격은 10과 6의 최소공배수입니다.

● 해결하기    **1단계** 두 기차가 동시에 출발하는 시각의 간격 구하기

두 기차가 동시에 출발하는 시각의 간격은 10과 6의 최소공배수입니다.

$$2\ )\ \underline{10\quad 6}$$
$$5\quad 3$$
➡ 최소공배수: $2 \times 5 \times 3 = 30$

**2단계** 다음 번에 두 기차가 동시에 출발하는 시각 구하기

9시 15분에서 30분 후인 9시 45분에 다시 동시에 출발합니다.

**답** 9시 45분

---

**4-1** 어느 역에서 KTX는 16분마다, 새마을호는 20분마다 출발한다고 합니다. 오전 8시 40분에 두 열차가 동시에 출발하였다면 다음 번에 동시에 출발하는 시각은 언제입니까?

(                    )

**4-2** 720 m인 도로 위에 길이 시작되는 곳부터 끝까지 나무는 9 m 간격으로 심고, 표지판은 15 m 간격으로 세우려고 합니다. 이때, 나무를 심을 곳과 표지판을 세울 곳이 겹쳐지는 곳에는 나무를 심으려고 합니다. 표지판은 모두 몇 개 필요합니까? (단, 길이 시작되는 곳에는 나무를 심었습니다.)

(                    )

**4-3** 서우와 미래는 3월 10일에 줄넘기 연습을 동시에 시작하였습니다. 서우는 4일에 한 번씩, 미래는 6일에 한 번씩 연습을 하기로 하였습니다. 서우와 미래가 줄넘기 연습을 세 번째로 함께 하는 날은 몇 월 며칠입니까?

(                    )

## 도형의 활용

가로가 81 cm, 세로가 45 cm인 직사각형 모양의 벽에 가능한 한 큰 정사각형 모양의 타일을 빈틈없이 겹치지 않게 붙이려고 합니다. 타일은 모두 몇 장 필요합니까?

● 생각하기  직사각형을 가능한 한 큰 정사각형으로 채워야 하므로 최대공약수를 이용합니다.

● 해결하기  **1단계** 두 수의 최대공약수 구하기

$$3 \,)\, \underline{81 \quad 45}$$
$$3 \,)\, \underline{27 \quad 15} \quad \Rightarrow \quad \text{최대공약수: } 3 \times 3 = 9$$
$$\quad\; 9 \quad\; 5$$

**2단계** 필요한 타일의 수 구하기

가장 큰 정사각형의 한 변의 길이는 9 cm이므로
타일은 가로로 81÷9=9(장), 세로로 45÷9=5(장)씩 모두 9×5=45(장) 필요합니다.

답 45장

---

**5-1** 가로가 154 cm, 세로가 140 cm인 직사각형 모양의 종이가 있습니다. 이 종이를 남는 부분이 없이 잘라서 같은 크기의 가장 큰 정사각형으로 나누려고 합니다. 정사각형을 모두 몇 개 만들 수 있습니까?

(           )

**5-2** 가로가 30 cm, 세로가 24 cm인 직사각형 모양의 카드를 겹치지 않게 붙여서 될 수 있는 대로 작은 정사각형을 만들려고 합니다. 직사각형 모양의 카드는 모두 몇 장 필요합니까?

(           )

**5-3** 오른쪽 그림과 같은 모양의 종이를 남는 부분이 없이 잘라서 같은 크기의 가장 큰 정사각형으로 나누려고 합니다. 정사각형의 한 변의 길이는 몇 cm인지 구하시오.

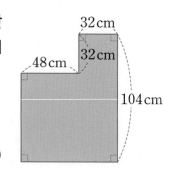

(           )

# MATH TOPIC 6

**심화유형 6**

## 배수 판정하기

다음 네 자리 수가 3의 배수일 때 □ 안에 들어갈 수 있는 숫자를 모두 구하시오.

$$53\square8$$

● **생각하기**  3의 배수는 각 자리 숫자의 합이 3의 배수인 수입니다.

● **해결하기**  **1단계** 각 자리 숫자의 합이 될 수 있는 수 구하기

53□8이 3의 배수이려면 각 자리 숫자의 합 $5+3+\square+8=16+\square$가 3의 배수이어야 합니다. 따라서 $16+\square$는 3의 배수 18, 21, 24, 27, …이 될 수 있습니다.

**2단계** □ 안에 들어갈 수 있는 숫자 모두 구하기

$16+\square=18 \rightarrow \square=2,$    $16+\square=21 \rightarrow \square=5,$

$16+\square=24 \rightarrow \square=8,$    $16+\square=27 \rightarrow \square=11, \cdots$

□는 한 자리 수이므로 11은 될 수 없습니다.

따라서 □ 안에 들어갈 수 있는 숫자는 2, 5, 8입니다.

**답** 2, 5, 8

---

**6-1**  다음 네 자리 수가 4의 배수일 때 □ 안에 들어갈 수 있는 숫자를 모두 구하시오.

$$41\square6$$

(             )

---

**6-2**  다음 네 자리 수가 5의 배수도 되고 9의 배수도 될 때 만들 수 있는 네 자리 수는 모두 몇 개입니까?

$$27\square\square$$

(             )

---

**6-3**  다음 다섯 자리 수가 4의 배수도 되고 3의 배수도 될 때 만들 수 있는 가장 작은 수를 구하시오.

$$\square999\square$$

(             )

## 최대공약수와 최소공배수를 이용하여 어떤 수 구하기

어떤 수 ㉮와 84의 최대공약수는 28이고 최소공배수는 168입니다. 어떤 수 ㉮를 구하시오.

$$28 \,)\, \underline{\text{㉮} \quad 84}$$
$$\quad\quad \text{㉠} \quad\; 3$$

● 생각하기  두 수 ●와 ★의 최대공약수가 ■일 때 ●＝■×㉠, ★＝■×㉡이면

$$\text{■} \,)\, \underline{\text{●} \quad \text{★}}$$
$$\quad\; \text{㉠} \quad \text{㉡}$$  ➡ 두 수의 최소공배수는 ■×㉠×㉡입니다.

● 해결하기  **1단계** ㉮와 84의 최소공배수 168을 곱셈식으로 나타내기

㉮＝28×㉠, 84＝28×3이고 28이 최대공약수이므로
최소공배수는 28×㉠×3＝168입니다.

**2단계** ㉠과 ㉮ 구하기

28×㉠×3＝168이므로 28×㉠＝56, ㉠＝2입니다.
㉮＝28×㉠이므로 ㉮＝28×2＝56입니다.

**답** 56

**7-1** 32와 어떤 수 ㉯의 최대공약수는 16이고 최소공배수는 224입니다. 어떤 수 ㉯를 구하시오.

$$16 \,)\, \underline{32 \quad \text{㉯}}$$
$$\quad\quad\; 2 \quad\; \text{㉡}$$

(                    )

**7-2** 어떤 두 수의 최대공약수는 14이고 최소공배수는 140입니다. 이 두 수의 차가 42일 때, 두 수 중에서 큰 수를 구하시오.

(                    )

**7-3** 두 자연수 ㉮, ㉯의 최대공약수가 35이고 최소공배수가 210일 때, ㉮＋㉯가 될 수 있는 값을 모두 구하시오. (단, ㉮＜㉯입니다.)

(                    )

# MATH TOPIC 8

## 최소공배수를 활용한 교과통합유형

S T E A M형
■ ● ▲

수학＋사회

'십간십이지'는 순서대로 짝지어진 십간과 십이지로 해의 이름을 붙인 것을 말합니다. 이때 표기는 갑자, 을축, …, 임신, 계유, 갑술, 을해와 같이 십간을 앞에, 십이지를 뒤에 써서 나타냅니다. 1592년 일본의 침략으로 일어난 임진왜란은 임진년에 일어난 싸움이어서 임진왜란이라고 합니다. 2022년에 열리는 월드컵 대회의 연도를 십간십이지로 나타내시오.

| | 1 | 2 | 3 | 4 | 5 | 6 | 7 | 8 | 9 | 10 | 11 | 12 |
|---|---|---|---|---|---|---|---|---|---|---|---|---|
| 십간 | 갑 | 을 | 병 | 정 | 무 | 기 | 경 | 신 | 임 | 계 | | |
| 십이지 | 자 (쥐) | 축 (소) | 인 (호랑이) | 묘 (토끼) | 진 (용) | 사 (뱀) | 오 (말) | 미 (양) | 신 (원숭이) | 유 (닭) | 술 (개) | 해 (돼지) |

● 생각하기  십간십이지에서 같은 간지가 반복되는 주기는 10년과 12년의 최소공배수와 같습니다.

● 해결하기  **1단계** 같은 간지가 반복되는 주기 구하기

$$
\begin{array}{r}
2\,)\underline{\,10\quad 12\,} \\
5\quad 6
\end{array}
$$
➡ 최소공배수: $2 \times 5 \times 6 = 60$

1592년과 같은 간지인 임진년은 60년마다 반복됩니다.

\*환갑을 기념하는 이유
환갑의 '환'은 돌아오는 것을 뜻하고, '갑'은 십간의 갑을 말합니다. 육십갑자는 60년마다 같은 간지가 반복되므로 61년째 되는 해가 되면 자신이 태어난 해의 간지를 다시 만나게 됩니다. 이를 기념해 환갑이라고 부른 것입니다.

**2단계** 2022년을 십간십이지로 나타내기

1592년에서 $60 \times 7 = 420$(년) 뒤인 $1592 + 420 = 2012$(년)은 임진년이고,

2012년에서 10년 뒤인 2022년은 [ ]입니다.

답 [ ]

---

## 8-1

수학＋사회

버스 안내 정보 시스템(Bus Information System, BIS)은 각 버스의 운행 정보를 승객과 기사, 중앙 시스템에 실시간으로 제공하는 것입니다. 이로 인해 승객들은 정류장에서 몇 분 후에 버스를 탈 수 있는지 확인할 수 있습니다. 3318번 버스의 배차 간격은 15분이고, 340번 버스의 배차 간격은 6분입니다. 한 버스 정류장에서 오후 5시 35분에 본 버스 안내 정보가 다음과 같을 때, 오후 7시까지 두 버스가 동시에 도착하는 것은 몇 번입니까?

| 3318 | 5분 후 도착 |
|---|---|
| 340 | 5분 후 도착 |

(                    )

**45**  2. 약수와 배수

**1** 슬기와 지우가 설명하는 어떤 수 ■를 구하시오.

> 슬기: 어떤 수 ■는 112의 약수입니다.
> 지우: 어떤 수 ■의 약수를 모두 더하면 56입니다.

(   )

**2** 어떤 두 수의 공배수 중에서 다섯 번째로 작은 공배수가 105일 때, 두 번째로 작은 공배수를 구하시오.

(   )

**3** □ 안에 1에서 60까지의 자연수를 넣어 계산 결과가 6의 배수가 되게 하려고 합니다. □ 안에 알맞은 수는 모두 몇 개입니까?

> 312+□

(   )

**4** 올해 큰아버지의 나이는 9의 배수이고 6년 후에는 5의 배수가 됩니다. 올해 큰아버지의 나이가 30살에서 60살 사이일 때 10년 후 큰아버지의 나이는 몇 살입니까?

(   )

**5** 어느 고속버스 터미널에서 버스가 부산행은 6분마다, 대구행은 9분마다 출발한다고 합니다. 오전 8시에 두 버스가 동시에 출발했다면 그 이후부터 오전 10시까지 몇 번 더 동시에 출발하겠습니까?

(              )

서술형 **6** 세 자리 수 중에서 2에서 5까지의 어떤 자연수로 나누어도 항상 1이 남는 수 중 가장 작은 수는 얼마인지 풀이 과정을 쓰고 답을 구하시오.

풀이 ......................................................................................................................

.............................................................................................................................

.............................................................................................................................

.............................................................................................................................

답 ...............................................

**7** 다음 5장의 수 카드를 한 번씩 사용하여 다섯 자리 수를 만들려고 합니다. 만든 다섯 자리 수 중에서 3과 5로 나누어떨어지는 가장 작은 수와 가장 큰 수의 합을 구하시오.

0   1   3   5   6

(              )

**8** 어떤 두 수의 곱은 1024이고 두 수의 최소공배수는 64입니다. 이 두 수의 공약수를 모두 구하시오.

(                     )

**9** 가로가 $72\,m$, 세로가 $48\,m$인 직사각형 모양의 땅 가장자리에 같은 간격으로 나무를 심으려고 합니다. 나무를 될 수 있는 대로 적게 심고 네 모퉁이에는 반드시 나무를 심으려고 할 때, 나무는 모두 몇 그루 필요합니까?

(                     )

**10** 공책 21권, 지우개 38개, 연필 54자루를 학생들에게 똑같이 나누어 주었더니 공책은 3권이 부족하고, 지우개는 2개가 남고 연필은 6자루가 부족하였습니다. 학생 몇 명에게 나누어 주었습니까?

(                     )

**11** 다음 5장의 수 카드 중에서 3장을 뽑아 세 자리 수를 만들려고 합니다. 6의 배수는 모두 몇 개 만들 수 있습니까?

$$\boxed{2} \quad \boxed{3} \quad \boxed{4} \quad \boxed{5} \quad \boxed{7}$$

(          )

**12** 다음과 같은 다섯 자리 수를 9의 배수가 되게 만들려고 합니다. 만들 수 있는 가장 큰 수와 가장 작은 수를 각각 구하시오.

$$\boxed{13\blacksquare\blacktriangle6}$$

가장 큰 수 (         )
가장 작은 수 (         )

**13** ㉠ 형광등은 5초 동안 켜졌다 1초 동안 꺼지고, ㉡ 형광등은 8초 동안 켜졌다 2초 동안 꺼집니다. 두 형광등이 자정에 동시에 켜졌다면 그 이후에 35번째로 동시에 켜지는 시각은 몇 시 몇 분 몇 초입니까?

(          )

**1** 오른쪽 그림과 같이 가로가 $8\,\mathrm{cm}$, 세로가 $6\,\mathrm{cm}$, 높이가 $10\,\mathrm{cm}$인 *직육면체 모양의 상자를 빈틈없이 쌓아 가로, 세로, 높이가 같은 *정육면체를 만들려고 합니다. 상자는 최소한 몇 개가 필요합니까?

*직육면체: 직사각형 6개로 둘러싸인 도형
*정육면체: 정사각형 6개로 둘러싸인 도형

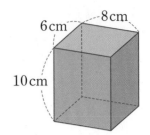

(                    )

**2** 195와 250을 어떤 수로 나누면 나머지가 각각 3과 2라고 합니다. 어떤 수를 모두 구하시오.

(                    )

**3** 자연수 ■와 ▲의 공약수의 개수를 ■⊗▲라고 약속할 때, ㉠을 구하시오. (단, ㉠은 1보다 크고 5보다 작은 자연수입니다.)

$$(20 \otimes 28) + (63 \otimes 27) \times (㉠ \otimes 15) = 324 \otimes 900$$

(                    )

**서술형 4** 합이 286인 두 수가 있습니다. 이 두 수의 최대공약수가 22이고, 최소공배수가 792일 때 두 수를 구하려고 합니다. 풀이 과정을 쓰고 답을 구하시오.

풀이 ..............................................................................................................................

..............................................................................................................................

..............................................................................................................................

..............................................................................................................................

답 .............................................. ,

**경시 기출 문제 5** ㉠, ㉡, ㉢은 3부터 25까지의 자연수 중 서로 다른 수이고, ㉠과 ㉡은 ㉢의 약수입니다. ㉢÷㉡×㉠=27일 때, ㉠, ㉡, ㉢의 값을 각각 구하시오.

㉠ ( ), ㉡ ( ), ㉢ ( )

**6** 1008의 약수 중 세 자리 수는 모두 몇 개인지 구하시오.

( )

> 경시
> 기출
> 문제 **7**

다음 조건에 맞는 네 자리 수는 모두 몇 개인지 구하시오.

> • 일의 자리 숫자는 6입니다.
>
> • 각 자리 숫자는 0이 아닌 서로 다른 수입니다.
>
> • 9의 배수입니다.
>
> • 각 자리 숫자 중 짝수는 1개입니다.

(        )

> 경시
> 기출
> 문제 **8**

가로가 16 cm이고 세로가 12 cm인 직사각형 모양의 종이를 모양과 크기가 똑같은 직사각형 모양으로 자르려고 합니다. 잘린 직사각형 모양의 가로와 세로가 모두 1 cm보다 큰 자연수가 되도록 자르는 방법은 모두 몇 가지인지 구하시오. (단, 잘린 조각을 돌려서 모양과 크기가 같은 것은 한 가지로 봅니다.)

(        )

# 규칙과 대응

# 도형으로
# 나타내는 수

## 볼링핀이 늘어나는 규칙, 삼각수

볼링핀이 세워진 모양을 주의 깊게 살펴본 적 있나요? 10개의 볼링 핀은 위에서 보면 정삼각형 모양을 이루고 있습니다. 포켓볼을 칠 때도 15개의 당구공을 정삼각형 모양으로 놓고 경기를 시작합니다.

정삼각형 모양을 수와 대응시켜 연구한 수학자는 피타고라스로 알려져 있어요.

피타고라스는 자연 만물에 수의 원리가 들어 있다고 생각하여 다양한 종류의 수를 연구했어요. 도형에 점의 개수를 대응시킨 '도형수'가 그중 하나입니다. 평면 위에 점을 찍어 도형을 나타내고 그 점의 개수가 늘어나는 규칙을 알아본 것이에요. 그는 점들이 정삼각형 형태가 되도록 배열했을 때 삼각형을 이루는 점의 수를 '삼각수'라고 불렀습니다.

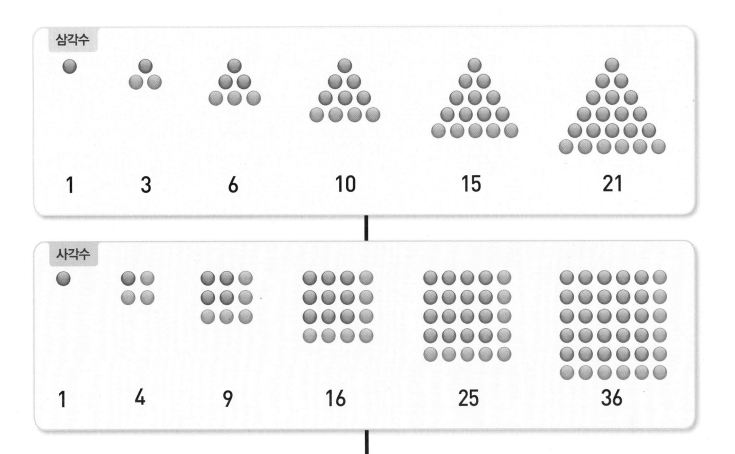

삼각수

1    3    6    10    15    21

사각수

1    4    9    16    25    36

정삼각형의 한 변을 이루는 점이 1개씩 늘어나도록 점을 배열해 볼까요?

그림에서 점의 개수는 1, 3, 6, 10, 15, …개로 늘어나는데 바로 이 수들이 삼각수입니다. 삼각수를 늘어난 점들의 합으로 나타내면 첫째는 1, 둘째는 $1+2=3$, 셋째는 $1+2+3=6$, 넷째는 $1+2+3+4=10$, …입니다.

즉 ■째 삼각수는 1부터 ■까지의 자연수를 모두 더한 값과 같아요. 그래서 삼각수 1, 3, 6, 10, 15, 21, …은 2, 3, 4, 5, 6, …씩 커져요.

## 정사각형에서 찾는 제곱, 사각수

점들을 정사각형 모양으로 배열하면 사각수의 규칙을 알 수 있어요. 역시 한 변을 이루는 점이 1개씩 늘어나도록 점을 정사각형 모양으로 놓아 볼게요.

첫째는 1, 둘째는 $1+3=4$, 셋째는 $1+3+5=9$, 넷째는 $1+3+5+7=16$, …이 됩니다.

즉 사각수는 1, 4, 9, 16, 25, 36, …이고, 3, 5, 7, 9, 11, …씩 커진다는 것을 알 수 있어요. 늘어나는 수 3, 5, 7, 9, 11, …이 연속되는 홀수이므로 ■째 사각수는 1부터 ■째 홀수까지의 홀수를 모두 더한 값과 같습니다.

또한 사각수는 가로의 점의 수와 세로의 점의 수의 곱으로 나타낼 수도 있어요.

정사각형은 가로와 세로의 점의 개수가 같으므로 $1\times1=1$, $2\times2=4$, $3\times3=9$, $4\times4=16$, …이 됩니다. 이 결과는 같은 수를 두 번 곱한 '제곱수'를 순서대로 쓴 것과도 같아요.

BASIC CONCEPT

# 1 두 양 사이의 관계

## ❶ 두 양 사이의 관계 알아보기

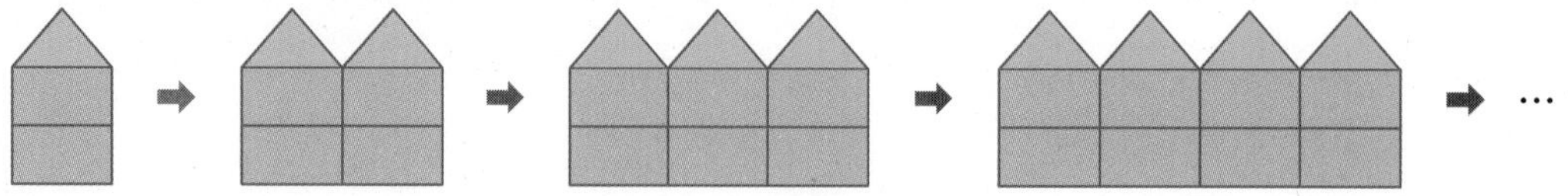

• 삼각형의 수와 사각형의 수 사이의 관계를 표로 나타내기

1씩 늘어납니다.

| 삼각형의 수(개) | 1 | 2 | 3 | 4 | … |
|---|---|---|---|---|---|
| 사각형의 수(개) | 2 | 4 | 6 | 8 | … |

2씩 늘어납니다.

• 삼각형의 수와 사각형의 수 사이의 대응 관계 알아보기
— 삼각형의 수는 사각형의 수의 반과 같습니다.
— 사각형의 수는 삼각형의 수의 2배입니다.

실전 개념

## ❶ 배열 순서와 사각형 조각의 수 사이의 대응 관계 알아보기

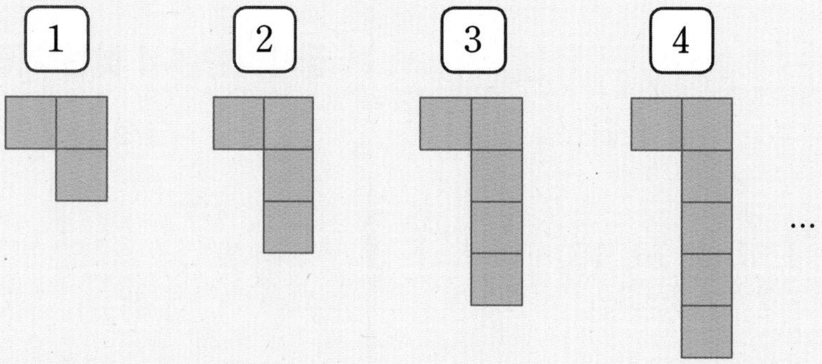


① 변하지 않는 부분과 변하는 부분 찾아보기

| 변하지 않는 부분 | 변하는 부분 |
|---|---|
| 위에 놓은 사각형 조각 2개 ▭▭가 변하지 않습니다. | 변하지 않는 부분 아래의 사각형 조각의 수가 배열 순서의 수와 똑같이 늘어납니다. |

② 배열 순서와 사각형 조각의 수 사이의 관계를 표로 나타내기

| 배열 순서 | 1 | 2 | 3 | 4 | … |
|---|---|---|---|---|---|
| 사각형 조각의 수(개) | 3 | 4 | 5 | 6 | … |

③ 서른째에 필요한 사각형 조각의 수 구하기

위의 사각형 2개는 항상 그대로 있고, 아래의 사각형의 수는 배열 순서만큼 늘어나므로 서른째(배열 순서)에는 위에 2개, 아래에 30개의 사각형을 놓습니다.

➡ $2+30=32$(개)

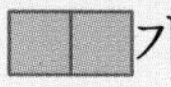

## BASIC TEST

[1~2] 노란색 사각판과 초록색 사각판으로 규칙적인 배열을 만들고 있습니다. 물음에 답하시오.

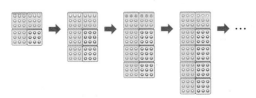

**1** 빈칸에 알맞은 수를 써넣으시오.

| 노란색 사각판의 수(개) | 1 | 2 | 3 | 4 | ... |
|---|---|---|---|---|---|
| 초록색 사각판의 수(개) | | | | | ... |

**2** 노란색 사각판이 200개일 때 초록색 사각판은 몇 개 필요한지 구하시오.

(          )

**3** 삼각형과 사각형으로 규칙적인 배열을 만들고 있습니다. 사각형이 100개일 때 삼각형은 몇 개 필요한지 구하시오.

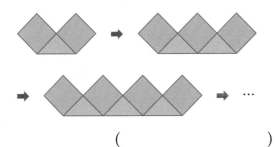

(          )

[4~5] 은하는 모양 조각으로 규칙적인 배열을 만들고 있습니다. 물음에 답하시오.

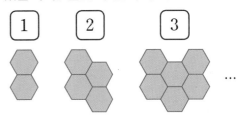

**4** 배열 순서와 모양 조각의 수 사이의 대응 관계를 표를 이용하여 알아보려고 합니다. 빈칸에 알맞은 수를 써넣으시오.

| 배열 순서 | 1 | 2 | 3 | 4 | ... |
|---|---|---|---|---|---|
| 모양 조각의 수(개) | | | | | ... |

**5** 쉰째에는 모양 조각이 몇 개 필요한지 구하시오.

(          )

**6** 미술 시간에 그린 그림을 게시판에 전시하기 위해 도화지에 누름 못을 꽂아서 벽에 붙이고 있습니다. 도화지의 수와 누름 못의 수 사이의 대응 관계를 쓰시오.

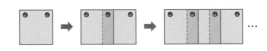

# 2 대응 관계를 식으로 나타내기

## ❶ 대응 관계를 식으로 나타내기

| 세발자전거의 수(대) | 1 | 2 | 3 | 4 | … |
|---|---|---|---|---|---|
| 바퀴의 수(개) | 3 | 6 | 9 | 12 | … |

① 두 양 사이의 대응 관계를 식으로 나타내기
➡ (세발자전거의 수)×3＝(바퀴의 수) 또는 (바퀴의 수)÷3＝(세발자전거의 수)

② 두 양 사이의 대응 관계를 기호를 사용하여 식으로 나타내기 — 각 양을 ○, □, △, ☆ 등과 같은 기호로 표현할 수 있습니다.

| 서로 대응하는 두 양 | | | | 대응 관계를 나타낸 식 |
|---|---|---|---|---|
| 세발자전거의 수 | 기호 | 바퀴의 수 | 기호 | ☆×3＝○ |
| | ☆ | | ○ | 또는 ○÷3＝☆ |

## ❷ 생활 속에서 대응 관계를 찾아 식으로 나타내기

| 의자의 수(개) | 1 | 2 | 3 | 4 | … |
|---|---|---|---|---|---|
| 팔걸이의 수(개) | 2 | 3 | 4 | 5 | … |

① 두 양 사이의 대응 관계를 식으로 나타내기
➡ (의자의 수)＋1＝(팔걸이의 수) 또는 (팔걸이의 수)－1＝(의자의 수)

② 두 양 사이의 대응 관계를 기호를 사용하여 식으로 나타내기

| 서로 대응하는 두 양 | | | | 대응 관계를 나타낸 식 |
|---|---|---|---|---|
| 의자의 수 | 기호 | 팔걸이의 수 | 기호 | □＋1＝△ |
| | □ | | △ | 또는 △－1＝□ |

## 연결 개념

중등 연계

### ❶ 정비례

오른쪽 표에서와 같이 $x$가 2배, 3배, 4배, …로 변함에 따라 $y$도 2배, 3배, 4배, …로 변하는 관계가 있으면 $y$는 $x$에 정비례한다고 합니다. 이때, $x$와 $y$의 대응 관계를 식으로 나타내면 $y=3×x$입니다.

| | | 2배 | 3배 | 4배 | |
|---|---|---|---|---|---|
| $x$ | 1 | 2 | 3 | 4 | … |
| $y$ | 3 | 6 | 9 | 12 | … |
| | | 2배 | 3배 | 4배 | |

### ❷ 반비례

오른쪽 표에서와 같이 $x$가 2배, 3배, 4배, …로 변함에 따라 $y$는 $\frac{1}{2}$배, $\frac{1}{3}$배, $\frac{1}{4}$배, …로 변하는 관계가 있으면 $y$는 $x$에 반비례한다고 합니다. 이때, $x$와 $y$의 대응 관계를 식으로 나타내면 $y=12÷x$입니다.

| | | 2배 | 3배 | 4배 | |
|---|---|---|---|---|---|
| $x$ | 1 | 2 | 3 | 4 | … |
| $y$ | 12 | 6 | 4 | 3 | … |
| | | $\frac{1}{2}$배 | $\frac{1}{3}$배 | $\frac{1}{4}$배 | |

# BASIC TEST

**[1~2]** 올해 지혜의 나이는 11살이고, 오빠의 나이는 14살입니다. 물음에 답하시오.

**1** 지혜의 나이와 오빠의 나이 사이의 대응 관계를 알고 표를 완성하시오.

| 지혜의 나이(살) | 11 | 12 |  | 14 |
|---|---|---|---|---|
| 오빠의 나이(살) | 14 |  | 16 |  |

**2** 지혜의 나이를 □, 오빠의 나이를 △라고 할 때, 두 양 사이의 대응 관계를 식으로 나타내시오.

(              )

**3** 육각형의 수와 변의 수 사이의 관계를 표로 나타낸 것입니다. 표를 완성하고, 육각형의 수를 ◎, 변의 수를 ◆라고 할 때, 두 양 사이의 대응 관계를 식으로 나타내시오.

| 육각형의 수(개) | 1 | 2 | 3 | 4 |
|---|---|---|---|---|
| 변의 수(개) |  |  |  |  |

(              )

**4** 윤서는 마트에서 달걀을 샀습니다. 달걀 한 판에 달걀이 10개씩 들어 있습니다. 달걀의 수를 ◆, 달걀판의 수를 ★이라고 할 때, 두 양 사이의 대응 관계를 식으로 나타내고, 달걀 50개는 달걀 몇 판인지 구하시오.

(       ,       )

**5** 대응 관계를 나타낸 식을 보고, 식에 알맞은 상황을 만드시오.

$$▲ = ● \times 2$$

............................................................

............................................................

**6** 한 모둠에 5명씩 앉아 있습니다. 모둠의 수를 ♡, 학생의 수를 ♣라고 할 때, 잘못 설명한 사람의 이름을 쓰시오.

민수: 모둠의 수와 학생의 수 사이의 대응 관계는 ♡×5=♣로 나타낼 수도 있어.

지아: 모둠의 수와 학생의 수 사이의 대응 관계는 ♡÷5=♣로 나타낼 수도 있어.

연우: 모둠의 수와 학생의 수 사이의 관계는 항상 일정해.

(              )

# 도형에서의 대응 관계

삼각형과 사각형으로 규칙적인 배열을 만들고 있습니다. 삼각형이 100개일 때 사각형은 몇 개 필요한지 구하시오.

  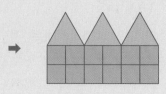 

● 생각하기　삼각형의 수와 사각형의 수를 표로 나타내어 규칙을 알아봅니다.

● 해결하기　**1단계** 표로 나타내어 규칙 찾기

| 삼각형의 수(개) | 1 | 2 | 3 | 4 | … |
|---|---|---|---|---|---|
| 사각형의 수(개) | 4 | 8 | 12 | 16 | … |

사각형의 수는 삼각형의 수보다 4배 많습니다.

**2단계** 필요한 사각형의 수 구하기

삼각형이 100개일 때 사각형은 $100 \times 4 = 400$(개) 필요합니다.

**답** 400개

**1-1** 사각형과 삼각형으로 규칙적인 배열을 만들고 있습니다. 사각형이 100개일 때 삼각형은 몇 개 필요한지 구하시오.

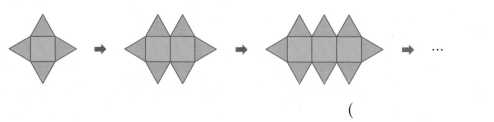

(　　　　　　)

**1-2** 민아는 사각형 조각으로 규칙적인 배열을 만들고 있습니다. 열째에는 사각형 조각이 몇 개 필요한지 구하시오.

　①　　　②　　　③　　　④

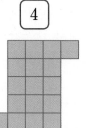

…

(　　　　　　)

# MATH TOPIC 2

**심화유형**

# 두 양 사이의 관계

표를 보고 ■와 ▲ 사이의 대응 관계를 식으로 나타내시오.

| ■ | 1 | 2 | 3 | 4 | 5 | 6 | … |
|---|---|---|---|---|---|---|---|
| ▲ | 2 | 5 | 8 | 11 | 14 | 17 | … |

● **생각하기** ■가 1씩 커질 때마다 ▲는 몇씩 커지는지 알아봅니다.

● **해결하기** **1단계** ■와 ▲가 커지는 수의 규칙 찾기

■가 1씩 커질 때마다 ▲는 $2+3=5$, $5+3=8$, …에서 3씩 커집니다.

**2단계** ■와 ▲ 사이의 대응 관계를 식으로 나타내기

먼저 ■와 ▲가 같은 수만큼 커지도록 만들면 $■\times3$이고, $■\times3$과 ▲가 같아지도록 더하거나 뺀 수를 찾습니다. $2=1\times3-1$, $5=2\times3-1$, $8=3\times3-1$, …이므로 ■와 ▲ 사이의 대응 관계를 식으로 나타내면 $▲=■\times3-1$입니다.

$▲=■\times3-1$ 이외에 $▲+1=■\times3$, $■=(▲+1)\div3$도 답이 될 수 있습니다.

**답** (예) $▲=■\times3-1$

---

**2-1** 표를 보고 ■와 ▲ 사이의 대응 관계를 식으로 나타내시오.

| ■ | 1 | 2 | 3 | 4 | 5 | 6 | … |
|---|---|---|---|---|---|---|---|
| ▲ | 4 | 6 | 8 | 10 | 12 | 14 | … |

▲＝(            )

---

**2-2** ★과 ♥ 사이의 대응 관계를 나타낸 표입니다. ㉠과 ㉡에 알맞은 수의 합은 얼마입니까?

| ★ | 3 | 6 | 9 | ㉠ | 15 | … |
|---|---|---|---|---|---|---|
| ♥ | 1 | 2 | 3 | 4 | ㉡ | … |

(            )

---

**2-3** ●와 ◆의 규칙을 찾아 표의 빈칸에 알맞은 수를 써넣고, ●가 138일 때 ◆의 값을 구하시오.

| ● | 10 | 12 | 14 | 16 | | 20 | … |
|---|---|---|---|---|---|---|---|
| ◆ | 4 | 10 | 16 | 22 | 28 | | … |

(            )

## MATH TOPIC 3 심화유형

### 늘어놓은 모양에서 규칙 찾기

오른쪽과 같이 성냥개비로 정삼각형을 만들고 있습니다. 정삼각형을 12개 만들 때 필요한 성냥개비는 몇 개인지 구하시오.

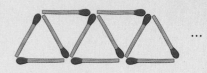

● **생각하기**  정삼각형의 수(▲)와 성냥개비의 수(■)를 표로 나타내어 규칙을 알아봅니다.

● **해결하기**  **1단계** 표로 나타내어 규칙 찾기

| ▲ ─ 정삼각형의 수(개) | 1 | 2 | 3 | 4 | … |
|---|---|---|---|---|---|
| ■ ─ 성냥개비의 수(개) | 3 | 5 | 7 | 9 | … |

▲가 1개씩 늘어날 때마다 ■는 2개씩 늘어나므로 ▲와 ■ 사이의 대응 관계를 식으로 나타내면 ■＝▲×2＋1입니다.

**2단계** 필요한 성냥개비의 수 구하기

정삼각형을 12개 만들 때 필요한 성냥개비는 12×2＋1＝25(개)입니다.

답 25개

---

**3-1**  오른쪽과 같이 크기가 같은 정사각형을 겹치지 않게 이어 붙이고 있습니다. 정사각형을 10개 이어 붙인 도형의 둘레의 길이는 몇 cm인지 구하시오.

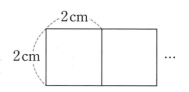

(                    )

---

**3-2**  구슬을 다음과 같이 규칙적으로 놓고 있습니다. 스물째에 놓아야 할 구슬은 몇 개입니까?

(                    )

---

**3-3**  클립으로 오른쪽과 같은 정육각형을 만들고 있습니다. 클립 100개로 정육각형을 몇 개까지 만들 수 있습니까?

(                    )

# MATH TOPIC 4

심화유형

## 생활 속 대응 관계를 식으로 나타내기

재작년 유미는 9살이었고, 올해 어머니는 42살입니다. 유미의 나이를 ○, 어머니의 나이를 ☆이라고 할 때, 두 양 사이의 대응 관계를 식으로 나타내시오.

● 생각하기　어머니와 유미의 나이 차를 구한 다음 대응 관계를 식으로 나타냅니다.

● 해결하기　**1단계** 어머니와 유미의 나이 차 구하기

올해 유미는 9+2=11(살), 어머니는 42살이므로 어머니와 유미의 나이 차는 42-11=31(살)입니다.

**2단계** 대응 관계를 식으로 나타내기

유미의 나이를 ○, 어머니의 나이를 ☆이라고 할 때, 두 양 사이의 대응 관계를 식으로 나타내면 ○=☆-31(또는 ☆=○+31)입니다.

**답** 예 ○=☆-31

---

**4-1** 5 L의 휘발유를 넣으면 60 km를 갈 수 있는 자동차가 있습니다. 갈 수 있는 거리를 △, 휘발유의 양을 ◇라고 할 때, 두 양 사이의 대응 관계를 식으로 나타내시오.

( )

**4-2** 어느 공장에서 같은 제품을 만드는 성능이 같은 기계 3대로 5일 동안 2100 kg의 제품을 만들었습니다. 하루에 만드는 제품의 양을 ■, 기계의 수를 ▲라고 할 때, 두 양 사이의 대응 관계를 식으로 나타내시오.

( )

**4-3** 무게가 같은 사탕 4개의 무게가 50 g이고, 이 사탕의 25 g당 가격은 160원입니다. 사탕의 가격을 ☆, 사탕의 수를 ○라고 할 때, 두 양 사이의 대응 관계를 식으로 나타내시오.

( )

## 5 생활 속 대응 관계의 활용

심화유형

문구점에서 800원짜리 공책을 한 권 팔 때마다 공책값의 $\frac{1}{4}$이 이익으로 남는다고 합니다. 팔린 공책의 수를 ■, 남은 이익을 ▲라 할 때, 두 양 사이의 대응 관계를 식으로 나타내고, ▲가 4200일 때 ■는 얼마인지 구하시오.

● 생각하기 공책 한 권을 팔 때의 이익이 얼마인지 구한 다음 ■와 ▲ 사이의 대응 관계를 표로 나타냅니다.

● 해결하기 **1단계** ■와 ▲ 사이의 대응 관계를 표로 나타내기

공책 한 권을 팔 때의 이익은 800÷4=200(원)이고, ■와 ▲ 사이의 대응 관계를 표로 나타내면 다음과 같습니다.

| ■ | 1 | 2 | 3 | 4 | 5 | ··· |
|---|---|---|---|---|---|---|
| ▲ | 200 | 400 | 600 | 800 | 1000 | ··· |

**2단계** 대응 관계를 식으로 나타내고, ▲=4200일 때 ■는 얼마인지 구하기

■가 1씩 커질 때마다 ▲는 200씩 커지므로 ▲=■×200입니다.
따라서 ▲=4200일 때 4200=■×200, ■=21입니다.

답 **예** ▲=■×200, 21

**5-1** 오른쪽과 같이 한쪽 모서리에 1명씩 앉을 수 있는 탁자를 한 줄로 붙여서 앉으려고 합니다. 탁자의 수를 ◆, 앉을 수 있는 학생 수를 ●라 할 때, 두 양 사이의 대응 관계를 식으로 나타내고, ●가 24일 때 ◆는 얼마인지 구하시오.

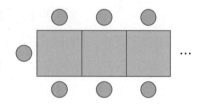

( , )

**5-2** 어떤 공장에서는 어린이용 베개를 4개 단위로만 생산합니다. 베개 4개를 만드는 데 솜이 1350 g 필요할 때, 솜 10 kg으로는 베개를 최대 몇 개 만들 수 있습니까?

( )

**5-3** 진아가 집을 떠난 지 6분 후에 오빠가 진아를 만나기 위해 뒤따라갔습니다. 진아는 1분에 40 m씩 걸어가고, 오빠는 1분에 70 m씩 뛰어갔습니다. 오빠는 떠난 지 몇 분 후에 진아를 만날 수 있습니까?

( )

# MATH TOPIC 6
## 심화유형

# 대응 규칙 알아보기

준희가 7이라고 말하면 효리는 9라고 답하고, 준희가 9라고 말하면 효리는 13이라고 답합니다. 또, 준희가 11이라고 말하면 효리는 17이라고 답합니다. 준희가 20이라고 말하면 효리는 어떤 수를 답해야 하는지 구하시오.

● 생각하기  준희가 말하는 수와 효리가 답하는 수를 표로 나타내어 두 수의 규칙을 알아봅니다.

● 해결하기  **1단계** 표로 나타내어 두 수의 규칙 찾기

| 준희가 말하는 수(○) | 7 | 9 | 11 |
|---|---|---|---|
| 효리가 답하는 수(◎) | 9 | 13 | 17 |

○가 2씩 커질 때마다 ◎는 4씩 커집니다.

4는 2의 2배이므로 $○×2$와 ◎가 같아지도록 더하거나 뺀 수를 찾아 ○와 ◎ 사이의 대응 관계를 식으로 나타내면 $◎=○×2-5$입니다.

**2단계** 효리가 답해야 하는 수 구하기

○=20일 때, $◎=20×2-5=35$이므로 준희가 20이라고 말하면 효리는 35라고 답해야 합니다.

답 35

---

**6-1** 은비가 4라고 말하면 재우는 14라고 답하고, 은비기 7이라고 말하면 재우는 23이라고 답합니다. 또, 은비가 10이라고 말하면 재우는 32라고 답합니다. 재우가 47이라고 답했다면 은비는 어떤 수를 말했겠습니까?

(          )

**6-2** 정훈이는 수 카드를 다음과 같이 2장씩 짝을 지었습니다. ? 에 알맞은 수는 얼마입니까?

2 → 6    5 → 30    8 → 72    10 → ?

(          )

**6-3** 수를 일정한 규칙에 따라 2개씩 묶었습니다. ■와 ● 사이의 규칙을 식으로 나타내시오.

1 4    3 16    6 49    ■ ●

(          )

# MATH TOPIC 7

심화유형

## 규칙과 대응을 활용한 교과통합유형

STEAM형
■ ● ▲

수학+미술

데칼코마니는 종이 위에 그림물감을 칠하고 반으로 접거나 다른 종이에 찍어서 대칭적인 무늬를 만드는 회화기법입니다. 지혜는 종이 위에 그림물감을 ㉮ 모양으로 칠한 다음 데칼코마니 기법으로 오른쪽으로 종이를 한 장씩 늘려가며 다음과 같은 무늬를 만들고 있습니다. 13회 찍어서 만든 무늬에서 찾을 수 있는 원은 모두 몇 개입니까?

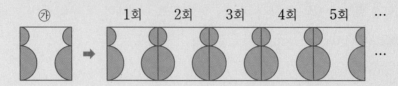

● 생각하기  데칼코마니 기법으로 찍은 횟수와 그때 만들어진 무늬에서 찾을 수 있는 원의 수를 표로 나타내어 규칙을 알아봅니다.

● 해결하기  **1단계** 찍은 횟수와 그때의 원의 수를 표로 나타내어 규칙 찾기

| 찍은 횟수(회) | 1 | 2 | 3 | 4 | 5 | ⋯ |
|:---:|:---:|:---:|:---:|:---:|:---:|:---:|
| 원의 수(개) |  |  |  |  |  | ⋯ |

찍은 횟수를 ■, 원의 수를 ▲라 할 때 ■가 1씩 커질 때마다 ▲는 $\boxed{\phantom{0}}$씩 커지므로 ■×2와 ▲가 같아지도록 더하거나 뺀 수를 찾아 ■와 ▲ 사이의 대응 관계를 식으로 나타내면 ▲=■×$\boxed{\phantom{0}}$−$\boxed{\phantom{0}}$입니다.

**2단계** 13회 찍어서 만든 무늬에서 찾을 수 있는 원의 수 구하기

13회 찍어서 만든 무늬에서 찾을 수 있는 원은 모두

$\boxed{\phantom{0}}$×$\boxed{\phantom{0}}$−$\boxed{\phantom{0}}$=$\boxed{\phantom{0}}$(개)입니다.

답 $\boxed{\phantom{0}}$개

## 7-1

수학+과학

지구 위의 어떤 지점에서 중력의 방향에 수직인 평면

지평면과 태양이 이루는 각도를 태양의 고도라고 합니다. 태양의 고도는 해가 뜬 후 점점 높아져 정오에 가장 높고, 정오가 지나면 다시 낮아집니다. 어느 날 태양의 고도를 재었더니 오전 6시에는 0°, 오전 9시에는 45°였습니다. 태양의 고도가 시간에 따라 일정하게 높아지다가 낮아졌을 때, 오전 11시와 오후 2시의 태양의 고도의 합은 몇 도입니까?

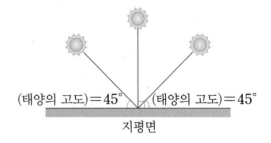

(태양의 고도)=45°   (태양의 고도)=45°
지평면

(                    )

문제풀이 동영상

**1** 바둑돌을 다음과 같이 규칙적으로 배열하고 있습니다. 배열 순서를 ■, 바둑돌의 수를 ▲ 라고 할 때, 두 양 사이의 대응 관계를 식으로 나타내시오.

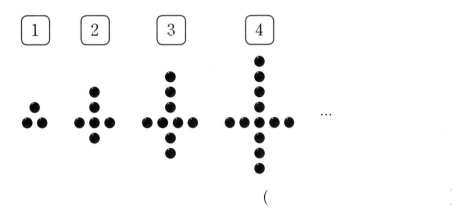

(                                          )

**2** ●의 수를 넣으면 ♥의 수가 나오는 상자가 있습니다. 표를 보고 ㉠＋㉡＋㉢＋㉣의 값을 구하시오.

| ● | 1 | 2 | 4 | ㉡ | 16 | ㉢ | 64 | 128 |
|---|---|---|---|---|---|---|---|---|
| ♥ | 128 | 64 | ㉠ | 16 | 8 | 4 | ㉣ | 1 |

(                                          )

**3** 오른쪽과 같이 크기가 같은 정육각형을 한 줄로 이어 붙였습니다. 정육각형을 100개 이어 붙였을 때, 만들 어지는 도형의 둘레에 있는 변은 모두 몇 개입니까?

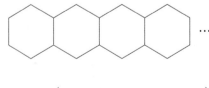

(                                          )

**4** 서울이 오후 1시일 때 두바이는 같은 날 오전 8시입니다. 서울에 사는 승준이는 9월 1일 오후 10시부터 9시간 동안 잠을 잤습니다. 승준이가 잠에서 깼을 때, 두바이는 몇 월 며칠 몇 시이겠습니까?

( )

**5** 어떤 빵집에서는 식빵을 5개 단위로만 만듭니다. 식빵 5개를 만드는 데 밀가루 $700\,g$이 필요할 때, 밀가루 $4.3\,kg$으로는 식빵을 최대 몇 개 만들 수 있습니까?

( )

**6** 긴 끈을 반으로 자르고, 나누어진 두 개의 끈을 겹쳐서 다시 반으로 자르고, 나누어진 4개의 끈을 다시 겹쳐서 반으로 자르는 것을 반복하였습니다. 잘린 도막의 수가 512개가 되게 하려면 끈을 몇 번 잘라야 합니까?

( )

**7** 길이가 5 cm인 용수철이 있습니다. 이 용수철에 100 g짜리 추를 매달면 2 cm씩 늘어납니다. 용수철에 매단 100 g짜리 추의 수를 ○, 늘어난 용수철의 전체 길이를 △라고 할 때, 두 양 사이의 대응 관계를 식으로 나타내고, 늘어난 용수철의 전체 길이가 19 cm이면 100 g짜리 추를 몇 개 매단 것인지 차례로 구하시오.

( , )

서술형 **8** 물탱크에 물이 200 L 들어 있습니다. 이 물을 1분에 3 L씩 사용할 때, 사용한 시간 ■와 물탱크에 남아 있는 물의 양 ▲ 사이의 대응 관계를 식으로 나타내려고 합니다. 풀이 과정을 쓰고 답을 구하시오.

풀이 ....................................................................................................................

....................................................................................................................

....................................................................................................................

답 ....................................................................

**9** 유미는 모둠 활동에 참여한 첫째 날 11명의 친구들을 새로 만나서 악수를 하였습니다. 유미와 친구들이 서로 한 번씩 악수를 하였다면 악수는 모두 몇 번 하였습니까?

( )

**10** 한 변의 길이가 3 cm인 정사각형을 다음과 같이 규칙적으로 겹치지 않게 이어 붙이고 있습니다. 스물아홉째에 만들어지는 도형의 넓이는 몇 cm²입니까?

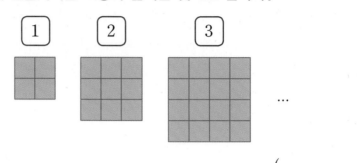

(            )

STEAM형
■●▲ **11**

수학+사회

바닷물을 모아서 막아 놓고 햇빛과 바람을 이용하여 증발시켜 소금을 얻는 시설을 염전이라고 합니다. 우리나라는 서해안 특히 강화만 지역의 군자, 남동, 소래에 넓은 염전이 있습니다. 정사각형 모양의 염전을 다음과 같이 각 변을 2등분하여 작은 정사각형 모양으로 나누는 과정을 반복하여 나누려고 합니다. 이런 과정을 5번 반복한다면 염전은 모두 몇개의 구역으로 나누어집니까?

▲ 염전

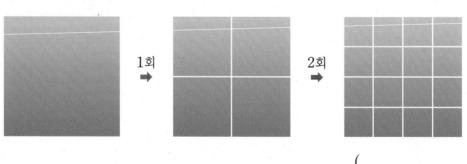

(            )

문제풀이 동영상

**1** 수영이가 3이라고 말하면 준후는 8이라고 답하고, 수영이가 5라고 말하면 준후는 14라고 답합니다. 또, 수영이가 6이라고 말하면 준후는 17이라고 답합니다. 수영이가 4라고 말하면 준후가 ■라고 답할 때, 수영이가 다시 ■라고 하면 준후는 몇이라고 답하겠습니까?

( )

**2** 무게가 같은 초콜릿 6개의 무게가 363 g이고, 이 초콜릿의 121 g당 가격은 1100원입니다. 초콜릿의 가격을 △, 초콜릿의 수를 ☆이라고 할 때, 두 양 사이의 대응 관계를 식으로 나타내고, 6600원으로는 초콜릿을 모두 몇 개 살 수 있는지 차례로 구하시오.

( , )

**3** 바둑돌을 다음과 같이 규칙적으로 배열하고 있습니다. 아홉째에 놓일 검은색 바둑돌의 수가 ■개, 열째에 놓일 흰색 바둑돌의 수가 ●개일 때, ■＋●의 값은 얼마입니까?

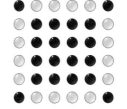

( )

**서술형 4** 다음과 같이 만나는 점의 개수가 최대가 되도록 직선을 그었습니다. 직선을 13개 그었을 때 만나는 점은 모두 몇 개인지 풀이 과정을 쓰고 답을 구하시오.

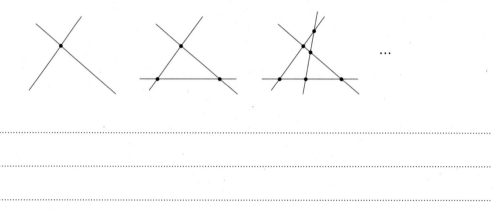

풀이

답

**5** 크기가 같은 정사각형을 다음과 같이 규칙적으로 배열하고 있습니다. 작은 정사각형 66개로 만들어진 도형의 둘레의 길이가 88 cm라면 작은 정사각형의 한 변은 몇 cm입니까?

| 1 | 2 | 3 | 4 |

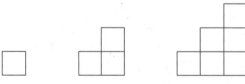

( )

**6** 지아는 사각형 조각으로 규칙적인 배열을 만들고 있습니다. 사각형 조각의 수와 1000의 차가 가장 작은 것은 몇 째인지 구하시오.

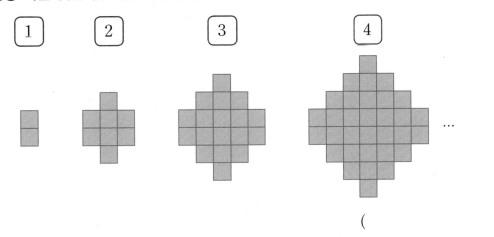

(                    )

**7** 정사각형 모양의 벽에 정사각형 모양의 흰색, 파란색, 초록색, 분홍색 타일을 다음과 같이 붙이려고 합니다. 흰색, 파란색, 초록색, 분홍색 순서로 반복하여 계속 붙여 나갈 때, 벽에 붙인 파란색 타일과 분홍색 타일의 수의 차를 구하시오. (단, 정사각형 모양의 벽에는 다음과 같은 정사각형 모양의 타일 900개를 붙일 수 있습니다.)

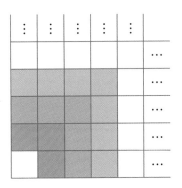

(                    )

# 연필 없이 생각 톡

같은 규칙에 따라 도형을 그린 것입니다. 다음 중 규칙을 따르지 않는
한 가지를 골라 보세요.

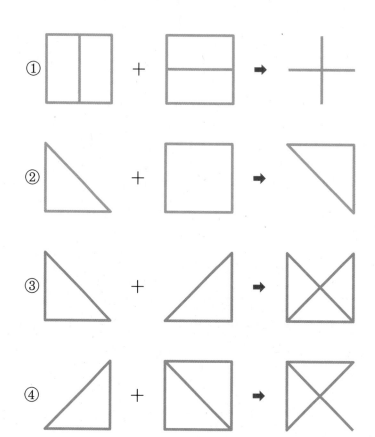

# 약분과 통분

# 분수를 다루는 두 가지 기술

## 크기는 같지만 간단하게, 약분!

자연수는 크기를 바로 알 수 있고, 쉽게 더하거나 뺄 수 있습니다. 하지만 분수는 분모가 다르면 크기를 비교하기 힘들고, 더하거나 빼는 것도 쉽지 않아요. 그래서 분수의 크기를 비교하거나 계산하려면 **약분**과 **통분**이 필요합니다.

분자와 분모를 0이 아닌 같은 수로 나누면 크기는 같지만 숫자가 더 간단한 분수가 되는데, 이 과정을 약분이라고 해요. 약분을 할 때는 당연히 분자와 분모 둘 다 나누어떨어져야 해요. 그래서 분자와 분모의 공통된 약수인 공약수로 나눕니다.

$$\frac{12}{20} = \frac{12 \div 2}{20 \div 2} = \frac{12 \div 4}{20 \div 4}$$

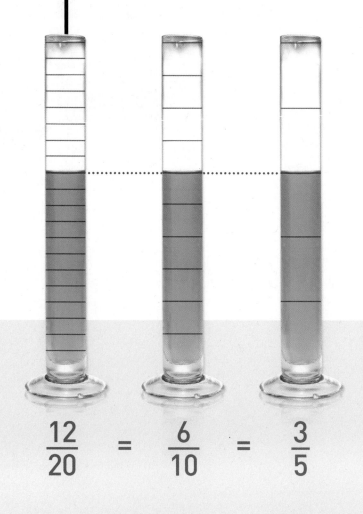

$$\frac{12}{20} \quad = \quad \frac{6}{10} \quad = \quad \frac{3}{5}$$

$$\frac{\overset{6}{\cancel{12}}}{\underset{10}{\cancel{20}}} = \frac{\overset{3}{\cancel{6}}}{\underset{5}{\cancel{10}}} = \frac{3}{5} \leftarrow \text{기약분수}$$

약분

공약수로 계속 약분하다보면 분자와 분모를 1이 아닌 같은 수로 더 이상 나눌 수 없게 되는데, 그 분수를 **기약분수**라고 해요.

## 분수의 분모를 같게, 통분!

50 cm와 0.4 m는 다른 단위로 측정한 값이라 쉽게 비교할 수 없어요. 50 cm와 40 cm 또는 0.5 m와 0.4 m와 같이 같은 단위로 바꾸어야 바르게 비교할 수 있지요.

분수의 경우에는 분모가 단위의 역할을 해요. 통분이란 분수의 분모를 같게 하는 것으로, 서로 다른 단위의 분모를 공통분모를 이용해 같은 단위로 맞추어 주는 과정이에요. 이때 공통분모는 두 분모의 공배수로 합니다.

$\frac{1}{3}$과 $\frac{2}{5}$의 크기를 비교한다면, 분모인 3과 5의 최소공배수인 15를 공통분모로 정합니다.

$\frac{1}{3} = \frac{5}{15}$이므로 $\frac{1}{15}$이 5개인 수이고,

$\frac{2}{5} = \frac{6}{15}$이므로 $\frac{1}{15}$이 6개인 수예요.

따라서 $\frac{2}{5}$가 $\frac{1}{3}$보다 $\frac{1}{15}$만큼 더 크다는 것을 알 수 있어요.

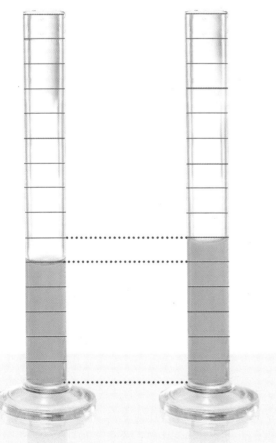

$$\frac{1}{3} = \frac{5}{15} < \frac{2}{5} = \frac{6}{15}$$

# 1 약분

## ❶ 크기가 같은 분수 — 어떤 분수와 크기가 같은 분수는 셀 수 없이 많습니다.

① 분모와 분자에 0이 아닌 같은 수를 곱하면 크기가 같은 분수가 됩니다.

$$\frac{3}{5} = \frac{6}{10} = \frac{9}{15} = \frac{12}{20}$$

② 분모와 분자를 0이 아닌 같은 수로 나누면 크기가 같은 분수가 됩니다.

$$\frac{24}{40} = \frac{12}{20} = \frac{6}{10} = \frac{3}{5}$$

## ❷ 분수의 약분

• 약분: 분모와 분자를 공약수로 나누어 간단히 하는 것
└─ 1로 어떤 수를 나누면 항상 어떤 수 자신이 되므로 1로는 약분하지 않습니다.

12와 16의 공약수: 1, 2, 4

$$\frac{12}{16} = \frac{12 \div 2}{16 \div 2} = \frac{6}{8}, \quad \frac{12}{16} = \frac{12 \div 4}{16 \div 4} = \frac{3}{4}$$

• 기약분수: 분모와 분자의 공약수가 1뿐인 분수

$$\frac{1}{2}, \frac{1}{3}, \frac{2}{3}, \frac{1}{4}, \frac{3}{4}, \cdots \rightarrow \frac{1}{2}, \frac{1}{3}, \frac{1}{4} \cdots$$과 같이 분자가 1인 분수를 단위분수라고 합니다.

## ❸ 기약분수로 나타내기

**방법1** 분모와 분자를 공약수가 1이 될 때까지 약분하기

$$\frac{12}{16} \Rightarrow \frac{\overset{6}{\cancel{12}}}{\underset{8}{\cancel{16}}} \Rightarrow \frac{\overset{3}{\cancel{6}}}{\underset{4}{\cancel{8}}} \Rightarrow \frac{3}{4}$$

**방법2** 분모와 분자를 최대공약수로 약분하기

$$\frac{12}{16} = \frac{12 \div 4}{16 \div 4} = \frac{3}{4}$$
└─ 12와 16의 최대공약수

---

**사고력 개념**

## ❶ 크기가 같은 분수의 특별한 성질

어떤 분수와 크기가 같은 분수가 있을 때 분자들의 합을 분자로, 분모들의 합을 분모로 하는 분수도 어떤 분수와 크기가 같습니다.

(예) $\frac{2}{3} = \frac{4}{6} = \frac{6}{9} = \frac{8}{12} \Rightarrow \frac{2+4+6+8}{3+6+9+12} = \frac{20}{30} = \frac{2}{3}$

$$\frac{2+4+6+8}{3+6+9+12} = \frac{2 \times 1 + 2 \times 2 + 2 \times 3 + 2 \times 4}{3 \times 1 + 3 \times 2 + 3 \times 3 + 3 \times 4} = \frac{2 \times (1+2+3+4)}{3 \times (1+2+3+4)} = \frac{2}{3}$$

**연결 개념**

중등 연계

## ❶ 등식의 성립 — 등호 '='를 사용하여 나타낸 식

① 등식의 양변에 같은 수를 더하여도 등식은 성립합니다. ➡ $a=b$이면 $a+c=b+c$

② 등식의 양변에서 같은 수를 빼어도 등식은 성립합니다. ➡ $a=b$이면 $a-c=b-c$

③ 등식의 양변에 같은 수를 곱하여도 등식은 성립합니다. ➡ $a=b$이면 $a \times c = b \times c$

④ 등식의 양변을 0이 아닌 같은 수로 나누어도 등식은 성립합니다. ➡ $a=b$이면 $\dfrac{a}{c} = \dfrac{b}{c}(c \neq 0)$

**1** $\dfrac{16}{28}$을 약분하여 나타낼 수 있는 분수를 모두 쓰시오. (단, 공약수 1로 나누는 것은 제외합니다.)

(          )

**2** 다음을 기약분수로 나타내시오.

(1) $\dfrac{3+6+9+12}{4+8+12+16}$

(          )

(2) $\dfrac{1+2+3+\cdots+20}{2+4+6+\cdots+40}$

(          )

**3** 상자에 들어 있는 과일 84개 중에서 24개가 사과입니다. 사과는 상자 안에 든 전체 과일의 몇 분의 몇인지 기약분수로 나타내시오.

(          )

**4** 분모가 20인 진분수 중에서 기약분수는 모두 몇 개입니까?

(          )

**5** 다음 두 수는 $\dfrac{24}{42}$와 크기가 같은 분수입니다. ㉠과 ㉡의 합을 구하시오.

$$\dfrac{㉠}{21}, \dfrac{4}{㉡}$$

(          )

**6** 어떤 분수의 분모에 2를 더하고, 5로 약분하였더니 $\dfrac{7}{8}$이 되었습니다. 어떤 분수를 구하시오.

(          )

## 2 통분

**BASIC CONCEPT**

### ❶ 분수의 통분

- 통분: 분수의 분모를 같게 하는 것
- 공통분모: 통분한 분모  공통분모가 될 수 있는 수는 두 분모의 공배수입니다.

$$\frac{3}{4}=\frac{6}{8}=\frac{9}{12}=\frac{12}{16}=\frac{15}{20}=\frac{18}{24}=\frac{21}{28}=\cdots$$

$$\frac{1}{6}=\frac{2}{12}=\frac{3}{18}=\frac{4}{24}=\frac{5}{30}=\frac{6}{36}=\frac{7}{42}=\cdots$$

> 4와 6의 최소공배수는 12이므로 12의 배수는 모두 공통분모가 될 수 있습니다.

$$\Rightarrow \left(\frac{3}{4}, \frac{1}{6}\right)=\left(\frac{9}{12}, \frac{2}{12}\right)=\left(\frac{18}{24}, \frac{4}{24}\right)=\cdots$$

- 분수를 통분하는 방법

**방법1** 두 분모의 곱을 공통분모로 하여 통분하기

$$\left(\frac{5}{6}, \frac{2}{9}\right) \Rightarrow \left(\frac{5\times9}{6\times9}, \frac{2\times6}{9\times6}\right)$$

$$\Rightarrow \left(\frac{45}{54}, \frac{12}{54}\right)$$

**방법2** 두 분모의 최소공배수를 공통분모로 하여 통분하기

6과 9의 최소공배수는 18입니다.

$$\left(\frac{5}{6}, \frac{2}{9}\right) \Rightarrow \left(\frac{5\times3}{6\times3}, \frac{2\times2}{9\times2}\right)$$

$$\Rightarrow \left(\frac{15}{18}, \frac{4}{18}\right)$$

---

**사고력 개념**

### ❶ 통분할 때 분모를 같게 하는 이유

$\frac{1}{2}$, $\frac{1}{3}$, $\frac{1}{4}$, …과 같은 단위분수는 모두 분자가 1이지만 분모의 크기가 다르므로 분수의 크기가 다릅니다. 분모의 크기가 분수의 단위가 되기 때문입니다. 따라서 분모가 다른 분수끼리 크기를 비교하거나 덧셈, 뺄셈을 할 때는 분자가 아닌 분모를 통분합니다.

| 크기 비교 | 덧셈 | 뺄셈 |
|---|---|---|
| $\dfrac{25}{30}>\dfrac{12}{30}$이므로 $\dfrac{5}{6}>\dfrac{2}{5}$입니다. | $\dfrac{5}{6}+\dfrac{2}{5}=\dfrac{25}{30}+\dfrac{12}{30}$ $=\dfrac{37}{30}\left(=1\dfrac{7}{30}\right)$ | $\dfrac{5}{6}-\dfrac{2}{5}=\dfrac{25}{30}-\dfrac{12}{30}$ $=\dfrac{13}{30}$ |

$\left(\dfrac{5}{6}, \dfrac{2}{5}\right) \Rightarrow =\left(\dfrac{25}{30}, \dfrac{12}{30}\right)$

### ❷ 통분하기 전의 기약분수 구하기

통분한 두 분수에서 각각의 분모와 분자의 최대공약수로 다시 약분합니다.

예 $\left(\dfrac{32}{56}, \dfrac{49}{56}\right) \Rightarrow \left(\dfrac{32\div8}{56\div8}, \dfrac{49\div7}{56\div7}\right) \Rightarrow \left(\dfrac{4}{7}, \dfrac{7}{8}\right)$

└── 49와 56의 최대공약수: 7
└── 32와 56의 최대공약수: 8

---

**연결 개념**

中등 연계

### ❶ 분수의 등식을 간단한 곱셈식으로 나타내기

$\dfrac{\bigcirc}{25}=\dfrac{1}{5} \Rightarrow \bigcirc\times5=1\times25$, $\bigcirc=25\div5=5$

$\dfrac{b}{a}=\dfrac{d}{c}$에서 양쪽의 분수에 두 분모의 곱인 $a\times c$를 각각 곱하면
$\dfrac{b}{a}\times(a\times c)=\dfrac{d}{c}\times(a\times c)$, $b\times c=d\times a$입니다.

$$\frac{b}{a}=\frac{d}{c} \Rightarrow b\times c=d\times a$$

## BASIC TEST

1 $\dfrac{3}{8}$은 $\dfrac{1}{32}$이 몇 개 모인 수와 같습니까?

( )

2 $\dfrac{5}{7}$의 분모에 14를 더했을 때, 분자에 얼마를 더해야 처음 분수와 크기가 같아집니까?

( )

3 $\dfrac{5}{6}$와 $\dfrac{9}{10}$를 통분하려고 합니다. 공통분모가 100에 가장 가까운 수가 되도록 통분하시오.

( )

4 어떤 두 기약분수를 통분한 것입니다. 통분하기 전의 두 분수는 무엇입니까?

$$\dfrac{15}{24}, \dfrac{16}{24}$$

( )

5 수직선에서 ☐ 안에 알맞은 분수를 기약분수로 나타내시오.

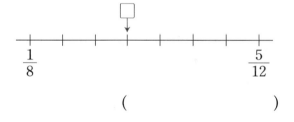

( )

6 물이 $\dfrac{5}{8}$ L, 사이다가 $\dfrac{7}{10}$ L 있습니다. 이 물과 사이다를 각각 40개의 눈금이 표시된 1 L들이 그릇에 옮겨 담으면 물과 사이다는 각각 눈금 몇까지 올라오겠습니까?

( , )

# 3 분수의 크기 비교

**1 분모가 다른 두 분수의 크기 비교**

두 분수를 통분하여 크기를 비교합니다.

$$\left(\frac{2}{3}, \frac{3}{5}\right) \Rightarrow \left(\frac{2\times5}{3\times5}, \frac{3\times3}{5\times3}\right) \Rightarrow \left(\frac{10}{15}, \frac{9}{15}\right) \Rightarrow \frac{2}{3} > \frac{3}{5}$$

분모가 같은 진분수는 분자가 클수록 큽니다.

➡ $10 > 9$이므로 $\frac{10}{15} > \frac{9}{15}$입니다.

**2 분모가 다른 세 분수의 크기 비교**

방법1 두 분수끼리 통분하기

$$\left(\frac{9}{10}, \frac{1}{4}, \frac{3}{8}\right) \Rightarrow \begin{bmatrix} \left(\frac{9}{10}, \frac{1}{4}\right) \Rightarrow \left(\frac{18}{20}, \frac{5}{20}\right) \Rightarrow \frac{9}{10} > \frac{1}{4} \\ \left(\frac{1}{4}, \frac{3}{8}\right) \Rightarrow \left(\frac{2}{8}, \frac{3}{8}\right) \Rightarrow \frac{1}{4} < \frac{3}{8} \\ \left(\frac{9}{10}, \frac{3}{8}\right) \Rightarrow \left(\frac{36}{40}, \frac{15}{40}\right) \Rightarrow \frac{9}{10} > \frac{3}{8} \end{bmatrix} \Rightarrow \frac{1}{4} < \frac{3}{8} < \frac{9}{10}$$

방법2 세 분수의 분모의 최소공배수로 통분하기

$$\left(\frac{9}{10}, \frac{1}{4}, \frac{3}{8}\right) \Rightarrow \left(\frac{36}{40}, \frac{10}{40}, \frac{15}{40}\right) \Rightarrow \frac{1}{4} < \frac{3}{8} < \frac{9}{10}$$

$$\begin{array}{r|ccc} 2) & 10 & 4 & 8 \\ 2) & 5 & 2 & 4 \\ \hline & 5 & 1 & 2 \end{array}$$ 최소공배수: $2\times2\times5\times1\times2=40$

**3 분수와 소수의 크기 비교**

• $\frac{3}{5}$과 0.8의 크기 비교

방법1 분수를 소수로 나타내어 소수끼리 비교하기

$$\frac{3}{5} = \frac{6}{10} = 0.6$$이므로 $0.6 < 0.8$ ➡ $\frac{3}{5} < 0.8$

방법2 소수를 분수로 나타내어 분수끼리 비교하기

$$0.8 = \frac{8}{10} = \frac{4}{5}$$이므로 $\frac{3}{5} < \frac{4}{5}$ ➡ $\frac{3}{5} < 0.8$

> • 분수를 소수로 나타내기
> $\frac{\blacksquare}{10} = 0.\blacksquare$, $\frac{\blacksquare\blacktriangle}{100} = 0.\blacksquare\blacktriangle$
> • 소수를 분수로 나타내기
> $0.\blacksquare = \frac{\blacksquare}{10}$, $0.\blacksquare\blacktriangle = \frac{\blacksquare\blacktriangle}{100}$

**실전 개념**

**1 분모와 분자의 차가 일정한 분수의 크기 비교하기**

분모와 분자의 차가 같은 진분수는 분모가 클수록 큽니다.

$$\left(\frac{4}{5}, \frac{5}{6}, \frac{6}{7}\right) \Rightarrow \left(1-\frac{1}{5}, 1-\frac{1}{6}, 1-\frac{1}{7}\right) \Rightarrow \frac{1}{5} > \frac{1}{6} > \frac{1}{7}$$이므로 $\frac{4}{5} < \frac{5}{6} < \frac{6}{7}$입니다.

분자가 같으므로 분모가 작을수록 큰 수입니다.

1에서 작은 수를 뺄수록 큰 수가 됩니다.

**2 분자를 같게 하여 분수의 크기 비교하기**

분자가 같은 경우 분모가 작을수록 큰 수입니다. —— 분자가 같은 진분수는 분모가 작을수록 큽니다.

예 $\frac{4}{9} < \frac{6}{\square}$ ➡ $\left(\frac{4\times3}{9\times3}, \frac{6\times2}{\square\times2}\right) \Rightarrow \frac{12}{27} < \frac{12}{\square\times2}$ ➡ $\frac{1}{2} > \frac{1}{3}$

$27 > \square\times2$이므로 $\square$ 안에 들어갈 수 있는 자연수는 1, 2, 3, …, 13입니다.

**1** $\frac{1}{2}$보다 작은 분수에 모두 ○표 하시오.

$$\frac{3}{4} \qquad \frac{3}{8} \qquad \frac{29}{84} \qquad \frac{99}{156}$$

**2** 두 수의 크기를 비교하여 ○ 안에 $>$, $=$, $<$를 알맞게 써넣으시오.

(1) $\frac{2}{3}$ ○ $\frac{5}{6}$

(2) $0.3$ ○ $\frac{1}{4}$

(3) $7\frac{3}{8}$ ○ $7\frac{3}{5}$

**3** 세 분수 $\frac{16}{17}$, $\frac{20}{21}$, $\frac{24}{25}$의 크기를 비교하여 작은 수부터 차례로 쓰시오.

( )

**4** ☐ 안에 알맞은 자연수를 모두 구하시오.

$$\frac{1}{4} < \frac{☐}{10} < \frac{2}{3}$$

( )

**5** 어머니께서 사 오신 채소는 상추가 $\frac{2}{3}$ kg, 시금치가 $0.7$ kg, 양파가 $\frac{5}{8}$ kg입니다. 가장 무거운 것은 어느 것입니까?

( )

**6** ☐ 안에 알맞은 자연수들의 합을 구하시오.

$$\frac{4}{9} < \frac{2}{☐} < \frac{3}{4}$$

( )

## 분수의 약분과 기약분수

다음과 같이 분모가 77인 진분수 중에서 약분하여 나타낼 수 있는 분수는 모두 몇 개입니까?

$$\frac{1}{77}, \frac{2}{77}, \frac{3}{77}, \cdots, \frac{75}{77}, \frac{76}{77}$$

● 생각하기   분모와 분자의 1이 아닌 공약수가 있으면 약분할 수 있습니다.

● 해결하기   **1단계** 약분이 되는 분자의 조건 알아보기

$77 = 7 \times 11$이므로 약분이 되려면 분자가 7의 배수 또는 11의 배수가 되어야 합니다.

**2단계** 7의 배수의 개수와 11의 배수의 개수를 각각 구하여 조건에 맞는 분수의 개수 구하기

1에서 76까지의 자연수 중 7의 배수의 개수는 $76 \div 7 = 10 \cdots 6$ ➡ 10개

1에서 76까지의 자연수 중 11의 배수의 개수는 $76 \div 11 = 6 \cdots 10$ ➡ 6개

따라서 약분하여 나타낼 수 있는 분수는 모두 $10 + 6 = 16$(개)입니다.

답 16개

**1-1** 다음과 같이 분모가 65인 진분수 중에서 기약분수는 모두 몇 개입니까?

$$\frac{1}{65}, \frac{2}{65}, \frac{3}{65}, \cdots, \frac{63}{65}, \frac{64}{65}$$

(                    )

**1-2** 10에서 14까지의 자연수 중에서 2개를 골라 진분수를 만들려고 합니다. 이 중에서 기약분수는 모두 몇 개입니까?

(                    )

**1-3** 주어진 분수 중에서 약분하여 자연수가 되는 분수들의 합을 구하시오.

$$\frac{1}{9}, \frac{2}{9}, \frac{3}{9}, \cdots, \frac{89}{9}, \frac{90}{9}$$

(                    )

## 심화유형 **2** 약분하기 전의 분수 구하기

분모와 분자의 합이 60이고 기약분수로 나타내면 $\dfrac{1}{9}$인 분수를 구하시오.

● **생각하기**  구하는 분모와 분자의 합은 기약분수의 분모와 분자의 합의 몇 배인지 구합니다.

● **해결하기**

**1단계** 구하는 분모와 분자의 합은 기약분수의 분모와 분자의 합의 몇 배인지 구하기

$\dfrac{1}{9}$의 분모와 분자의 합은 $9+1=10$이므로 60은 $\dfrac{1}{9}$의 분모와 분자의 합의

$60 \div 10 = 6$(배)입니다.

**2단계** 조건에 맞는 분수 구하기

60은 $\dfrac{1}{9}$의 분모와 분자의 합인 10의 6배이므로 $\dfrac{1}{9}$의 분모와 분자에 각각 6을 곱하면

구하는 분수는 $\dfrac{1}{9}=\dfrac{1\times6}{9\times6}=\dfrac{6}{54}$입니다.

답 $\dfrac{6}{54}$

**2-1**  분모와 분자의 차가 27이고 기약분수로 나타내면 $\dfrac{4}{7}$인 분수를 구하시오.

(                    )

**2-2**  분모와 분자의 최소공배수는 48이고 기약분수로 나타내면 $\dfrac{2}{3}$인 분수를 구하시오.

(                    )

**2-3**  분모와 분자의 곱은 216이고 기약분수로 나타내면 $\dfrac{3}{8}$인 분수를 구하시오.

(                    )

## 통분을 이용하여 두 수 사이의 분수 구하기

$\dfrac{5}{6}$ 보다 크고 $\dfrac{7}{8}$ 보다 작은 분수 중에서 분모가 48인 분수를 구하시오.

● 생각하기  분모가 다른 두 분수의 분모를 통분하여 두 분수 사이의 분수를 구합니다.

● 해결하기  **1단계** $\dfrac{5}{6}$ 와 $\dfrac{7}{8}$ 을 분모가 48인 분수로 통분하기

$$\dfrac{5}{6} = \dfrac{5 \times 8}{6 \times 8} = \dfrac{40}{48}, \ \dfrac{7}{8} = \dfrac{7 \times 6}{8 \times 6} = \dfrac{42}{48}$$

**2단계** 범위에 알맞은 분수 구하기

$\dfrac{40}{48}$ 보다 크고 $\dfrac{42}{48}$ 보다 작은 분수 중에서 분모가 48인 분수는 $\dfrac{41}{48}$ 입니다.

답 $\dfrac{41}{48}$

**3-1** $\dfrac{5}{9}$ 보다 크고 $\dfrac{2}{3}$ 보다 작은 분수 중에서 분모가 18인 분수를 구하시오.

(                    )

**3-2** $\dfrac{7}{10}$ 보다 크고 $\dfrac{11}{12}$ 보다 작은 분수 중에서 분모가 30인 기약분수를 구하시오.

(                    )

**3-3** 보기 에서 설명하는 분수는 모두 몇 개입니까?

보기

· $\dfrac{2}{9}$ 와 $\dfrac{4}{5}$ 사이에 있는 수입니다.    · 분자가 6인 기약분수입니다.

(                    )

## MATH TOPIC 4

심화유형 **4**

# 가장 가까운 수 구하기

$\dfrac{3}{4}$과 0.9를 수직선 위에 나타냈을 때 $\dfrac{7}{8}$에 더 가까운 수는 어느 것입니까?

● 생각하기   더 가깝다. ➡ '분모를 통분했을 때 분자의 차가 더 작다.'

● 해결하기   **1단계** 소수를 분수로 나타내어 통분하기

0.9를 분수로 나타내면 $0.9 = \dfrac{9}{10}$입니다.

세 분수를 분모 4, 10, 8의 최소공배수인 40으로 통분하면

$\dfrac{3}{4} = \dfrac{30}{40}$, $\dfrac{9}{10} = \dfrac{36}{40}$, $\dfrac{7}{8} = \dfrac{35}{40}$입니다.

**2단계** 더 가까운 수 찾기

$\dfrac{3}{4}\left(=\dfrac{30}{40}\right)$과 $0.9\left(=\dfrac{36}{40}\right)$ 중에서 $\dfrac{7}{8}\left(=\dfrac{35}{40}\right)$에 더 가까운 수는 0.9입니다.

답 0.9

---

**4-1** 다음 수들을 수직선 위에 나타냈을 때 $\dfrac{2}{5}$에 가장 가까운 수는 어느 것입니까?

$$0.52 \qquad \dfrac{7}{10} \qquad \dfrac{11}{20}$$

(            )

**4-2** 다음 분수 중에서 2에 가장 가까운 분수를 쓰시오.

$$1\dfrac{11}{12} \qquad 1\dfrac{15}{18} \qquad 2\dfrac{3}{16}$$

(            )

**4-3** 분모가 11인 분수 중에서 $\dfrac{5}{7}$에 가장 가까운 분수를 구하시오.

(            )

## 조건에 알맞은 수 구하기

$\dfrac{43}{70}$의 분모와 분자에 같은 수를 더하여 $\dfrac{5}{8}$와 크기가 같은 분수를 만들려고 합니다. 분모와 분자에 얼마를 더해야 합니까?

● 생각하기  분모와 분자에 같은 수를 더해도 분모와 분자의 차는 변하지 않습니다.

● 해결하기  **1단계** $\dfrac{43}{70}$의 분모와 분자의 차 구하기

$\dfrac{43}{70}$의 분모와 분자의 차는 $70-43=27$입니다.

**2단계** $\dfrac{5}{8}$와 크기가 같은 분수 중 분모와 분자의 차가 27인 분수 구하기

$\dfrac{5}{8}=\dfrac{10}{16}=\dfrac{15}{24}=\cdots=\dfrac{40}{64}=\dfrac{45}{72}=\cdots$이므로 분모와 분자의 차가 27인 분수는 $\dfrac{45}{72}$입니다.

**3단계** $\dfrac{43}{70}$의 분모와 분자에 똑같이 더한 수 구하기

분모와 분자에 더한 수를 $\square$라고 하면 $\dfrac{43+\square}{70+\square}=\dfrac{45}{72}$이므로 $\square=2$입니다.

답 2

**5-1** $\dfrac{25}{53}$의 분모와 분자에서 같은 수를 빼서 $\dfrac{3}{7}$과 크기가 같은 분수를 만들려고 합니다. 분모와 분자에서 얼마를 빼야 합니까?

(                    )

**5-2** 다음 식을 만족하는 ㉠을 구하시오.

$$\dfrac{㉠-4}{㉠+4}=\dfrac{5}{7}$$

(                    )

**5-3** $\dfrac{19}{47}$의 분모와 분자에 같은 수를 더한 다음 기약분수로 나타내었더니 분자는 6보다 크고 9보다 작고, 분모는 15인 분수가 되었습니다. 분모와 분자에 얼마를 더해야 합니까?

(                    )

# 분수의 통분을 활용한 교과통합유형

S T E A M 형
■ ● ▲

수학+사회

우리나라는 서울특별시와 세종특별자치시를 비롯하여 인천, 대구, 대전, 광주, 울산, 부산의 6개 광역시와 경기도, 강원도, 충청남도, 충청북도, 전라남도, 전라북도, 경상남도, 경상북도, 제주특별자치도의 9개 도가 있습니다. 아래의 표는 대표 권역별 인구가 우리나라 전체 인구의 약 몇 분의 몇인지를 분수로 나타낸 것입니다. 분수의 크기를 비교하여 인구가 가장 많은 권역부터 차례로 쓰시오.

권역별 인구

| 권역 | 서울·경기 (서울, 경기, 인천) | 충청 (충청남·북, 대전) | 호남 (전라남·북, 광주) | 영남(경상남·북, 부산, 울산, 대구) |
|---|---|---|---|---|
| 전체 인구에서 차지하는 부분 | $\frac{1}{2}$ | $\frac{1}{10}$ | $\frac{3}{25}$ | $\frac{6}{25}$ |

● 생각하기   분모가 다른 분수의 크기 비교를 하려면 먼저 통분을 합니다.

● 해결하기   **1단계** 권역별 인구를 나타낸 분수를 통분하기

분모 2, 10, 25의 최소공배수 50으로 모든 분수를 통분하면

$$\frac{1}{2}=\frac{1\times25}{2\times25}=\frac{25}{50}, \ \frac{1}{10}=\frac{1\times5}{10\times5}=\frac{5}{50},$$

$$\frac{3}{25}=\frac{3\times2}{25\times2}=\frac{6}{50}, \ \frac{6}{25}=\frac{6\times2}{25\times2}=\frac{12}{50}$$

**2단계** 분수의 크기를 비교하여 인구가 가장 많은 권역부터 쓰기

$$\frac{25}{50}>\boxed{\phantom{00}}>\boxed{\phantom{00}}>\boxed{\phantom{00}} \ \Rightarrow \ \frac{1}{2}>\boxed{\phantom{00}}>\boxed{\phantom{00}}>\boxed{\phantom{00}}$$

➡ 서울·경기 $>\boxed{\phantom{00}}>\boxed{\phantom{00}}>\boxed{\phantom{00}}$

답 서울·경기, $\boxed{\phantom{00}}$, $\boxed{\phantom{00}}$, $\boxed{\phantom{00}}$

---

수학+사회

**6-1**

대전광역시는 우리나라에서 지리적으로 중심에 있는 도시로 서울까지는 약 161 km, 부산까지는 약 260 km의 거리에 있습니다. 대전에서 서울까지의 거리를 1로 놓고 지도 위에 우리나라의 주요 도시와 대전의 거리를 분수로 나타내었습니다. 대전에서 가장 가까운 도시부터 순서대로 쓰시오.

(                                        )

**1** $\frac{5}{9}$와 크기가 같은 분수 중에서 분모가 두 자리 수인 분수는 모두 몇 개입니까?

(            )

**2** $\frac{5}{24}$와 $\frac{11}{36}$ 사이에 있고 분모가 72인 분수 중에서 $\frac{1}{3}$에 가장 가까운 분수를 구하시오.

(            )

**3** $\frac{2}{5}$보다 크고 $\frac{13}{25}$보다 작은 소수 두 자리 수는 모두 몇 개입니까?

(            )

수학+사회

**STEAM형 4**

우리나라에서는 주로 mL, L를 사용하는 미터법으로 부피를 측정하지만 미국에서는 주로 컵, 파인트, 쿼터, 갤런을 사용하는 야드-파운드법으로 부피를 측정합니다. 다음은 어느 아이스크림 가게의 가격표와 야드-파운드법에서의 관계를 나타낸 것입니다. $\frac{3}{8}$갤런만큼의 아이스크림을 가장 싸게 사려면 얼마가 필요합니까?

1파인트＝2컵
1쿼터＝4컵
1하프갤런＝8컵
1갤런＝16컵

(            )

**5**

상자에 들어 있는 구슬을 세 사람이 모두 나누어 가지려고 합니다. 영수는 전체의 $\frac{4}{15}$를, 지혜는 전체의 $\frac{7}{18}$을, 현주는 그 나머지를 전부 가진다면 구슬을 가장 많이 갖게 되는 사람은 누구입니까?

(            )

서술형 **6**

$\frac{1}{4}$보다 크고 $\frac{3}{4}$보다 작은 분수 중에서 분모가 9인 기약분수를 모두 구하려고 합니다. 풀이 과정을 쓰고 답을 구하시오.

풀이 ......................................................................................................

......................................................................................................

......................................................................................................

......................................................................................................

답 ..................................

**7**  □ 안에 알맞은 자연수를 써넣으시오.

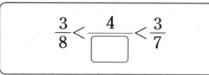

$$\frac{3}{8} < \frac{4}{\boxed{\phantom{0}}} < \frac{3}{7}$$

**8** ▶경시 ▶기출 ▶문제  $\frac{8}{\bigcirc}$의 값이 1.2보다 크고 1.8보다 작을 때, 자연수 ㉠이 될 수 있는 수를 모두 더한 값을 구하시오.

(                    )

**9**  어떤 진분수의 분자와 분모의 최대공약수는 14이고, 최소공배수는 280입니다. 분자와 분모의 차가 가장 작을 때의 분수를 기약분수로 나타내시오.

(                    )

**10** 1부터 6까지의 수가 적힌 주사위가 있습니다. 이 주사위를 두 번 던져서 나오는 두 눈의 수를 한 번씩 사용하여 진분수를 만들려고 합니다. 만든 진분수 중 기약분수는 기약분수가 아닌 분수보다 몇 개 더 많습니까? (단, 같은 눈의 수가 나오면 다른 눈의 수가 나올 때까지 던집니다.)

(            )

**11** 5장의 수 카드 중에서 2장을 뽑아 한 장은 분모로, 다른 한 장은 분자로 하는 진분수를 만들려고 합니다. 이때 $\frac{1}{2}$보다 큰 진분수 중에서 가장 작은 분수를 구하시오.

2    5    7    6    3

(            )

**▶경시 ▶기출 ▶문제 12** 다음 수 중에서 $\frac{4}{5}$보다 큰 것의 기호를 모두 쓰시오.

| | | | |
|---|---|---|---|
| ㉠ $\frac{4+1}{5+1}$ | ㉡ $\frac{4-1}{5-1}$ | ㉢ $\frac{4+2}{5+2}$ | ㉣ $\frac{4-2}{5-2}$ |
| ㉤ $\frac{41}{51}$ | ㉥ $\frac{4\times2}{5\times2}$ | ㉦ 0.96 | ㉧ $\frac{44}{55}$ |

(            )

**13** $\frac{1}{4}$보다 크고 $\frac{4}{5}$보다 작은 분수 중에서 분자가 3인 기약분수는 모두 몇 개인지 구하시오.

(            )

**14** 어떤 분수의 분모에서 2를 뺀 후 약분하면 $\frac{1}{3}$이 되고 분모에 3을 더한 후 약분하면 $\frac{1}{4}$이 됩니다. 어떤 분수를 구하시오.

(            )

**15** 다음 분수들은 분모와 분자가 각각 1씩 커지는 분수들을 나열한 것입니다. $\frac{3}{5}$과 크기가 같은 분수는 몇 째입니까?

$$\frac{5}{21}, \frac{6}{22}, \frac{7}{23}, \frac{8}{24}, \cdots$$

(            )

**1**  다음 두 식을 모두 만족하는 ㉠과 ㉡의 합을 구하시오.

$$\frac{㉠}{㉡+6}=\frac{1}{4}, \quad \frac{㉠}{㉡+12}=\frac{1}{5}$$

(                                        )

**2**  수직선에서 ㉠에 알맞은 분수를 기약분수로 나타내시오.

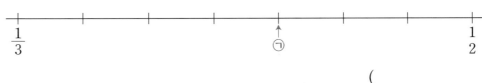

(                                        )

**3**  $\dfrac{1+2+\cdots+\blacktriangle}{1+2+\cdots+\blacksquare}$ 를 기약분수로 나타내면 $\dfrac{5}{6}$가 될 때, $\blacktriangle+\blacksquare$를 구하시오.

(단, $(1+2+\cdots+\blacktriangle)+(1+2+\cdots+\blacksquare)$는 110과 130 사이의 수입니다.)

(                                        )

**서술형 4**

다음과 같이 분모가 128인 진분수 중에서 기약분수로 나타내었을 때, 분자가 1인 분수는 모두 몇 개인지 풀이 과정을 쓰고 답을 구하시오.

$$\frac{1}{128}, \frac{2}{128}, \frac{3}{128}, \cdots, \frac{126}{128}, \frac{127}{128}$$

**풀이**

.................................................................................................

.................................................................................................

.................................................................................................

.................................................................................................

**답** .................................................

**5**

다음과 같이 일정한 규칙에 따라 분수를 늘어놓았습니다. 59째 자리에 놓이는 분수를 기약분수로 나타내시오.

$$\frac{1}{2}, \frac{1}{3}, \frac{2}{3}, \frac{1}{4}, \frac{2}{4}, \frac{3}{4}, \frac{1}{5}, \frac{2}{5}, \frac{3}{5}, \frac{4}{5}, \cdots$$

(        )

**6**

1부터 9까지의 수가 적힌 9장의 수 카드 중 2장으로 $\frac{2}{5}$보다 작은 진분수를 만들려고 합니다. 만들 수 있는 가장 큰 분수를 구하시오.

(        )

**7** 다음 조건 을 모두 만족하는 분수를 기약분수로 나타내시오.

> 조건
> • 분모와 분자의 합이 84입니다.
> • 7로 약분하면 분모가 분자보다 4 큽니다.

(            )

**8** $\dfrac{㉮}{㉯×㉯×㉯}=\dfrac{1}{300}$ 인 자연수 ㉮, ㉯가 있습니다. ㉮와 ㉯에 각각 알맞은 가장 작은 수를 구하시오.

㉮ (         ), ㉯ (         )

**9** 기약분수로 나타내면 $\dfrac{5}{9}$ 인 분수의 분모와 분자에서 각각 두 자리 수 ■를 빼었더니 $\dfrac{1}{5}$ 이 되었습니다. 이때, ■가 될 수 있는 가장 작은 값을 구하시오.

(            )

# 연필 없이 생각 톡

16개의 성냥개비로 같은 크기의 정사각형 5개를 만들었습니다. 성냥개비 2개를 옮겨서 같은 크기의 정사각형이 4개가 되도록 해 볼까요?

# 분수의 덧셈과 뺄셈

# 분수 막대 가지고 놀기

## 막대로 분수의 합 구하기

1을 2로 나눈 것 중 하나는 $\frac{1}{2}$이고, 1을 3으로 나눈 것 중 하나는 $\frac{1}{3}$입니다. 그래서 $\frac{1}{2}+\frac{1}{2}=1$이 되고 $\frac{1}{3}+\frac{1}{3}+\frac{1}{3}=1$이 돼요. 즉 1을 ■로 나눈 것 중 하나는 $\frac{1}{■}$이고 $\underbrace{\frac{1}{■}+\cdots+\frac{1}{■}}_{■개}=1$입니다.

분수 막대는 막대 하나를 1로 보고 막대를 각각 ■개로 나누어 해당하는 분수를 적은 것이에요. 모두 분자가 1인 단위분수들로 나누어져 있어서 분수의 크기를 비교하기 좋고, 조각을 이용해 분모가 다른 분수끼리의 합도 구할 수 있어요.

주어진 분수 막대에서 $\frac{1}{3}$짜리 분수 막대와 길이가 같은 부분을 모두 찾아볼까요? $\frac{1}{3}$짜리 분수 막대는 $\frac{1}{6}$짜리 분수 막대 2개와 같고, 또는 $\frac{1}{9}$짜리 분수 막대 3개와도 같아요.

$$\frac{1}{3} = \frac{1}{6} + \frac{1}{6} = \frac{1}{9} + \frac{1}{9} + \frac{1}{9}$$

이제 분수 막대로 $\frac{2}{5}$와 $\frac{3}{10}$의 합을 구해 볼 거예요. 두 분모가 5와 10이므로 두 수의 최소공배수인 10으로 나눈 $\frac{1}{10}$짜리 분수 막대를 보면 돼요.

$\frac{2}{5}$는 $\frac{1}{10}$짜리 분수 막대 4개와 같고,

$\frac{3}{10}$은 $\frac{1}{10}$짜리 분수 막대 3개와 같아요.

그래서 $\frac{2}{5}$와 $\frac{3}{10}$의 합은 $\frac{7}{10}$입니다.

| $\frac{1}{5}$ | | $\frac{1}{5}$ | | $\frac{1}{10}$ | $\frac{1}{10}$ | $\frac{1}{10}$ |
|---|---|---|---|---|---|---|
| $\frac{1}{10}$ | $\frac{1}{10}$ | $\frac{1}{10}$ | $\frac{1}{10}$ | $\frac{1}{10}$ | $\frac{1}{10}$ | $\frac{1}{10}$ |

$$\frac{2}{5} + \frac{3}{10} = \frac{7}{10}$$

## 단위분수의 합으로 나타내기

고대 이집트 사람들은 $\frac{2}{3}$를 제외한 모든 분수를 분자가 1인 단위분수 또는 단위분수의 합으로 나타내었습니다. 우리도 주어진 분수를 단위분수의 합으로 나타내 볼까요?

$\frac{5}{8}$를 두 단위분수의 합으로 나타낼 때 가장 먼저 할 일은 분모의 약수를 찾는 것이에요. 분모의 약수들의 합으로 분자를 나타낼 수 있어야, 두 수를 덧셈식으로 나타냈을 때 분모와 분자가 약분되어 단위분수가 되거든요. 분모 8의 약수는 1, 2, 4, 8인데 이 중에서 4와 1을 더하면 분자인 5를 만들 수 있어요.

다시 $\frac{1}{8}$짜리 분수 막대를 보세요. $\frac{5}{8}$가 $\frac{4}{8}$와 $\frac{1}{8}$의 합인 걸 확인할 수 있죠? 마지막으로 $\frac{4}{8}$를 약분하면, $\frac{5}{8}$를 두 단위분수의 합으로 나타낼 수 있어요.

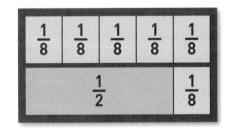

$$\frac{5}{8} = \frac{4}{8} + \frac{1}{8} = \frac{1}{2} + \frac{1}{8}$$

분수 막대를 보면 $\frac{1}{2}$보다 $\frac{1}{8}$만큼 큰 값이 $\frac{5}{8}$인 것을 눈으로 확인할 수 있어요.

# 1 진분수의 덧셈과 뺄셈

## ❶ 분모가 다른 진분수의 덧셈

**방법1** 분모의 곱을 이용하여 통분한 후 계산하기 ─ 가분수를 대분수로 나타내기

$$\frac{7}{8}+\frac{1}{6}=\frac{7\times 6}{8\times 6}+\frac{1\times 8}{6\times 8}=\frac{42}{48}+\frac{8}{48}=\frac{50}{48}=1\frac{2}{48}=1\frac{1}{24}$$

약분하기

**방법2** 분모의 최소공배수를 이용하여 통분한 후 계산하기

$$\frac{7}{8}+\frac{1}{6}=\frac{7\times 3}{8\times 3}+\frac{1\times 4}{6\times 4}=\frac{21}{24}+\frac{4}{24}=\frac{25}{24}=1\frac{1}{24}$$

$2\underline{)\,8\quad 6\,}$
$\quad 4\quad 3$ ➡ 8과 6의 최소공배수: $2\times 4\times 3=24$

## ❷ 분모가 다른 진분수의 뺄셈

**방법1** 분모의 곱을 이용하여 통분한 후 계산하기 ─ 장점 | 공통분모를 구하기 쉽습니다.
─ 단점 | 계산 결과의 분모와 분자가 커집니다.

$$\frac{7}{8}-\frac{1}{6}=\frac{7\times 6}{8\times 6}-\frac{1\times 8}{6\times 8}=\frac{42}{48}-\frac{8}{48}=\frac{34}{48}=\frac{17}{24}$$

약분하기

**방법2** 분모의 최소공배수를 이용하여 통분한 후 계산하기 ─ 장점 | 분자끼리의 계산이 쉽고, 계산 결과를 약분할 필요가 없습니다.
─ 단점 | 최소공배수를 구해야 합니다.

$$\frac{7}{8}-\frac{1}{6}=\frac{7\times 3}{8\times 3}-\frac{1\times 4}{6\times 4}=\frac{21}{24}-\frac{4}{24}=\frac{17}{24}$$

---

**배경지식**

## ❶ 통분이 필요한 이유

분모가 다른 분수의 덧셈과 뺄셈은 단위가 분모에 의해 결정되므로 단위의 통일을 위해 통분이 필요합니다.

예 $\frac{2}{3}+\frac{3}{4}$ ➡ $\frac{2}{3}$의 단위는 $\frac{1}{3}$이고, $\frac{3}{4}$의 단위는 $\frac{1}{4}$입니다. 따라서 $\frac{2}{3}+\frac{3}{4}$은 $\frac{1}{3}$과 $\frac{1}{4}$의 공통

단위인 $\frac{1}{12}$로 통일하여 $\frac{8}{12}+\frac{9}{12}=\frac{17}{12}$로 계산해야 합니다.

---

**사고력개념**

분자가 1인 분수
## ❶ 진분수를 단위분수의 합으로 나타내기

분자를 분모의 약수들의 합으로 나타낼 수 있으면 각각 약분하여 단위분수의 합으로 나타낼 수 있습니다.

| 분모의 약수들의 합으로 분자를 나타낼 수 있을 때 | 분모의 약수들의 합으로 분자를 나타낼 수 없을 때 |
|---|---|
| $\dfrac{5}{8}=\dfrac{1}{8}+\dfrac{4}{8}=\dfrac{1}{8}+\dfrac{1}{2}$ | $\dfrac{3}{5}=\dfrac{6}{10}=\dfrac{1}{10}+\dfrac{5}{10}=\dfrac{1}{10}+\dfrac{1}{2}$ |

─ 8의 약수: ① 2, ④ 8 ➡ $5 = 1 + 4$

➡ $\dfrac{5}{8} = \dfrac{1}{8} + \dfrac{4}{8}$

─ 10의 약수: ① 2, ⑤ 10 ➡ $6 = 1 + 5$

➡ $\dfrac{6}{10} = \dfrac{1}{10} + \dfrac{5}{10}$

─ 5의 약수 1, 5의 합으로 3을 나타낼 수 없습니다.

## BASIC TEST

**1** 계산 결과를 비교하여 ○ 안에 >, =, < 를 알맞게 써넣으시오.

(1) $\dfrac{7}{10}+\dfrac{1}{5}$ ○ $\dfrac{5}{6}+\dfrac{1}{2}$

(2) $\dfrac{4}{5}-\dfrac{1}{2}$ ○ $\dfrac{7}{8}-\dfrac{3}{5}$

**2** □ 안에 알맞은 수를 구하시오.

$$\square-4\dfrac{3}{7}=2\dfrac{17}{42}$$

( )

**3** $\dfrac{2}{7}$ 를 서로 다른 두 단위분수의 합으로 나타 내려고 합니다. □ 안에 알맞은 수를 써넣 으시오.

$$\dfrac{2}{7}=\dfrac{8}{\square}=\dfrac{1}{28}+\dfrac{\square}{28}$$

$$=\dfrac{1}{\square}+\dfrac{1}{\square}$$

**4** 다음 분수 중에서 가장 큰 분수와 가장 작은 분수의 차를 구하시오.

$$\dfrac{8}{9} \qquad \dfrac{5}{12} \qquad \dfrac{4}{5} \qquad \dfrac{7}{10}$$

( )

**5** 채린이는 동화책을 읽기 시작하여 어제는 전체의 $\dfrac{4}{9}$ 를 읽고, 오늘은 전체의 $\dfrac{1}{6}$ 을 읽 었습니다. 채린이가 오늘까지 읽은 동화책 의 양은 전체의 얼마입니까?

( )

**6** □ 안에 들어갈 수 있는 자연수를 모두 구 하시오.

$$\dfrac{4}{9}-\dfrac{1}{6}<\dfrac{\square}{18}<\dfrac{1}{3}+\dfrac{1}{9}$$

( )

# 2 대분수의 덧셈

## ① 분모가 다른 대분수의 덧셈

┌ 장점 | 분수 부분의 계산이 간단합니다.
└ 단점 | 받아올림이나 받아내림을 해야 하는 경우가 있습니다.

**방법1** 자연수는 자연수끼리, 분수는 분수끼리 더해서 계산하기

$$1\frac{3}{4}+1\frac{5}{6}=1\frac{9}{12}+1\frac{10}{12}=(1+1)+\left(\frac{9}{12}+\frac{10}{12}\right)=2+\frac{19}{12}=2+1\frac{7}{12}=3\frac{7}{12}$$

통분하기

**방법2** 대분수를 가분수로 고쳐서 계산하기

┌ 장점 | 통분 후 덧셈이나 뺄셈을 한 번만 하면 됩니다.
└ 단점 | 계산 결과를 다시 대분수로 고쳐야 합니다.

$$1\frac{3}{4}+1\frac{5}{6}=\frac{7}{4}+\frac{11}{6}=\frac{21}{12}+\frac{22}{12}=\frac{43}{12}=3\frac{7}{12}$$

가분수로 고치기　　통분하기　　가분수를 대분수로 나타내기

## 실전 개념

### ① 세 분수의 덧셈

**방법1** 앞에서부터 두 수씩 차례로 계산하기

$$1\frac{3}{5}+1\frac{1}{4}+2\frac{2}{3}=\left(1\frac{12}{20}+1\frac{5}{20}\right)+2\frac{2}{3}=2\frac{17}{20}+2\frac{2}{3}=2\frac{51}{60}+2\frac{40}{60}=4\frac{91}{60}=5\frac{31}{60}$$

통분하기　　　　　　　　　　　　　통분하기

**방법2** 세 분수를 한꺼번에 통분하여 계산하기

$$1\frac{3}{5}+1\frac{1}{4}+2\frac{2}{3}=1\frac{36}{60}+1\frac{15}{60}+2\frac{40}{60}=4\frac{91}{60}=5\frac{31}{60}$$

통분하기

### ② 직사각형의 둘레 구하기

모든 변의 길이의 합 ─┐　　┌─ 마주 보는 두 변의 길이가 서로 같습니다.

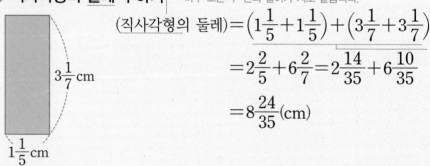

$$(\text{직사각형의 둘레})=\left(1\frac{1}{5}+1\frac{1}{5}\right)+\left(3\frac{1}{7}+3\frac{1}{7}\right)$$

네 변의 길이의 합

$$=2\frac{2}{5}+6\frac{2}{7}=2\frac{14}{35}+6\frac{10}{35}$$

$$=8\frac{24}{35}(\text{cm})$$

$3\frac{1}{7}$ cm

$1\frac{1}{5}$ cm

## 연결 개념

중등 연계

### ① 덧셈의 결합법칙

세 분수의 덧셈에서는 더하는 순서를 바꾸어도 계산 결과가 같습니다.

$$\left(1\frac{2}{3}+1\frac{1}{4}\right)+\frac{1}{4}=1\frac{2}{3}+\left(1\frac{1}{4}+\frac{1}{4}\right)$$ ➡ $\boxed{(a+b)+c=a+(b+c)}$

$2\frac{11}{12}$　　　　　　　　$1\frac{1}{2}$

$3\frac{1}{6}$　　　　$3\frac{1}{6}$

더하기 쉬운 두 수를 골라 먼저 더해도 됩니다.

**1** $1\frac{5}{6}+2\frac{5}{8}$ 를 서로 다른 두 가지 방법으로 계산해 보시오.

> 방법 1
>
> ..........................................
>
> ..........................................
>
> ..........................................

> 방법 2
>
> ..........................................
>
> ..........................................
>
> ..........................................

**2** 삼각형의 둘레는 몇 m입니까?

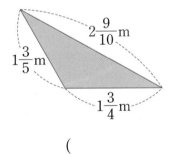

( )

**3** $3\frac{4}{9}$ 와 $2\frac{5}{6}$ 의 합은 $\frac{1}{18}$ 이 몇 개 모인 수입니까?

( )

**4** 어떤 수에서 $3\frac{5}{8}$ 를 뺐더니 $1\frac{7}{12}$ 이 되었습니다. 어떤 수를 구하시오.

( )

**5** 집에서 학교를 거쳐 공원에 가는 길과 집에서 문구점을 거쳐 공원에 가는 길 중 어디를 거쳐 가는 길이 더 가깝습니까?

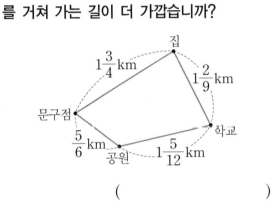

( )

**6** 다희는 운동을 1시간 10분 동안 하고, 공부를 $1\frac{2}{5}$ 시간 동안 하였습니다. 다희가 운동과 공부를 한 시간은 모두 몇 시간인지 분수로 나타내시오.

( )

# 3 대분수의 뺄셈

## ❶ 받아내림이 없는 분모가 다른 대분수의 뺄셈

**방법1** 자연수는 자연수끼리, 분수는 분수끼리 빼서 계산하기

$$1\frac{2}{3}-1\frac{1}{4}=1\frac{8}{12}-1\frac{3}{12}=(1-1)+\left(\frac{8}{12}-\frac{3}{12}\right)=0+\frac{5}{12}=\frac{5}{12}$$

└ $0\frac{5}{12}$로 나타내지 않습니다.

**방법2** 대분수를 가분수로 고쳐서 계산하기

$$1\frac{2}{3}-1\frac{1}{4}=\frac{5}{3}-\frac{5}{4}=\frac{20}{12}-\frac{15}{12}=\frac{5}{12}$$

## ❷ 받아내림이 있는 분모가 다른 대분수의 뺄셈

**방법1** 자연수는 자연수끼리, 분수는 분수끼리 빼서 계산하기

$$3\frac{1}{4}-1\frac{2}{3}=3\frac{3}{12}-1\frac{8}{12}=2\frac{15}{12}-1\frac{8}{12}=(2-1)+\left(\frac{15}{12}-\frac{8}{12}\right)=1+\frac{7}{12}=1\frac{7}{12}$$

분수 부분끼리 뺄 수 없을 때에는
자연수 부분에서 1을 받아내림하여 계산합니다.

**방법2** 대분수를 가분수로 고쳐서 계산하기 ── 자연수 부분과 분수 부분을 분리하거나
받아내림을 하지 않고 계산할 수 있습니다.

$$3\frac{1}{4}-1\frac{2}{3}=\frac{13}{4}-\frac{5}{3}=\frac{39}{12}-\frac{20}{12}=\frac{19}{12}=1\frac{7}{12}$$

## 실전개념

## ❶ 세 분수의 뺄셈과 덧셈이 섞여 있는 식

ㅡ, ＋의 순서로 뺄셈과 덧셈이 섞여 있으면 결합법칙이 성립하지 않으므로 반드시 앞에서부터 차례로 계산해야 합니다.

㉘ $1\dfrac{4}{9}-\dfrac{2}{3}+\dfrac{1}{6}=\left(\dfrac{13}{9}-\dfrac{6}{9}\right)+\dfrac{1}{6}=\dfrac{7}{9}+\dfrac{1}{6}=\dfrac{14}{18}+\dfrac{3}{18}=\dfrac{17}{18}$ (○) ┐ 계산 결과가 다릅니다.

$1\dfrac{4}{9}-\dfrac{2}{3}+\dfrac{1}{6}=\dfrac{13}{9}-\left(\dfrac{4}{6}+\dfrac{1}{6}\right)=\dfrac{13}{9}-\dfrac{5}{6}=\dfrac{26}{18}-\dfrac{15}{18}=\dfrac{11}{18}$ (×) ┘ 위의 계산이 맞습니다.

## ❷ 수직선 위에 알맞은 거리 구하기

겹쳐진 부분의 거리는 주어진 거리의 합에서 전체 거리를 뺀 값과 같습니다.

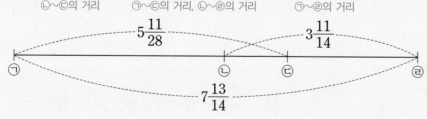

ⓛ~ⓔ의 거리  ㉠~ⓔ의 거리, ⓛ~㉣의 거리  ㉠~㉣의 거리

$5\dfrac{11}{28}$  $3\dfrac{11}{14}$

$7\dfrac{13}{14}$

㉠  ⓛ  ⓔ  ㉣

(ⓛ~ⓔ의 거리)＝(㉠~ⓔ의 거리)＋(ⓛ~㉣의 거리)ㅡ(㉠~㉣의 거리)

$$=5\frac{11}{28}+3\frac{11}{14}-7\frac{13}{14}=5\frac{11}{28}+3\frac{22}{28}-7\frac{26}{28}$$

$$=8\frac{33}{28}-7\frac{26}{28}=1\frac{7}{28}=1\frac{1}{4}$$

**1** 계산이 <u>잘못된</u> 곳을 찾아 이유를 쓰고 바르게 계산하시오.

$$3\frac{2}{15} - \frac{4}{9} = 3\frac{6}{45} - \frac{20}{45}$$
$$= 3\frac{51}{45} - \frac{20}{45} = 3\frac{31}{45}$$

이유 ............................................................

............................................................

바른 계산 ............................................................

............................................................

**2** ㉠과 ㉡에 알맞은 수를 각각 구하시오.

$+2\frac{1}{2}$  $+3\frac{3}{4}$

㉠  ㉡  $7\frac{7}{8}$

㉠ ( ), ㉡ ( )

**3** 다음 세 분수 중 가장 큰 분수에서 나머지 두 분수를 뺀 차를 기약분수로 나타내시오.

$$2\frac{7}{9} \quad 2\frac{1}{3} \quad \frac{5}{18}$$

( )

**4** 물병에 물이 $3\frac{1}{3}$ L 들어 있습니다. 이 중에서 $2\frac{5}{6}$ L의 물을 마신 후 $\frac{19}{24}$ L의 물을 물병에 채웠습니다. 물병에 남아 있는 물은 몇 L입니까?

( )

**5** ㉢에서 ㉣까지의 거리는 몇 km입니까?

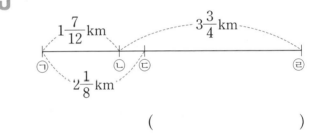

( )

**6** 계산 결과가 가장 크게 되도록 두 분수를 골라 뺄셈식을 만들고 계산하시오.

$$5\frac{4}{5} \quad 5\frac{7}{10} \quad 5\frac{11}{15} \quad 5\frac{19}{20}$$

☐ — ☐ = ☐

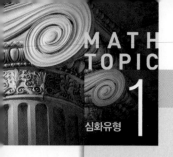

## 겹치게 이은 색 테이프의 길이 구하기

길이가 $4\frac{3}{5}$ m인 색 테이프 3장을 $\frac{2}{3}$ m씩 겹치게 한 줄로 이어 붙였습니다. 이은 색 테이프 전체의 길이는 몇 m입니까?

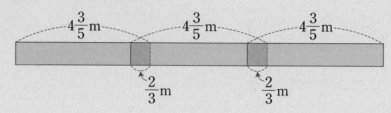

● **생각하기** (이은 색 테이프 전체의 길이)＝(색 테이프 3장의 길이의 합)－(겹쳐진 부분의 길이의 합)

● **해결하기** **1단계** 색 테이프 3장의 길이의 합 구하기

$$4\frac{3}{5}+4\frac{3}{5}+4\frac{3}{5}=12\frac{9}{5}=13\frac{4}{5}\text{(m)}$$

**2단계** 겹쳐진 부분의 길이의 합 구하기

$$\frac{2}{3}+\frac{2}{3}=\frac{4}{3}=1\frac{1}{3}\text{(m)}$$

**3단계** 이은 색 테이프 전체의 길이 구하기

$$13\frac{4}{5}-1\frac{1}{3}=13\frac{12}{15}-1\frac{5}{15}=12\frac{7}{15}\text{(m)}$$

**답** $12\frac{7}{15}$ m

**1-1** 길이가 $2\frac{5}{6}$ m인 색 테이프 3장을 $\frac{3}{8}$ m씩 겹치게 한 줄로 이어 붙였습니다. 이은 색 테이프 전체의 길이는 몇 m입니까?

( )

**1-2** 길이가 각각 $1\frac{2}{3}$ m, $2\frac{3}{4}$ m, $1\frac{7}{9}$ m인 색 테이프 3장을 $\frac{5}{12}$ m씩 겹치게 한 줄로 이어 붙였습니다. 이은 색 테이프 전체의 길이는 몇 m입니까?

( )

**1-3** ⓒ에서 ⓒ까지의 거리는 몇 m인지 구하시오.

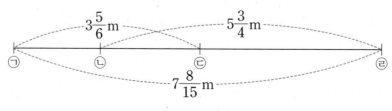

( )

# 분수를 단위분수의 합으로 나타내기

$\dfrac{2}{9}$를 다음과 같이 서로 다른 두 단위분수의 합으로 나타내어 보시오.

$$\dfrac{2}{9} = \dfrac{1}{■} + \dfrac{1}{▲}$$

● 생각하기  $\dfrac{2}{9}$와 크기가 같은 분수 중에서 분자를 분모의 약수의 합으로 나타낼 수 있는 경우를 찾습니다.

● 해결하기  **1단계** $\dfrac{2}{9}$와 크기가 같은 분수 구하기

$$\dfrac{2}{9} = \dfrac{4}{18} = \dfrac{6}{27} = \dfrac{8}{36} = \dfrac{10}{45} = \cdots$$

**2단계** 분자를 분모의 약수의 합으로 나타낼 수 있는 것 찾기

$\dfrac{4}{18}$ ➡ 18의 약수: ①, 2, ③, 6, 9, 18 ➡ 1, 3을 더하면 분자 4가 됩니다.

**3단계** $\dfrac{2}{9}$를 두 단위분수의 합으로 나타내기

$$\dfrac{2}{9} = \dfrac{4}{18} = \dfrac{1}{18} + \dfrac{3}{18} = \dfrac{1}{18} + \dfrac{1}{6}$$

답  예 $\dfrac{2}{9} = \dfrac{1}{18} + \dfrac{1}{6}$

---

**2-1** 분수를 두 단위분수의 합으로 나타내어 보시오.

(1) $\dfrac{3}{10}$ 　　　　　　　　　　　　(2) $\dfrac{4}{7}$

**2-2** $\dfrac{4}{5}$를 세 단위분수의 합으로 나타내려고 합니다. □ 안에 알맞은 수를 써넣으시오.

$$\dfrac{4}{5} = \dfrac{1}{\square} + \dfrac{1}{\square} + \dfrac{1}{\square}$$

**2-3** 다음 식을 만족하는 두 자연수 ㉠, ㉡을 각각 구하시오. (단, ㉠<㉡<10입니다.)

$$\dfrac{5}{12} = \dfrac{1}{㉠} + \dfrac{1}{㉡}$$

㉠ (　　　　　　　　　　), ㉡ (　　　　　　　　　　)

## 3 조건에 알맞은 수 구하기

심화유형

□ 안에 들어갈 수 있는 자연수를 모두 구하시오.

$$\square + 2\frac{3}{4} < 8\frac{2}{3}$$

● 생각하기   $\square + 2\frac{3}{4} = 8\frac{2}{3}$일 때 □의 값을 생각해 봅니다.

● 해결하기   **1단계** $\square + 2\frac{3}{4} = 8\frac{2}{3}$일 때 □의 값 구하기

$\square + 2\frac{3}{4} = 8\frac{2}{3}$ ➡ $\square = 8\frac{2}{3} - 2\frac{3}{4} = 8\frac{8}{12} - 2\frac{9}{12} = 7\frac{20}{12} - 2\frac{9}{12} = 5\frac{11}{12}$입니다.

**2단계** $\square + 2\frac{3}{4} < 8\frac{2}{3}$일 때 □ 안에 들어갈 수 있는 자연수 구하기

$\square = 5\frac{11}{12}$일 때 $\square + 2\frac{3}{4} = 8\frac{2}{3}$이므로 $\square + 2\frac{3}{4}$이 $8\frac{2}{3}$보다 작으려면 □가 $5\frac{11}{12}$보다

작아야 합니다. 따라서 □ 안에 들어갈 수 있는 자연수는 1, 2, 3, 4, 5입니다.

답 1, 2, 3, 4, 5

---

**3-1** □ 안에 들어갈 수 있는 자연수를 모두 구하시오.

$$\square + \frac{11}{20} < 2\frac{4}{5}$$

(   )

**3-2** □ 안에 들어갈 수 있는 자연수는 모두 몇 개입니까?

$$2\frac{3}{4} + \frac{\square}{12} - 1\frac{2}{3} < 2$$

(   )

**3-3** 다음을 만족하는 ㉮, ㉯에 알맞은 기약분수를 각각 구하시오.

$$㉮ + ㉯ = \frac{11}{20} \qquad ㉮ - ㉯ = \frac{1}{4}$$

㉮ (   ), ㉯ (   )

## 실생활에서의 활용

심화유형 **4**

물통에 물을 가득 채우면 무게가 $12\frac{1}{2}$ kg이라고 합니다. 물통에 물을 가득 채운 후 채워진 물의 절반을 사용하고 무게를 재어 보니 $6\frac{5}{7}$ kg이었습니다. 빈 물통의 무게는 몇 kg인지 구하시오.

● 생각하기

$$\square - \sqcup = \_\_ \;,\quad \sqcup - \_\_ = \sqcup$$

● 해결하기

**1단계** 가득 채운 물의 절반의 무게 구하기

$$12\frac{1}{2}-6\frac{5}{7}=12\frac{7}{14}-6\frac{10}{14}=11\frac{21}{14}-6\frac{10}{14}=5\frac{11}{14}(\text{kg})$$

**2단계** 빈 물통의 무게 구하기

$$(\text{빈 물통의 무게})=(\text{물이 반만큼 채워진 물통의 무게})-(\text{절반의 물의 무게})$$

$$=6\frac{5}{7}-5\frac{11}{14}=6\frac{10}{14}-5\frac{11}{14}=5\frac{24}{14}-5\frac{11}{14}=\frac{13}{14}(\text{kg})$$

답 $\dfrac{13}{14}$ kg

**4-1** 사과가 가득 든 상자의 무게가 $19\frac{1}{4}$ kg이었습니다. 이 상자에서 사과를 $\frac{1}{3}$ 만큼 덜어 내고 무게를 재어 보니 $13\frac{3}{8}$ kg이었습니다. 빈 상자의 무게는 몇 kg입니까?

( )

**4-2** 어떤 일을 하는 데 하루에 동섭이는 전체의 $\frac{1}{10}$ 을, 채린이는 전체의 $\frac{1}{15}$ 을 합니다. 두 사람이 함께 일을 한다면, 일을 모두 마치는 데 며칠이 걸리겠습니까? (단, 두 사람이 각각 하루에 하는 일의 양은 일정합니다.)

( )

**4-3** 어떤 일을 하는 데 다온이가 혼자서 하면 7일, 효우가 혼자서 하면 6일이 걸립니다. 두 사람이 함께 일을 한다면, 일을 모두 마치는 데 며칠이 걸리겠습니까? (단, 두 사람이 각각 하루에 하는 일의 양은 일정합니다.)

( )

# MATH TOPIC 5

심화유형

## 수 카드로 만든 대분수의 합과 차 구하기

6장의 수 카드를 모두 한 번씩 사용하여 2개의 대분수를 만들었습니다. 두 대분수의 차가 가장 작을 때, 그 차를 구하시오.

● 생각하기  두 대분수의 차가 가장 작으려면 자연수 부분에 올 두 수는 차가 가장 작은 두 수이어야 합니다.

● 해결하기  **1단계** 자연수 부분에 올 두 수 구하기

두 수의 차가 가장 작은 두 수는 7과 8, 8과 9입니다.

**2단계** 차가 가장 작은 두 대분수의 차 구하기 ┌ 차가 가장 작으려면 큰 대분수의 분수 부분은 가장 작고, 작은 대분수의 분수 부분은 가장 커야 합니다.

8과 9를 자연수 부분에 쓰는 경우: $9\frac{1}{7}-8\frac{3}{5}=9\frac{5}{35}-8\frac{21}{35}=8\frac{40}{35}-8\frac{21}{35}=\frac{19}{35}$

7과 8을 자연수 부분에 쓰는 경우: $8\frac{1}{9}-7\frac{3}{5}=8\frac{5}{45}-7\frac{27}{45}=7\frac{50}{45}-7\frac{27}{45}=\frac{23}{45}$

$\frac{19}{35}\left(=\frac{171}{315}\right)>\frac{23}{45}\left(=\frac{161}{315}\right)$이므로 $\frac{23}{45}$이 가장 작은 차입니다.

답 $\frac{23}{45}$

---

**5-1** 수 카드 6장을 한 번씩 모두 사용하여 2개의 대분수를 만들었습니다. 두 대분수의 차가 가장 클 때, 그 차를 구하시오.

1  4  5  6  8  9

(                    )

**5-2** 수 카드 6장을 한 번씩 모두 사용하여 2개의 대분수를 만들었습니다. 두 대분수의 합이 가장 클 때, 그 합을 구하시오.

3  4  5  6  7  9

(                    )

**5-3** 수 1, 2, 3, 5, 6, 8을 한 번씩 모두 사용하여 2개의 대분수를 만들었습니다. 두 대분수의 합이 가장 작을 때, 그 합을 구하시오.

(                    )

# MATH TOPIC 6

심화유형

## 분수의 덧셈을 활용한 교과통합유형

STEAM형
■ ● ▲

수학+역사

아래 그림은 고대 이집트의 벽화나 장신구 등에 자주 등장하는 '*호루스의 눈'입니다. 눈의 여섯 부분에 해당하는 분수들의 합은 1에서 약간 모자라는데 부족한 부분은 지혜의 신인 토트가 채워준다고 하였습니다. 토트 신이 채워준 부분을 분수로 나타내면 얼마입니까?

▲ 이집트 신화에 등장하는 호루스

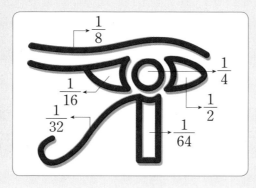

*호루스의 신화
호루스는 자신의 아버지 오시리스를 죽인 세트(오시리스의 동생)와 격렬한 싸움을 벌이고, 세트를 물리치지만 세트는 호루스의 한쪽 눈을 여섯 조각으로 나누어 이집트 전역에 뿌립니다. 결국 신들이 싸움에 개입해 호루스를 이집트의 왕인 파라오의 보호신으로 만들고, 지혜의 신인 토트가 호루스의 눈을 다시 찾아 모아 줍니다.

● 생각하기　분모가 2배로 커지는 규칙의 분수들의 합은 마지막 분모의 수로 통분합니다.

● 해결하기　**1단계** 호루스의 눈의 여섯 부분에 해당하는 분수들의 합 구하기

$$\frac{1}{2}+\frac{1}{4}+\frac{1}{8}+\frac{1}{16}+\frac{1}{32}+\frac{1}{64}=\frac{32}{64}+\frac{16}{64}+\frac{8}{64}+\frac{4}{64}+\frac{2}{64}+\frac{1}{64}=\boxed{\phantom{xx}}$$

**2단계** 토트 신이 채워준 부분의 분수 구하기

$$1-\boxed{\phantom{xx}}=\frac{64}{64}-\boxed{\phantom{xx}}=\boxed{\phantom{xx}}$$

답

---

수학+과학

*산성: 물에 녹으면 신맛이 납니다.
*염기성: 일반적으로 미끄러운 성질을 가집니다.

## 6-1

어떤 용액에 첨가하여 그 용액이 *산성인지 *염기성인지 알아보는 데 사용하는 것을 지시약이라고 합니다. 식초 $\frac{13}{100}$ L, 암모니아수 $\frac{1}{4}$ L, 생수 $\frac{9}{25}$ L, 우유 $\frac{3}{20}$ L, 비눗물 $\frac{1}{5}$ L의 산성, 염기성 여부를 알아보기 위해 지시약으로 BTB용액을 준비했습니다. BTB용액의 산성, 중성, 염기성에서의 색 변화와 각 용액에 BTB용액을 넣었을 때의 색이 다음과 같습니다. 산성 용액은 모두 몇 L입니까?

| BTB용액의 색 변화 | |
| --- | --- |
| 산성 | 노란색 |
| 중성 | 초록색 |
| 염기성 | 파란색 |

| 식초 | 암모니아수 | 생수 | 우유 | 비눗물 |
| --- | --- | --- | --- | --- |
| 노란색 | 파란색 | 초록색 | 노란색 | 파란색 |

(　　　　　　　)

문제풀이 동영상

**1** 어떤 수에 $2\frac{1}{4}$을 더해야 할 것을 잘못하여 뺐더니 $7\frac{5}{6}$가 되었습니다. 바르게 계산한 값을 구하시오.

(             )

서술형 **2** 민서는 동화책을 그저께 30분 동안 읽었고, 어제는 그저께보다 $\frac{1}{6}$시간 더 읽었고, 오늘은 어제보다 $\frac{4}{5}$시간 더 읽었습니다. 민서는 오늘 동화책을 몇 시간 몇 분 동안 읽었는지 풀이 과정을 쓰고 답을 구하시오.

풀이 .................................................................................................................................

.................................................................................................................................

.................................................................................................................................

답 .........................................

**3** 다음 그림에서 색칠한 부분의 둘레는 몇 cm입니까?

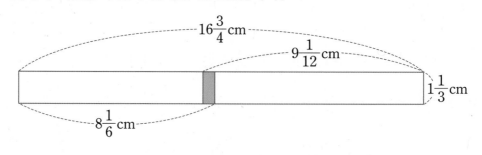

(             )

수학+사회

**4** 제주도의 올레길 중 제 9코스인 대평포구에서 화순항까지는 총 거리가 $8\frac{81}{100}$ km로 성인이 걸으면 3~4시간이 소요됩니다. 9코스의 경로가 아래와 같을 때, 분홍색으로 표시한 ㉠ 구간과 초록색으로 표시한 ㉡ 구간 중 어느 구간이 얼마나 더 깁니까? (단, 각 지점에 표시된 거리는 시작 지점인 대평포구에서부터의 거리입니다.)

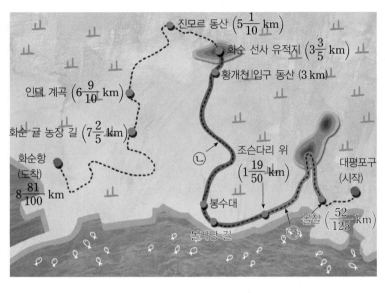

(        ,        )

**5** □ 안에 들어갈 수 있는 자연수는 모두 몇 개입니까?

$$1\frac{1}{2} < 1\frac{3}{8} + \frac{\square}{6} < 2\frac{1}{3}$$

(        )

**6** 계산 결과가 가장 크게 되도록 세 분수를 골라 □ 안에 써넣어 식을 완성하고 계산하시오.

$$2\frac{7}{12} \quad 1\frac{7}{10} \quad 1\frac{5}{9} \quad 2\frac{9}{20}$$

□ − □ + □

(        )

**7** 가로에 있는 세 수의 합과 세로에 있는 세 수의 합이 같을 때, ㉠에 알맞은 기약분수를 구하시오.

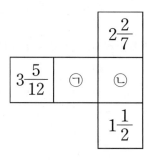

(             )

서술형 **8** 보기 와 같이 약속할 때, $5\dfrac{8}{15} \diamondsuit 2\dfrac{5}{9}$ 를 계산하려고 합니다. 풀이 과정을 쓰고 답을 구하시오.

> **보기**
>
> 가◆나＝(가＋나)－(가－나)

풀이 ................................................................................................................

................................................................................................................

................................................................................................................

답 ................................................................................

**9** 합이 $3\dfrac{5}{8}$ 이고 차가 $1\dfrac{3}{8}$ 인 두 기약분수를 각각 구하시오.

(       ,       )

**10** ㉮ 병과 ㉯ 병에 음료수가 들어 있습니다. 음료수가 $7\frac{1}{3}$ L만큼 들어 있는 ㉮ 병에서 ㉯ 병으로 음료수를 $1\frac{2}{5}$ L 옮겨 담았더니 두 병에 담긴 음료수의 양이 같아졌습니다. 처음 ㉯ 병에 들어 있던 음료수는 몇 L인지 구하시오.

( )

**11** $\frac{9}{32}$ 를 분모가 ㉠, ㉡, ㉢인 단위분수 3개의 합으로 나타내려고 합니다. ㉠, ㉡, ㉢을 각각 구하시오. (단, ㉠<㉡<㉢입니다.)

㉠ ( ), ㉡ ( ), ㉢ ( )

**12** 비어 있는 어떤 물탱크에 물을 가득 채우는 데 ㉮ 수도꼭지로만 채우면 24시간이 걸리고, ㉯ 수도꼭지로만 채우면 12시간이 걸립니다. 또 물탱크에 가득 찬 물을 ㉲ 배수구로만 빼내면 40시간이 걸립니다. 이 물탱크에 물을 ㉲ 배수구가 열린 상태에서 ㉮와 ㉯ 수도꼭지로 채운다면 가득 채우는 데 몇 시간이 걸리겠습니까? (단, 두 수도꼭지와 배수구로 시간당 들어오고 나가는 물의 양은 일정합니다.)

( )

**13** 큰 직사각형 모양의 종이에서 작은 직사각형 모양 조각을 잘라 내었습니다. 남은 도형의 둘레가 $35\dfrac{17}{30}$ cm일 때 □ 안에 알맞은 수를 구하시오.

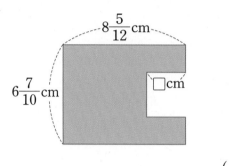

$8\dfrac{5}{12}$ cm

$6\dfrac{7}{10}$ cm

□cm

(            )

**14** 지수네 집에서 창고에 있던 콩을 4일 동안 시장에 가져다 팔았습니다. 첫째 날은 전체의 $\dfrac{1}{5}$, 둘째 날은 전체의 $\dfrac{1}{8}$, 셋째 날은 전체의 $\dfrac{3}{16}$, 넷째 날은 전체의 $\dfrac{1}{20}$을 팔았습니다. 팔고 남은 콩이 280 kg이라면 처음 창고에 있던 콩은 몇 kg입니까?

(            )

**15** 보기 와 같은 방법으로 다음을 계산하시오.

보기

$$\frac{1}{6} = \frac{1}{2 \times 3} = \frac{1}{2} - \frac{1}{3}$$

$$\frac{1}{12} + \frac{1}{20} + \frac{1}{30} + \frac{1}{42}$$

(            )

**1** 긴 나무토막을 길이가 같은 4도막으로 자르려고 합니다. 한 번 자르는 데 $2\frac{2}{5}$분이 걸리고, 한 번 자른 후에 $\frac{2}{3}$분씩 쉰다고 합니다. 이 나무토막을 모두 자르는 데 걸리는 시간은 몇 분 몇 초입니까?

(               )

**2** 다음을 만족하는 세 단위분수 ㉠, ㉡, ㉢의 합을 구하시오.

$$㉠+㉡=\frac{5}{6},\ ㉡+㉢=\frac{10}{21},\ ㉢+㉠=\frac{9}{14}$$

(               )

서술형 **3** 다음 식의 계산 결과를 구하는 풀이 과정을 쓰고 답을 구하시오.

$$\frac{1}{2}+\frac{1}{3}+\frac{2}{3}+\frac{1}{4}+\frac{2}{4}+\frac{3}{4}+\frac{1}{5}+\frac{2}{5}+\cdots+\frac{9}{10}$$

풀이 ........................................................................................

........................................................................................

........................................................................................

답 ........................................

**4** 지수는 동화책을 읽는 데 첫째 날은 전체의 $\frac{1}{6}$을 읽고, 둘째 날은 전체의 $\frac{1}{9}$을 읽었습니다. 이와 같은 방법으로 하루씩 번갈아 가며 책을 읽는다면 동화책을 다 읽는 데 며칠이 걸리겠습니까?

( )

수학+사회

STEAM형 **5** 고대 그리스의 수학자인 디오판토스는 등호(=)와 같은 기호를 사용하여 대수학의 발전에 중요한 역할을 한 것으로 유명합니다. 그의 묘비에는 수수께끼와 같은 문장으로 그의 일생이 적혀 있는데 그 일부가 다음과 같습니다. 디오판토스가 일생의 $\frac{19}{42}$를 보냈을 때 그의 아들이 태어났다면 디오판토스는 몇 살까지 살았습니까?

> 디오판토스는 일생의 $\frac{1}{6}$을 소년으로 보냈고, 일생의 $\frac{1}{12}$은 청년으로, 일생의 $\frac{1}{7}$은 성인으로 혼자 살다가 결혼하였다. 결혼한 뒤 5년 후에 아들이 태어났다. <후략>

( )

**6** 준호, 형우, 소윤, 지우가 한 줄로 서 있습니다. 다음은 네 사람 사이의 거리를 나타낸 것입니다. 형우와 지우 사이의 거리는 몇 m입니까?

> • 형우는 준호보다 $3\frac{3}{10}$ m 앞에 있습니다.
>
> • 소윤이는 준호보다 $1\frac{1}{4}$ m 앞에 있습니다.
>
> • 지우는 소윤이보다 $1\frac{5}{8}$ m 뒤에 있습니다.

( )

**경시 기출 문제 7**

㉠, ㉡은 2부터 9까지의 자연수 중 하나이고, ㉠>㉡입니다. $\dfrac{㉠}{㉡}$과 $\dfrac{㉡}{㉠}$의 합이 3보다 클 때, $\dfrac{㉠}{㉡}$이 될 수 있는 분수는 모두 몇 개입니까?

(                              )

**경시 기출 문제 8**

●와 ▲는 1에서 200까지의 자연수 중에서 서로 다른 수입니다. 다음 식의 계산 결과가 가장 클 때 ●와 ▲에 알맞은 수를 구하시오.

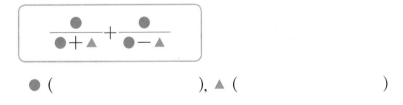

● (                    ), ▲ (                    )

# 연필 없이 생각 톡

다음과 같이 숫자가 적힌 종이를 선을 따라 여러 번 접을 때, 만들 수 <u>없는</u> 것을 찾아볼까요?

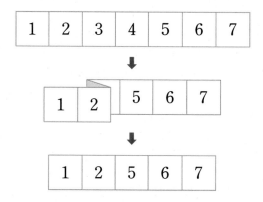

① | 1 | 6 | 7 |

② | 1 | 5 | 7 |

③ | 1 | 2 | 7 |

④ | 1 | 4 | 7 |

# 다각형의 둘레와 넓이

1cm²

# 모눈종이와 가위로 넓이 구하기

### 넓이의 단위, 1 cm²

한 칸의 길이가 1 cm인 모눈종이 위에 선을 따라 직사각형을 그려 보세요. 어떤 모양, 어떤 크기로 그리더라도 넓이를 구하는 건 식은 죽 먹기입니다. 직사각형이 모눈 몇 칸으로 이루어졌는지만 세어 보면 되거든요. 한 칸의 길이가 1 cm인 모눈 한 칸의 넓이는 $1 \times 1 = 1$ (cm²)이기 때문에, 모눈 ■칸으로 이루어진 직사각형의 넓이는 ■ cm²가 됩니다. 만약 직사각형을 아주 크게 그려서 칸을 하나씩 세기 힘들다면, 가로와 세로가 각각 몇 칸인지만 세면 돼요. 가로와 세로를 곱하면 바로 직사각형의 넓이가 나오니까요.

## 오려 붙여 넓이 구하기

먼저 평행사변형의 넓이부터 구해 볼게요. 평행사변형의 한쪽 끝부분을 직각삼각형 모양으로 잘라 다른 편 끝부분에 붙여 보세요. 아주 간단하게 평행사변형과 넓이가 같은 직사각형이 됐죠? 평행사변형의 밑변의 길이는 직사각형의 가로와 같고, 평행사변형의 높이는 직사각형의 세로와 같아요. 그래서 평행사변형의 넓이는 (밑변의 길이)×(높이)입니다.

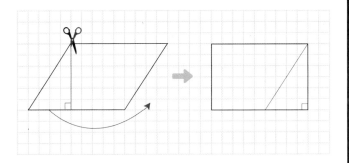

이제 평행사변형의 넓이를 구하는 방법을 이용하여 삼각형의 넓이를 구해 볼게요. 평행사변형을 하나 그린 다음, 한 꼭짓점과 마주 보는 꼭짓점을 직선으로 연결하고 선을 따라 잘라 봐요.

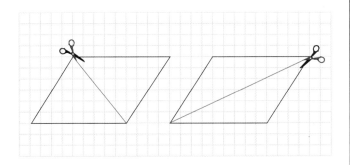

그럼 하나의 평행사변형이 모양과 크기가 똑같은 삼각형 두 개로 나누어집니다. 즉 만들어진 삼각형의 넓이는 평행사변형의 넓이의 절반입니다. 따라서 삼각형의 넓이는 (밑변의 길이)×(높이)÷2 가 됩니다.

## 카발리에리의 원리

세 삼각형은 모양은 다르지만 밑변과 높이가 같기 때문에 넓이가 같습니다. 세 삼각형의 넓이가 같다는 사실을 다른 방식으로 설명해 볼 순 없을까요? 수학자 카발리에리는 이 질문에 답을 주었습니다.

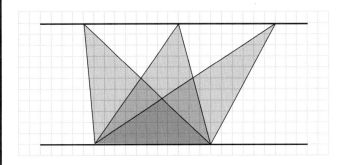

카발리에리는 평면도형을 얇은 직선들의 모임이라고 생각했어요. 머리카락 같이 얇은 종이 여러 장을 촘촘하게 놓아 하나의 삼각형을 만들었다고 상상한 것입니다. 얇은 종이들의 넓이의 합은 똑바로 쌓여 있거나 비뚤게 쌓여 있거나 늘 그대로입니다. 보태지거나 빠진 종이가 없으면 쌓는 방법은 중요하지 않으니까요. 이런 까닭에 **밑변의 길이와 높이가 각각 같은 삼각형은 넓이가 같답니다.**

# 1 정다각형과 사각형의 둘레

## ❶ 정다각형의 둘레

└─ 물건의 가장자리를 한 번 둘러싼 끈의 길이입니다.

일반적으로 다각형의 둘레는 각 변의 길이의 합과 같습니다.

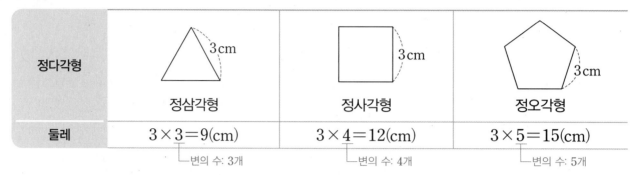

| 정다각형 | 정삼각형 | 정사각형 | 정오각형 |
|---|---|---|---|
| 둘레 | $3 \times 3 = 9$(cm) | $3 \times 4 = 12$(cm) | $3 \times 5 = 15$(cm) |
| | └ 변의 수: 3개 | └ 변의 수: 4개 | └ 변의 수: 5개 |

➡ (정다각형의 둘레)＝(한 변의 길이)×(변의 수)

## ❷ 직사각형, 평행사변형, 마름모의 둘레

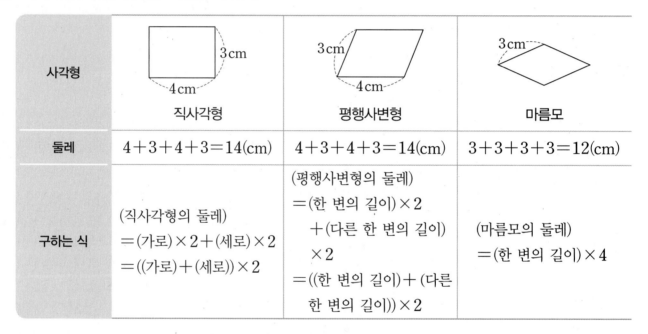

| 사각형 | 직사각형 | 평행사변형 | 마름모 |
|---|---|---|---|
| 둘레 | $4+3+4+3=14$(cm) | $4+3+4+3=14$(cm) | $3+3+3+3=12$(cm) |
| 구하는 식 | (직사각형의 둘레)<br>＝(가로)×2＋(세로)×2<br>＝((가로)＋(세로))×2 | (평행사변형의 둘레)<br>＝(한 변의 길이)×2<br> ＋(다른 한 변의 길이)<br> ×2<br>＝((한 변의 길이)＋(다른<br> 한 변의 길이))×2 | (마름모의 둘레)<br>＝(한 변의 길이)×4 |

실전 개념

## ❶ 둘레를 이용하여 직사각형의 한 변의 길이 구하기

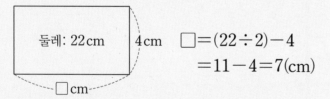

둘레: 22cm  4cm  □＝(22÷2)−4
          ＝11−4=7(cm)
□cm

(가로)＝((직사각형의 둘레)÷2)−(세로)
(세로)＝((직사각형의 둘레)÷2)−(가로)

## ❷ 직각으로 이루어진 도형의 둘레

도형의 오목한 부분의 변을 각각 평행하게 옮기면 직사각형이 됩니다.

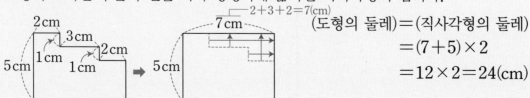

┌─ $2+3+2=7$(cm)

(도형의 둘레)＝(직사각형의 둘레)
          ＝$(7+5) \times 2$
          ＝$12 \times 2 = 24$(cm)

**1** 둘레가 긴 도형부터 차례로 기호를 쓰시오.

> ㉠ 한 변의 길이기 11 cm인 마름모
> ㉡ 가로가 13 cm, 세로가 10 cm인 직사각형
> ㉢ 한 변의 길이가 8 cm인 정육각형

(            )

**2** 평행사변형과 정사각형의 둘레가 같습니다. 정사각형의 한 변의 길이는 몇 cm입니까?

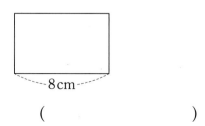

(            )

**3** 직사각형의 둘레가 26 cm일 때 세로는 몇 cm입니까?

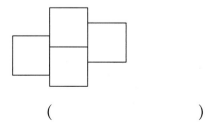

(            )

**4** 도형의 둘레는 몇 cm입니까?

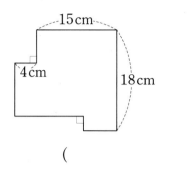

(            )

**5** 크기가 같은 정오각형 5개를 변끼리 맞닿게 이어 붙였습니다. 이어 붙인 도형의 둘레는 몇 cm입니까?

6 cm

(            )

**6** 한 변이 2 cm인 정사각형 4개를 이어 붙였습니다. 이어 붙인 도형의 둘레는 몇 cm입니까?

(            )

# 2 평면도형의 넓이

## ❶ 넓이의 단위

| 1 cm² | 1 m² | 1 km² |
|---|---|---|
| 한 변의 길이가 1 cm인 정사각형의 넓이 | 한 변의 길이가 1 m인 정사각형의 넓이 | 한 변의 길이가 1 km인 정사각형의 넓이 |
| 읽기 1 제곱센티미터 / 쓰기 $1\,cm^2$ | 읽기 1 제곱미터 / 쓰기 $1\,m^2$ | 읽기 1 제곱킬로미터 / 쓰기 $1\,km^2$ |

## ❷ 직사각형과 정사각형의 넓이

- (직사각형의 넓이)=(가로)×(세로) —— (가로)=(넓이)÷(세로), (세로)=(넓이)÷(가로)
- (정사각형의 넓이)=(한 변의 길이)×(한 변의 길이)

---

**연결 개념** [직육면체의 부피]

### ❶ 부피의 단위 $1\,cm^3$

한 모서리의 길이가 1 cm인 정육면체의 부피를 나타내는 단위

➡ 읽기 1 세제곱센티미터

$$1\,cm \times 1\,cm \times 1\,cm = 1\,cm^3$$

---

**실전 개념**

### ❶ 변의 길이와 도형의 넓이의 관계

사각형의 한 변을 2배로 늘이면 넓이도 2배가 됩니다.

$4 \times 4 = 16(cm^2)$     $8 \times 4 = 32(cm^2)$

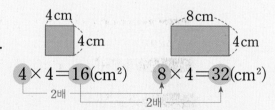

### ❷ 직각으로 이루어진 도형의 넓이

| 여러 개의 직사각형으로 나누기 | 전체에서 빼기 |
|---|---|
| 도형을 2개의 직사각형으로 나눕니다. | 전체 직사각형의 넓이에서 작은 직사각형의 넓이를 뺍니다. |

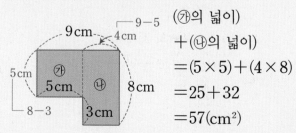

(㉮의 넓이)
+(㉯의 넓이)
$=(5 \times 5)+(4 \times 8)$
$=25+32$
$=57(cm^2)$

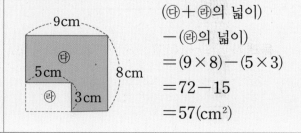

(㉰+㉱의 넓이)
-(㉱의 넓이)
$=(9 \times 8)-(5 \times 3)$
$=72-15$
$=57(cm^2)$

**1** 넓이의 단위 $1 \text{ km}^2$를 이용하여 더 넓은 직사각형의 기호를 쓰시오.

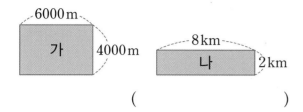

( )

**2** 직사각형의 넓이를 구하시오.

(1)

13000 m

8 km

( ) $\text{km}^2$

(2) 9 m  900 cm

( ) $\text{m}^2$

**3** 둘레가 $56 \text{ cm}$이고 가로가 $12 \text{ cm}$인 직사각형의 넓이는 몇 $\text{cm}^2$입니까?

( )

**4** 다음과 같이 가로가 $30 \text{ m}$, 세로가 $25 \text{ m}$인 직사각형 모양의 땅에 폭이 $5 \text{ m}$인 길을 내고 나머지 부분에 꽃을 심었습니다. 꽃을 심은 부분의 넓이는 몇 $\text{m}^2$입니까?

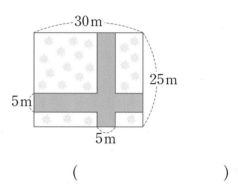

( )

**5** 세로가 $16 \text{ cm}$이고 넓이가 $64 \text{ cm}^2$인 직사각형이 있습니다. 이 직사각형의 가로만 4배로 늘이면 넓이는 몇 $\text{cm}^2$가 됩니까?

( )

**6** 도형의 넓이는 몇 $\text{m}^2$입니까?

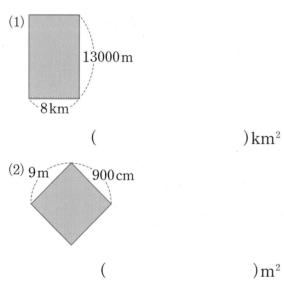

( )

# 3 평행사변형과 삼각형의 넓이

## ❶ 평행사변형의 넓이

평행한 두 변이 2쌍이 있으므로 밑변은 2쌍입니다.

- 밑변: 평행사변형에서 평행한 두 변
- 높이: 두 밑변 사이의 거리

밑변은 고정된 변이 아닌 기준이 되는 변이고, 높이는 밑변에 따라 정해집니다.

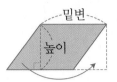 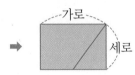

$$(평행사변형의 넓이) = (직사각형의 넓이)$$
$$= (가로) \times (세로)$$
$$= (밑변의 길이) \times (높이)$$

- (밑변의 길이) = (넓이) ÷ (높이)
- (높이) = (넓이) ÷ (밑변의 길이)

## ❷ 삼각형의 넓이

- 밑변: 삼각형의 한 변
- 높이: 밑변과 마주 보는 꼭짓점에서 밑변에 수직으로 그은 선분의 길이

 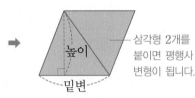

삼각형 2개를 붙이면 평행사변형이 됩니다.

$$(삼각형의 넓이) = (평행사변형의 넓이) ÷ 2$$
$$= (밑변의 길이) \times (높이) ÷ 2$$

- (밑변의 길이) = (넓이) × 2 ÷ (높이)
- (높이) = (넓이) × 2 ÷ (밑변의 길이)

---

## ❶ 여러 가지 방법으로 삼각형의 넓이 구하기

| 방법 1. 삼각형 2개를 붙이기 | 방법 2. 삼각형을 자르기 |
|---|---|
| 삼각형 2개를 붙이면 평행사변형이 됩니다. | 삼각형을 잘라서 직사각형을 만듭니다. |
| 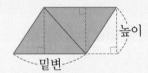 | 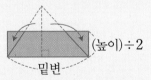 |
| $(삼각형의 넓이) = (평행사변형의 넓이) ÷ 2$ $= (밑변의 길이) \times (높이) ÷ 2$ | $(삼각형의 넓이)$ $= (잘라서 만든 직사각형의 넓이)$ $= (가로) \times (세로) = (밑변의 길이) \times (높이) ÷ 2$ |

## ❷ 밑변의 길이와 높이에 따른 넓이

| 밑변의 길이와 높이가 각각 같을 때 | 밑변의 길이 또는 높이가 같을 때 |
|---|---|
| 밑변의 길이와 높이가 각각 같으면 모양이 다르더라도 넓이는 같습니다. | 밑변의 길이 또는 높이가 2배, 3배 4배, …가 되면 넓이도 2배, 3배, 4배, …가 됩니다. |
| 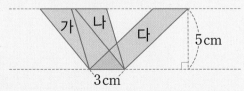 | 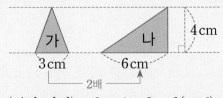 |
| $(가의 넓이) = (나의 넓이) = (다의 넓이)$ $= 3 \times 5 = 15 (cm^2)$ | $(가의 넓이) = 3 \times 4 ÷ 2 = 6 (cm^2)$ $(나의 넓이) = 6 \times 4 ÷ 2 = 12 (cm^2)$ |

1 1 cm²를 이용하여 색칠한 도형의 넓이는 몇 cm²인지 구하시오.

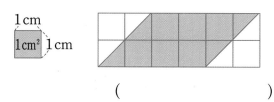

(          )

2 넓이가 9 cm²인 삼각형을 서로 다른 모양으로 2개 그려 보시오.

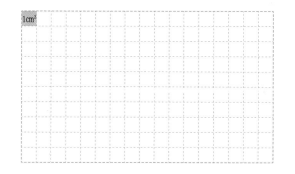

3 평행사변형 가와 나의 넓이가 같을 때 □ 안에 알맞은 수를 구하시오.

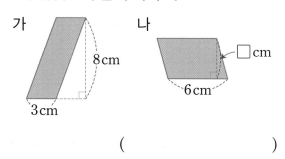

(          )

4 □ 안에 알맞은 수를 써넣으시오.

(1)
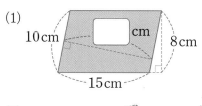

(2)
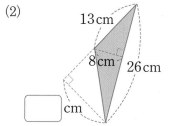

5 두 삼각형 가와 나는 밑변의 길이가 같습니다. 나의 넓이는 몇 cm²입니까?

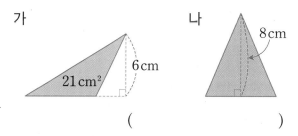

(          )

6 삼각형에서 색칠한 부분의 넓이는 몇 cm²입니까?

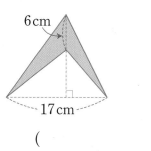

(          )

# 4 마름모와 사다리꼴의 넓이

## ❶ 마름모의 넓이

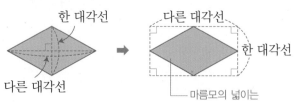

(마름모의 넓이)
= (직사각형의 넓이)÷2
= (한 대각선의 길이)×(다른 대각선의 길이)÷2

└ (한 대각선의 길이)=(넓이)×2÷(다른 대각선의 길이)

마름모의 넓이는 직사각형의 넓이의 반입니다.

## ❷ 사다리꼴의 넓이

- 밑변: 평행한 두 변(윗변, 아랫변)
- 높이: 두 밑변 사이의 거리

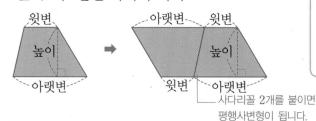

(사다리꼴의 넓이)
= (평행사변형의 넓이)÷2
= (밑변의 길이)×(높이)÷2
= ((윗변의 길이)+(아랫변의 길이))×(높이)÷2

• (윗변의 길이)=(넓이)×2÷(높이)−(아랫변의 길이)
• (높이)=(넓이)×2÷((윗변의 길이)+(아랫변의 길이))

사다리꼴 2개를 붙이면 평행사변형이 됩니다.

---

⚡ 실전 개념

## ❶ 여러 가지 방법으로 사다리꼴의 넓이 구하기

| 방법 1. 사다리꼴을 자르기 | 방법 2. 평행사변형과 삼각형으로 나누기 |
|---|---|
| 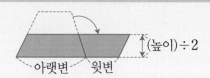 |  |
| (사다리꼴의 넓이)<br>=((윗변의 길이)+(아랫변의 길이))×(높이)÷2 | (사다리꼴의 넓이)<br>=(평행사변형 ㉮의 넓이)+(삼각형 ㉯의 넓이) |
| **방법 3. 삼각형 2개로 나누기** | **방법 4. 2개의 삼각형과 직사각형으로 나누기** |
|  | 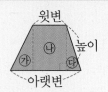 |
| (사다리꼴의 넓이)<br>=(삼각형 ㉮의 넓이)+(삼각형 ㉯의 넓이) | (사다리꼴의 넓이)<br>=(삼각형 ㉮와 ㉰의 넓이)+(직사각형 ㉯의 넓이) |

## ❷ 대각선의 길이가 주어진 정사각형의 넓이

정사각형은 마름모임을 이용하여 넓이를 구할 수 있습니다.

┌ 대각선의 길이가 8 cm인 마름모

(정사각형의 넓이)

┌ 정사각형은 두 대각선의 길이가 같습니다.

= (한 대각선의 길이)×(다른 대각선의 길이)÷2
= 8×8÷2=64÷2=32(cm²)

**1** 사다리꼴의 넓이는 몇 cm²입니까?

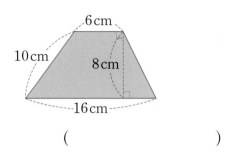

(                    )

**2** 사다리꼴의 넓이가 48 cm²일 때 높이는 몇 cm입니까?

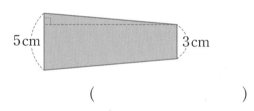

(                    )

**3** 마름모의 넓이가 120 cm²일 때 대각선 ㄱㄷ 의 길이는 몇 cm입니까?

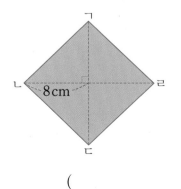

(                    )

**4** 정사각형 ㄱㄴㄷㄹ에서 색칠한 부분의 넓 이는 몇 cm²입니까?

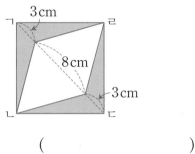

(                    )

**5** 다각형의 넓이는 몇 cm²입니까?

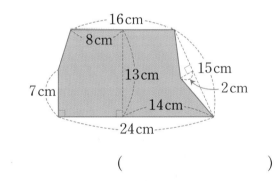

(                    )

**6** 넓이가 80 cm²인 마름모의 두 대각선의 길 이를 각각 2배로 늘였습니다. 늘인 마름모 의 넓이는 몇 cm²입니까?

(                    )

## 직사각형의 변의 길이와 넓이

둘레가 30 cm인 직사각형이 있습니다. 이 직사각형의 가로가 세로보다 5 cm 더 길 때 넓이는 몇 cm²입니까?

● 생각하기　(직사각형의 둘레)＝((가로)＋(세로))×2 ➡ (가로)＋(세로)＝(직사각형의 둘레)÷2

● 해결하기　**1단계** 직사각형의 세로 구하기

세로를 □ cm라고 하면 가로는 (□＋5) cm입니다.

가로와 세로의 합은 (□＋5)＋□＝30÷2＝15이므로

□＋□＝15－5＝10, □＝10÷2＝5(cm)입니다.

**2단계** 직사각형의 넓이 구하기

세로는 5 cm이므로 가로는 5＋5＝10(cm)입니다.

따라서 직사각형의 넓이는 10×5＝50(cm²)입니다.

답 50 cm²

**1-1** 둘레가 64 cm인 직사각형이 있습니다. 이 직사각형의 가로가 세로보다 8 cm 더 짧을 때 넓이는 몇 cm²입니까?

(　　　　　　　　)

**1-2** 둘레가 48 m인 직사각형이 있습니다. 이 직사각형의 한 변의 길이가 다른 한 변의 길이의 3배일 때 넓이는 몇 m²입니까?

(　　　　　　　　)

**1-3** 정사각형을 크기가 똑같은 직사각형 4개로 나누었습니다. 직사각형 한 개의 둘레가 30 m일 때 처음 정사각형의 넓이는 몇 m²입니까?

(　　　　　　　　)

## MATH TOPIC 2

심화유형

# 정사각형으로 이루어진 도형의 둘레와 넓이

오른쪽 도형은 크기가 같은 정사각형 여러 개를 겹치지 않게 이어 붙인 것입니다. 이 도형의 둘레가 144 cm일 때 넓이는 몇 cm²입니까?

● 생각하기   이어 붙인 도형의 둘레는 작은 정사각형의 한 변의 길이의 몇 배인지 알아봅니다.

● 해결하기   **1단계** 작은 정사각형의 한 변의 길이 구하기

이어 붙인 도형의 둘레는 144 cm이고 작은 정사각형의 한 변의 길이의 18배이므로 작은 정사각형의 한 변의 길이는 $144 \div 18 = 8$(cm)입니다.

**2단계** 이어 붙인 도형의 넓이 구하기

(이어 붙인 도형의 넓이) = (작은 정사각형 10개의 넓이)
$$= 8 \times 8 \times 10 = 640 (\text{cm}^2)$$

답 $640 \, \text{cm}^2$

---

**2-1** 오른쪽 도형은 크기가 같은 정사각형 여러 개를 겹치지 않게 이어 붙인 것입니다. 이 도형의 둘레가 140 cm일 때 넓이는 몇 cm²입니까?

(                    )

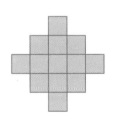

---

**2-2** 오른쪽 도형은 크기가 같은 정사각형 여러 개를 겹치지 않게 이어 붙인 것입니다. 이 도형의 둘레가 180 cm일 때 넓이는 몇 cm²입니까?

(                    )

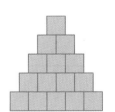

---

**2-3** 오른쪽 도형은 크기가 같은 정사각형 여러 개를 겹치지 않게 이어 붙인 것입니다. 이 도형의 넓이가 240 cm²일 때 둘레는 몇 cm입니까?

(                    )

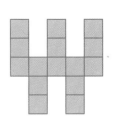

# MATH TOPIC 3

심화유형

## 겹치거나 이어 붙여 만든 도형의 넓이

오른쪽과 같이 크기가 같은 두 개의 직사각형이 겹쳐져 있습니다. 겹쳐진 부분이 직사각형일 때, 색칠한 부분의 넓이는 몇 cm²입니까?

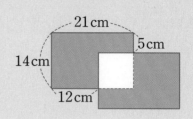

● 생각하기  (색칠한 부분의 넓이)＝((직사각형 1개의 넓이)－(겹쳐진 부분의 넓이))×2

● 해결하기  **1단계** 겹쳐진 부분의 넓이 구하기

(겹쳐진 부분의 넓이)＝(21－12)×(14－5)＝9×9＝81(cm²)

**2단계** 색칠한 부분의 넓이 구하기

(색칠한 부분의 넓이)＝((직사각형 1개의 넓이)－(겹쳐진 부분의 넓이))×2
＝((21×14)－81)×2＝(294－81)×2＝213×2＝426(cm²)

답 426 cm²

---

**3-1** 오른쪽과 같이 크기가 같은 두 개의 정사각형이 겹쳐져 있습니다. 겹쳐진 부분이 직사각형일 때, 색칠한 부분의 넓이는 몇 cm²입니까?

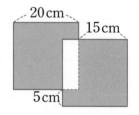

(          )

---

**3-2** 오른쪽 도형은 정사각형 모양의 색종이 두 장을 겹쳐서 만든 것입니다. 겹쳐진 부분이 정사각형일 때, 도형 전체의 넓이는 몇 cm²입니까?

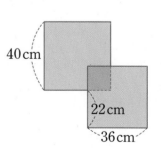

(          )

---

**3-3** 오른쪽 도형은 크기가 다른 직사각형 2개를 겹치지 않게 이어 붙여 만든 것입니다. 직사각형 ㉮의 넓이가 420 cm²이고 도형 전체의 둘레가 110 cm일 때, 직사각형 ㉯의 넓이는 몇 cm²입니까?

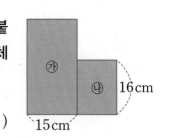

(          )

## MATH TOPIC 4
심화유형

# 겹쳐서 이은 도형의 둘레와 넓이

수현이는 한 변의 길이가 20 cm인 정사각형 모양의 색상지 3장을 그림과 같이 5 cm 씩 겹치도록 이어 붙였습니다. 이어 붙인 색상지의 넓이는 몇 cm²입니까?

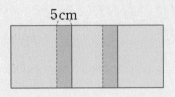

● 생각하기

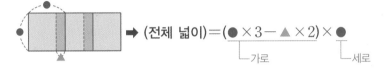

→ (전체 넓이)＝(●×3－▲×2)×●

└─가로    └─세로

● 해결하기   1단계 이어 붙인 색상지의 가로와 세로 구하기

이어 붙인 색상지의 가로는 20×3－5×2＝50(cm), 세로는 20 cm입니다.

2단계 이어 붙인 색상지의 넓이 구하기

(이어 붙인 색상지의 넓이)＝50×20＝1000(cm²)

답 1000 cm²

**4-1** 한 변의 길이가 30 cm인 정사각형 모양의 색상지 6장을 한 줄로 7 cm씩 겹치도록 이어 붙였습니다. 이어 붙인 색상지의 넓이는 몇 cm²입니까?

(                    )

**4-2** 둘레가 50 cm이고 가로가 14 cm인 직사각형 모양의 도화지 4장이 있습니다. 이 도화지를 한 줄로 6 cm씩 겹치도록 가로로 이어 붙였다면 이어 붙인 도화지의 넓이는 몇 cm²입니까?

(                    )

**4-3** 둘레가 36 cm인 정사각형 모양의 색종이 7장을 일정한 간격으로 겹쳐서 한 줄로 이어 붙였습니다. 이어 붙인 색종이의 둘레가 120 cm라고 하면 색종이를 몇 cm씩 겹쳐서 이은 것입니까?

(                    )

## MATH TOPIC 5

**심화유형**

## 평행사변형의 넓이

오른쪽 평행사변형에서 색칠한 부분의 넓이는 몇 cm²입니까?

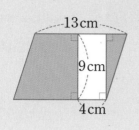

● **생각하기**  (평행사변형의 넓이)＝(밑변의 길이)×(높이)

● **해결하기**  **1단계** 색칠한 부분을 이어 붙이기

색칠한 부분을 오른쪽과 같이 붙여 평행사변형을 만듭니다.

이때 ㉠＝13－4＝9(cm), ㉡＝9 cm입니다.

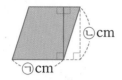

**2단계** 평행사변형의 넓이 구하기

(평행사변형의 넓이)＝(밑변의 길이)×(높이)＝9×9＝81(cm²)입니다.

**답** 81 cm²

---

**5-1**  오른쪽 평행사변형에서 색칠한 부분의 넓이는 몇 m²입니까?

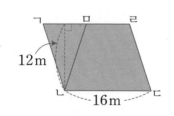

(        )

---

**5-2**  오른쪽 사각형 ㄱㄴㄷㄹ은 평행사변형입니다. 변 ㄱㅁ의 길이와 변 ㅁㄹ의 길이가 같을 때, 사각형 ㅁㄴㄷㄹ의 넓이는 삼각형 ㄱㄴㅁ의 넓이의 몇 배입니까?

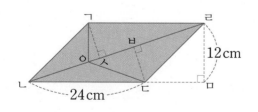

(        )

---

**5-3**  오른쪽 평행사변형 ㄱㄴㄷㄹ은 밑변이 24 cm이고, 높이가 12 cm입니다. 선분 ㄱㅅ과 선분 ㄷㅂ은 길이가 같고 평행사변형 ㄱㄴㄷㄹ의 넓이가 삼각형 ㄱㄴㅇ의 넓이의 6배일 때, 삼각형 ㄷㄹㅇ의 넓이는 몇 cm²입니까?

(        )

## MATH TOPIC 6

심화유형

# 삼각형의 넓이

넓이가 $64\,\text{m}^2$이고, 높이가 $16\,\text{m}$인 삼각형의 높이는 그대로 두고 밑변의 길이만 4배로 늘여 새로운 삼각형을 만들었습니다. 새로 만든 삼각형의 넓이는 몇 $\text{m}^2$가 됩니까?

● 생각하기  (삼각형의 넓이)＝(밑변의 길이)×(높이)÷2이므로 밑변이 ▲배가 되면 넓이도 ▲배가 됩니다.

● 해결하기  **방법1** 처음 삼각형의 밑변의 길이를 구하여 넓이 구하기

(처음 삼각형의 밑변의 길이)＝(넓이)×2÷(높이)＝$64×2÷16＝8\,(\text{m})$입니다.

따라서 밑변의 길이만 4배로 늘인 삼각형의 넓이는 $(8×4)×16÷2＝256\,(\text{m}^2)$입니다.

**방법2** 밑변의 길이와 넓이의 관계를 이용하여 넓이 구하기

높이는 같고, 밑변의 길이만 4배로 늘이면 삼각형의 넓이도 4배가 되므로

$64×4＝256\,(\text{m}^2)$입니다.

답 $256\,\text{m}^2$

**6-1** 어떤 삼각형의 밑변의 길이를 2배로 늘이고, 높이를 3배로 늘여서 새로운 삼각형을 만들었습니다. 늘여서 만든 삼각형의 넓이는 처음 삼각형의 넓이의 몇 배입니까?

( )

**6-2** 오른쪽 사각형 ㄱㄴㄷㄹ의 넓이는 삼각형 ㄱㄴㄹ의 넓이의 4배이고, 변 ㄴㄷ의 길이는 변 ㅁㅂ의 길이의 5배입니다. 삼각형 ㄱㄴㄹ의 넓이가 $45\,\text{cm}^2$일 때, 색칠한 부분의 넓이는 몇 $\text{cm}^2$입니까?

( )

**6-3** 오른쪽 도형에서 삼각형 ㄹㄴㅁ의 넓이는 $9\,\text{m}^2$입니다. 삼각형 ㄱㅁㄷ의 넓이는 몇 $\text{m}^2$입니까?

( )

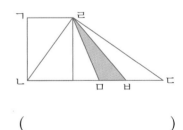

## 마름모의 넓이

두 대각선의 길이가 같은 마름모는 정사각형입니다.

두 대각선의 길이가 각각 같은 3개의 마름모가 오른쪽 그림과 같이 겹쳐져 있습니다. 선분 ㄱㄴ과 선분 ㄴㄷ의 길이가 같고, 선분 ㄷㄹ과 선분 ㄹㅁ의 길이가 같다면 색칠한 부분의 넓이는 몇 cm²입니까?

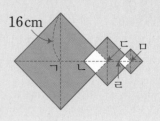

● 생각하기    마름모의 두 대각선은 수직으로 만나고, 두 대각선은 서로를 똑같이 둘로 나눕니다.

● 해결하기    **1단계** 선분 ㄴㄷ의 길이, 선분 ㄹㅁ의 길이 구하기

(선분 ㄱㄷ)=16 cm이므로 (선분 ㄴㄷ)=16÷2=8(cm)이고,

(선분 ㄷㅁ)=8 cm이므로 (선분 ㄹㅁ)=8÷2=4(cm)입니다.

**2단계** 색칠한 부분의 넓이 구하기

(세 마름모의 넓이의 합)=(32×32÷2)+(16×16÷2)+(8×8÷2)

$\qquad$ =512+128+32=672(cm²)

(겹쳐진 부분의 넓이의 합)=(8×8÷2)+(4×4÷2)=32+8=40(cm²)

➡ (색칠한 부분의 넓이)=(세 마름모의 넓이의 합)-(겹쳐진 부분의 넓이의 합)×2

$\qquad$ =672-40×2=672-80=592(cm²)

└─ 겹쳐진 부분의 넓이는 2번씩 더해지므로 ×2를 해야 합니다.

답 592 cm²

---

**7-1** 두 대각선의 길이가 각각 8 cm인 마름모 4개를 다음 그림과 같이 겹쳐서 그렸습니다. 도형 전체의 넓이는 몇 cm²입니까?

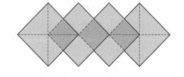

( $\qquad$ )

**7-2** 삼각형 ㄹㄷㅁ의 넓이는 30 cm²이고, 사각형 ㅂㄷㅁㄹ은 직사각형입니다. 마름모 ㄱㄴㄷㄹ의 한 대각선의 길이가 16 cm라면 다른 대각선의 길이는 몇 cm입니까?

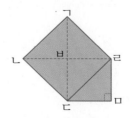

( $\qquad$ )

# MATH TOPIC 8
심화유형

## 사다리꼴의 넓이

오른쪽 직사각형 ㄱㄴㄷㄹ에서 선분 ㄱㅁ의 길이는 선분 ㅁㄹ의 길이의 2배이고, 삼각형 ㄱㄴㅁ의 넓이는 42 cm²입니다. 사다리꼴 ㅁㄴㄷㄹ의 넓이는 몇 cm²입니까?

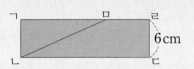

● **생각하기**　변 ㄴㄷ의 길이는 선분 ㅁㄹ의 길이의 몇 배인지 알아봅니다.

➡ (변 ㄴㄷ)＝(선분 ㄱㅁ)＋(선분 ㅁㄹ)＝(선분 ㅁㄹ)×2＋(선분 ㅁㄹ)＝(선분 ㅁㄹ)×3

● **해결하기**　**1단계** 선분 ㅁㄹ의 길이 구하기

선분 ㅁㄹ의 길이를 □ cm라 하면 선분 ㄱㅁ의 길이는 (□×2) cm입니다.
(삼각형 ㄱㄴㅁ의 넓이)＝(□×2)×6÷2＝42이므로 □×6＝42, □＝7(cm)에서
선분 ㅁㄹ의 길이는 7 cm입니다.

**2단계** 사다리꼴 ㅁㄴㄷㄹ의 넓이 구하기　　　선분 ㅁㄹ의 길이의 3배
사다리꼴 ㅁㄴㄷㄹ의 아랫변 ㄴㄷ의 길이는 7×3＝21(cm)이므로
(사다리꼴 ㅁㄴㄷㄹ의 넓이)＝(7＋21)×6÷2＝84(cm²)입니다.

답 84 cm²

---

**8-1**　오른쪽 사다리꼴 ㄱㄴㄷㄹ의 넓이는 몇 m²입니까?

(　　　　　　)

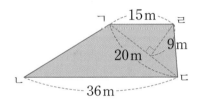

---

**8-2**　오른쪽 도형에서 색칠한 부분의 넓이가 132 cm²라면 사다리꼴 ㅁㄴㄷㄹ의 넓이는 몇 cm²입니까?

(　　　　　　)

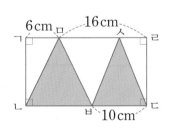

---

**8-3**　오른쪽 사다리꼴 ㄱㄴㄷㄹ에서 도형 가와 나의 넓이가 같을 때, 선분 ㄷㅁ의 길이는 몇 m입니까?

(　　　　　　)

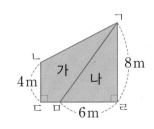

# MATH TOPIC 9 심화유형

## 도형 안의 부분의 넓이 구하기

오른쪽 직사각형에서 선분 ㄱㄷ의 길이는 선분 ㅁㅂ의 길이의 6배입니다. 색칠한 부분의 넓이는 몇 cm²입니까?

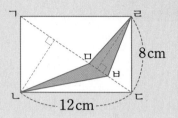

● 생각하기
 • 모양은 달라도 밑변의 길이와 높이가 같은 삼각형은 넓이가 같습니다.
 • 높이가 같은 삼각형은 밑변의 길이에 따라 넓이가 달라집니다.

● 해결하기
 **1단계** 삼각형 ㄱㄴㄷ의 넓이는 삼각형 ㅁㄴㅂ의 넓이의 얼마인지 알아보기
 삼각형 ㄱㄴㄷ과 삼각형 ㅁㄴㅂ의 높이는 같고 삼각형 ㄱㄴㄷ의 밑변의 길이는
 삼각형 ㅁㄴㅂ의 밑변의 길이의 6배이므로 넓이도 6배입니다.

 **2단계** 삼각형 ㄱㄷㄹ의 넓이는 삼각형 ㄹㅁㅂ의 넓이의 얼마인지 알아보기
 삼각형 ㄱㄷㄹ과 삼각형 ㄹㅁㅂ의 높이는 같고 삼각형 ㄱㄷㄹ의 밑변의 길이는
 삼각형 ㄹㅁㅂ의 밑변의 길이의 6배이므로 넓이도 6배입니다.

 **3단계** 색칠한 부분의 넓이 구하기
 (색칠한 부분의 넓이)=(직사각형의 넓이)÷6=(12×8)÷6=16(cm²)

 **답** 16 cm²

**9-1** 다음 평행사변형 ㄱㄴㄷㄹ의 넓이는 192 cm²입니다. 점 ㅁ은 선분 ㄴㄷ을 이등분한 점이고 점 ㅂ은 선분 ㄹㄷ을 이등분한 점일 때, 삼각형 ㄹㅁㅂ의 넓이는 몇 cm²입니까?

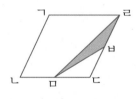

(        )

**9-2** 다음 그림은 한 변이 16 cm인 정사각형 안에 정사각형을 그린 다음, 다시 그 정사각형의 네 변의 가운데 점을 연결한 것입니다. 색칠한 부분의 넓이는 몇 cm²입니까?

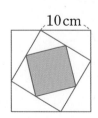

(        )

# 다각형의 넓이를 활용한 교과통합유형

S T E
A M 형
■ ● ▲

심화유형 **10**

수학+게임

지오보드는 영국의 수학교육자 가테노가 개발한 수학 교구로 플라스틱 판 위에 일정한 간격으로 못을 박은 뒤 그 위에 고무줄을 걸어 여러 가지 도형을 만들 수 있게 한 것입니다. 오른쪽은 못과 못의 가장 짧은 간격이 2 cm인 지오보드 판에 만든 꽃입니다. 꽃의 넓이는 몇 cm²입니까?

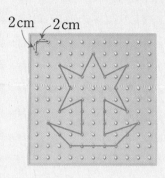

● **생각하기** 꽃은 못과 못을 연결한 가장 작은 정사각형 몇 칸의 넓이와 같은지 알아봅니다.

● **해결하기** [1단계] 못과 못을 연결한 가장 작은 정사각형 한 칸의 넓이 구하기

(못과 못을 연결한 가장 작은 정사각형 한 칸의 넓이)$=2\times2=4$(cm²)

[2단계] 꽃을 여러 도형으로 나누고, 나눈 도형은 못과 못을 연결한 가장 작은 정사각형 몇 칸의 넓이와 같은지 구하기

꽃을 오른쪽과 같이 나누어 가장 작은 정사각형 몇 칸의 넓이와 같은지 알아보면 ①은 2칸, ②와 ③은 각각 4칸, ④는 12칸, ⑤와 ⑥은 각각 2.5칸과 같습니다.

[3단계] 꽃의 넓이 구하기

꽃의 넓이는 못과 못을 연결한 가장 작은 정사각형

$2+4+4+12+2.5+\boxed{\phantom{00}}=\boxed{\phantom{00}}$(칸)의 넓이와 같으므로

$4\times\boxed{\phantom{00}}=\boxed{\phantom{00}}$(cm²)입니다.

답 $\boxed{\phantom{00}}$ cm²

수학+문학

**10-1** 톨스토이의 「사람에게는 얼마만큼의 땅이 필요한가?」라는 단편소설에는 한 농부가 나옵니다. 그 농부는 우연히 땅을 얻을 기회가 생겼는데 하루 동안 자신이 걸어서 돌아온 만큼의 땅을 준다는 것이었습니다. 농부는 너무 욕심을 내어 오랫동안 걸은 나머지 죽고 맙니다. 만약 이 소설의 농부가 다음과 같이 사다리꼴 모양으로 걸어서 돌아왔다면 얻은 땅의 넓이는 몇 m²입니까?

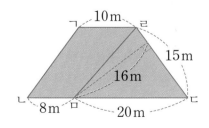

(          )

**1** 오른쪽 색칠한 도형의 넓이는 몇 cm²입니까?

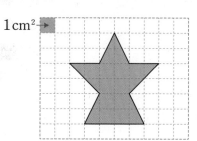

1cm²→

(                    )

**2** 넓이가 75 cm²인 직사각형의 세로는 가로의 3배라고 합니다. 이 직사각형의 둘레는 몇 cm입니까?

(                    )

**3** 오른쪽 그림과 같이 둘레가 72 cm인 정사각형을 모양과 크기가 같은 직사각형 6개로 나누었습니다. 작은 직사각형 한 개의 둘레는 몇 cm입니까?

(                    )

**4** 오른쪽 도형은 한 변이 15 cm인 정사각형 2개를 겹쳐서 만든 것입니다. 겹쳐진 부분이 정사각형일 때, 도형 전체의 넓이는 몇 cm²입니까?

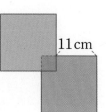

11 cm

(                    )

**5** 오른쪽은 직각으로 이루어진 도형입니다. 도형의 넓이는
몇 m²입니까?

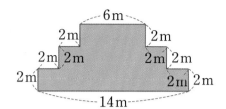

(                    )

수학+사회

**STEAM형 6**

지도를 만들 때는 실제 거리를 지도상에 일정한 비율로 줄여서 나타내는데, 이 비율을 축척이라고 합니다. 어떤 지도의 축척이 1 : 20000이라고 적혀 있다면 지도에서 1 cm가 실제로는 20000 cm라는 것을 의미합니다. 다음 지도에서 직사각형 모양인 놀이공원의 실제 넓이는 몇 km²입니까?

(                    )

**7** 오른쪽 도형은 모양과 크기가 같은 정사각형 15개를 겹치지 않게
이어 붙인 것입니다. 이 도형의 넓이가 375 cm²라면 도형의 둘레
는 몇 cm입니까?

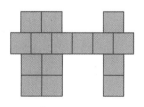

(                    )

**서술형 8**

넓이가 81 cm²인 정사각형의 각 변의 길이를 각각 3배씩 늘이려고 합니다. 이때 만들어진 정사각형의 둘레와 넓이는 각각 몇 배로 늘어나는지 풀이 과정을 쓰고 답을 구하시오.

**풀이**

**답**

**9**

사다리꼴 ㄱㄴㄷㄹ에서 삼각형 ㄱㅁㄹ과 삼각형 ㅁㄴㄷ의 넓이가 같을 때, 삼각형 ㄹㅁㄷ의 넓이는 몇 m²입니까?

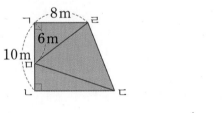

(                    )

**10**

세로가 가로보다 7 cm 더 길고, 둘레가 58 cm인 직사각형이 있습니다. 이 직사각형의 네 변의 가운데 점을 이어 그릴 수 있는 마름모의 넓이는 몇 cm²입니까?

(                    )

**11** 사각형 ㄱㄴㄷㄹ은 직사각형이고 사각형 ㅁㅂㅅㅇ은 정사각형입니다. 사각형 ㄱㄴㄷㄹ의 둘레는 몇 cm입니까?

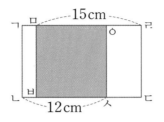

(               )

**12** 다음은 한 변이 $12\,cm$인 정사각형입니다. 색칠한 부분의 넓이는 몇 $cm^2$입니까?

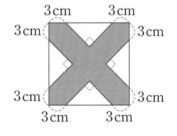

(               )

**13** 사각형 ㄱㄴㅁㄹ은 평행사변형이고 색칠한 부분의 넓이는 $81\,cm^2$일 때, 사각형 ㄱㄴㄷㄹ 의 넓이는 몇 $cm^2$입니까?

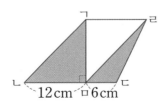

(               )

**14** 다음 그림과 같이 정사각형 ㄱㄴㄷㄹ과 마름모 ㄴㅁㄹㅂ을 그렸습니다. 마름모 ㄴㅁㄹㅂ의 한 대각선의 길이가 16 cm이고 정사각형 ㄱㄴㄷㄹ의 넓이가 288 cm²일 때, 색칠한 부분의 넓이는 몇 cm²입니까?

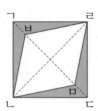

(          )

**15** 크기가 다른 4개의 정사각형으로 다음과 같은 도형을 만들었을 때, 이 도형의 넓이는 몇 m²입니까?

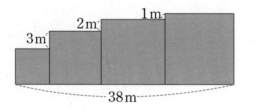

(          )

**16** 사다리꼴 ㄱㄴㄷㄹ과 삼각형 ㅁㅂㅅ의 넓이가 같고 선분 ㄱㅁ과 선분 ㅇㄷ의 길이가 같습니다. 색칠한 부분의 넓이는 몇 cm²입니까?

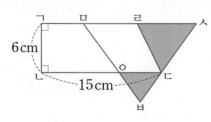

(          )

**17**
한 변이 $3\,\mathrm{cm}$인 정사각형 모양의 종이를 일정한 크기로 계속 겹쳐 가며 붙이려고 합니다. 만들어진 도형의 둘레가 $92\,\mathrm{cm}$라면 정사각형 모양의 종이를 몇 장 붙인 것입니까?

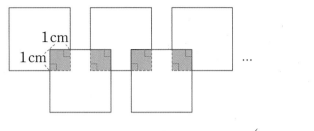

(                    )

**18**
다음 그림은 크기가 다른 세 개의 정사각형을 겹치지 않게 이어 붙인 것입니다. 색칠한 부분의 넓이는 몇 $\mathrm{cm}^2$입니까?

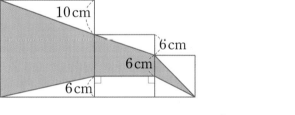

(                    )

**19**
다음 도형에서 색칠한 부분의 넓이는 $24\,\mathrm{cm}^2$이고, 점 ㅁ과 점 ㅂ은 대각선 ㄱㄷ을 3등분한 점입니다. 사다리꼴 ㄱㄴㄷㄹ의 넓이는 몇 $\mathrm{cm}^2$입니까?

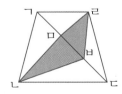

(                    )

**20** 오른쪽 도형에서 사각형 ㄱㄴㅁㄹ의 넓이는 몇 cm²입니까?

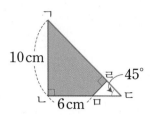

(             )

**21** 오른쪽 삼각형 ㄱㄴㄷ의 넓이는 126 cm²입니다. 선분 ㄱㄹ과 선분 ㄹㄴ의 길이가 같고, 선분 ㄱㅁ과 선분 ㅁㄷ의 길이가 같을 때, 색칠한 부분의 넓이는 몇 cm²입니까?

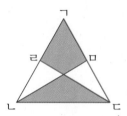

(             )

**서술형 22** 오른쪽 두 도형의 겹쳐진 부분의 넓이는 사다리꼴의 넓이의 $\frac{2}{5}$이고, 마름모의 넓이의 $\frac{1}{3}$입니다. 마름모의 한 대각선의 길이가 32 cm일 때, 다른 대각선의 길이는 몇 cm인지 풀이 과정을 쓰고 답을 구하시오.

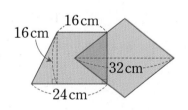

풀이 ......................................................................

............................................................................

............................................................................

............................................................................

............................................................................

답 ......................................

**23** 사각형 ㄱㄴㄷㅁ은 평행사변형이고, 사각형 ㄱㅂㅅㅁ은 직사각형입니다. 색칠한 부분의 넓이가 $288\,m^2$라면 선분 ㄹㅂ의 길이는 몇 m입니까?

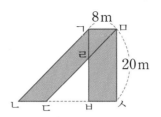

(          )

**24** 정사각형 ㄱㄴㄷㄹ의 네 변의 가운데 점을 이어 정사각형을 그렸습니다. 이 과정을 반복하여 다음 도형을 그렸을 때, 색칠된 부분의 넓이의 합은 몇 $cm^2$입니까?

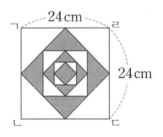

(          )

**25** 그림과 같이 두 도형을 화살표 방향으로 이동시키면서 겹쳐지는 부분을 관찰하였습니다. 겹쳐지는 부분의 넓이가 가장 클 때, 겹쳐지는 부분의 넓이는 몇 $cm^2$입니까?

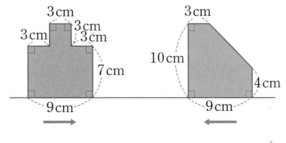

(          )

**1** 넓이가 16 cm²인 직사각형을 그리려고 합니다. 그릴 수 있는 직사각형 중 둘레가 가장 긴 것과 가장 짧은 것의 둘레의 합은 몇 cm입니까? (단, 직사각형의 가로와 세로는 자연수입니다.)

(                )

서술형 **2** 가로가 세로보다 긴 직사각형 모양의 종이를 6등분하면 정사각형 모양이 6개 만들어진다고 합니다. 이 종이의 둘레가 140 cm일 때, 넓이가 가장 넓은 직사각형이 되는 경우의 넓이는 몇 cm²인지 풀이 과정을 쓰고 답을 구하시오.

풀이

답

**3** 오른쪽 그림은 정육각형 안에 마름모를 그린 것입니다. 색칠한 부분의 넓이가 24 cm²일 때, 마름모 ㄱㄴㄷㄹ의 넓이는 몇 cm²입니까?

(                )

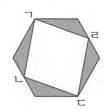

**4** 오른쪽 도형은 넓이가 $64\,m^2$인 정사각형이고, 점 ㄱ과 점 ㄴ은 변을 이등분하는 점입니다. 색칠한 부분의 넓이는 몇 $m^2$입니까?

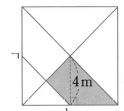

(            )

❯경시
❯기출❯
❯문제 **5** 다음은 한 변이 $24\,cm$인 정사각형 $3$개를 겹쳐 놓은 그림입니다. 정사각형 $3$개가 모두 겹쳐진 부분은 가로가 $4\,cm$이고 세로가 $12\,cm$일 때, 이 그림의 둘레는 몇 $cm$입니까?

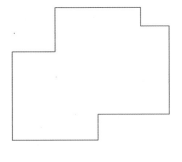

(            )

**6** 오른쪽 그림에서 색칠한 부분의 넓이는 몇 $cm^2$입니까?

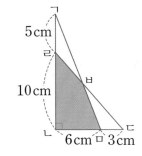

(            )

경시
기출
문제
**7** 한 변이 15 cm인 정사각형 2개를 겹친 부분이 직사각형이 되도록 놓았습니다. 굵은 선의 길이의 합이 94 cm일 때, 겹쳐진 직사각형의 넓이가 될 수 있는 경우 중 넓이가 가장 큰 경우는 몇 cm²입니까? (단, 겹쳐진 직사각형의 가로와 세로는 단위가 cm일 때 모두 자연수이고, 세로는 가로보다 깁니다.)

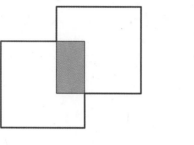

(             )

**8** 그림과 같이 한 변의 길이가 54 cm인 정사각형의 내부의 한 점에서 각 변을 3등분한 점을 이어 4개의 사각형 ㉠, ㉡, ㉢, ㉣과 4개의 삼각형 ㉮, ㉯, ㉰, ㉱를 만들었습니다. 세 사각형 ㉡, ㉢, ㉣의 넓이의 합이 1640 cm²일 때, 사각형 ㉠의 넓이는 몇 cm²입니까?

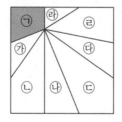

(             )

상위권의 기준

# 최상위
# 사고력

상위권을 위한
사고력

생각하는 방법도
최상위!

# 수능까지 연결되는 독해 로드맵

디딤돌 독해력은 수능까지 연결되는 체계적인 라인업을 통하여

수능에서 요구하는 핵심 독해 원리에 대한 이해는 물론,

단계 별로 심화되며 연결되는 학습의 과정을 통해

깊이 있고 종합적인 독해 사고의 능력까지 기를 수 있도록 도와줍니다.

기초를 다진 후에는 본격 실전 독해 훈련으로!
**디딤돌 독해력 고학년 Ⅰ~Ⅳ**

· 수능 국어 독서 영역을 기준으로 주제별, 수준별 구성
· 초등 고학년이 감당할 수 있는 중등 수준의 지문을 4단계로 세분화

독해력 공부를 처음 시작한다면, 기초를 튼튼히!
**디딤돌 독해력 초등국어 1~6**

· 초등 국어 교과서의 학년별 성취 기준을 바탕으로 독해 목표 설정
· 문학+비문학 제재로 구성, 차근차근 심화되는 독해 원리 학습

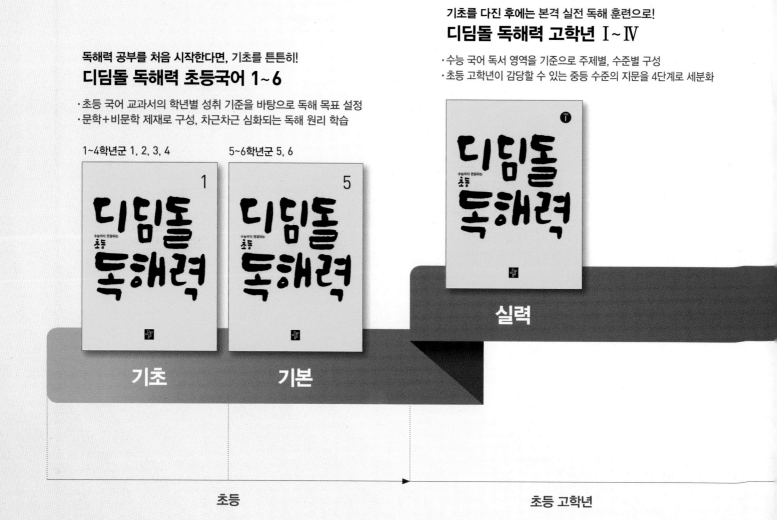

1~4학년군 1, 2, 3, 4      5~6학년군 5, 6

**기초**    **기본**    **실력**

초등    초등 고학년

# 정답과 풀이

상위권의 기준

# 최상위
# 수학

수학 좀 한다면

디딤돌

# SPEED 정답 체크

## 1 자연수의 혼합 계산

### ⊙ BASIC TEST

#### 1 자연수의 혼합 계산 (1)　　　　　　11쪽

**1** (1) $18-7\times2+24=18-14+24$
　　　　　　　　　　　$=4+24$
　　　　　　　　　　　$=28$

(2) $16+2\times9-7=16+18-7$
　　　　　　　　　　$=34-7$
　　　　　　　　　　$=27$

**2** $>$

**3** $168\div(2\times3)\div4=7$

**4** $14$

**5** 예 $96\div(4\times3)=8$ / 8시간

**6** $7\times25+(7-2)\times45=400$ / 400번

**7** 예 4, 3, 2, 1

#### 2 자연수의 혼합 계산 (2)　　　　　　13쪽

**1** 1, 2, 4, 3 / 34

**2** $18\div9+5$에 ○표 /
　　$90-72\div9+5=90-8+5$
　　　　　　　　　$=82+5$
　　　　　　　　　$=87$

**3** ⓒ, ㉠, ㉡　　　　　　**4** 24

**5** $300\div12\times4+120\div5=124$ / 124 g

**6** 예 $(600+500)\times4-3000\div3\times2=2400$ /
　　2400원

### MATH TOPIC　　　　　　14~20쪽

**1-1** 예 $+,\ -,\ \div,\ \times$

**1-2** $\times,\ -,\ \div,\ +$

**1-3** 예 $+,\ \times,\ \div,\ -$

**2-1** 12　　　**2-2** 3　　　**2-3** 120

**3-1** 3　　　**3-2** 40　　　**3-3** 12개

**4-1** 470, 294　　　**4-2** 72

**5-1** $8\times(26+4)\div10-2=22$

**5-2** $10+12\div4-(6\div3+2)=9$

**5-3** $20+(14+26)\times(15-13)=100$

**6-1** $10\times7\div2-8=27$ / 27개

**6-2** 예 $3000-(900\div3+700)=2000$ / 2000원

**6-3** 예 $4780-(30\times50+40\times80)=80$ / 80개

**심화7** 29, 28, 29, 84, 113, 113, 7 / 7

**7-1** 1277 kcal, 1362 kcal

### LEVEL UP TEST　　　　　　21~24쪽

**1** 3　　　**2** 32500원　　　**3** 4, 1, 6, 3 / 12

**4** 5　　　**5** 17

**6** $247-((5\times3+1)-24\div3+2)\times5=197$

**7** 25 cm　　　**8** 420 cm　　　**9** 약 237600 mL

**10** 540개　　　**11** 3000원

**12** 예 $6\times6\div6\div6=1,\ 6\div6+6-6=1$

### HIGH LEVEL　　　　　　25~27쪽

**1** 4개　　　　　　　**2** 9612 m

**3** 3, 7, 11, 15, 19, 21　　**4** 35　　　**5** 15개

**6** 1　　　　　　　　**7** 449　　　**8** 32가지

**1** 정답과 풀이

# 2 약수와 배수

## ◎ BASIC TEST

### 1 약수와 배수 | 33쪽

**1** 36, 12, 27　　　　**2** 7, 14 / 7, 28 / 14, 28

**3** 45　　　　**4** 16

**5** 7번　　　　**6** 4가지

**7** 117개　　　　**8** 1, 2, 3, 6, 7, 14, 21, 42

### 2 공약수와 최대공약수 | 35쪽

**1** 1, 2, 3, 5, 6, 10, 15, 30

**2** 12　　　**3** 6　　　**4** 56

**5** 수호 / ⓔ 36과 54의 공약수 중에서 가장 큰 수는 18입니다.

**6** 8명　　　**7** 15개

### 3 공배수와 최소공배수 | 37쪽

**1** 90　　　**2** ㉠, ㉢, ㉿　　　**3** 16개

**4** 196　　　**5** 6번　　　**6** 21일

**7** 2바퀴

## MATH TOPIC | 38~45쪽

**1-1** 4개　　　**1-2** 463개　　　**1-3** 360

**2-1** 6　　　**2-2** 7　　　**2-3** 149

**3-1** 6명　　　**3-2** 11개　　　**3-3** 18명

**4-1** 오전 10시　　　**4-2** 32개　　　**4-3** 4월 3일

**5-1** 110개　　　**5-2** 20장　　　**5-3** 8 cm

**6-1** 1, 3, 5, 7, 9　　**6-2** 3개　　　**6-3** 19992

**7-1** 112　　　**7-2** 70　　　**7-3** 175, 245

**심화8** 임인년 / 임인년

**8-1** 3번

## ▲ LEVEL UP TEST | 46~49쪽

**1** 28　　　**2** 42　　　**3** 10개

**4** 64살　　　**5** 6번　　　**6** 121

**7** 75675　　　**8** 1, 2, 4, 8, 16　　　**9** 10그루

**10** 12명　　　**11** 8개　　　**12** 13986, 13086

**13** 오전 12시 17분 30초

## ▲▲ HIGH LEVEL | 50~52쪽

**1** 3600개　　　**2** 4, 8　　　**3** 3

**4** 88, 198　　　**5** 9, 6, 18　　　**6** 7개

**7** 6개　　　**8** 18가지

# 3 규칙과 대응

## ⊙ BASIC TEST

### 1 두 양 사이의 관계 _57쪽_

**1** 3, 4, 5, 6      **2** 202개

**3** 99개      **4** 2, 4, 6, 8

**5** 100개

**6** ⓐ 누름 못의 수는 도화지의 수보다 하나 더 많습니다.

### 2 대응 관계를 식으로 나타내기 _59쪽_

**1** (위에서부터) 13, 15, 17      **2** ⓐ $\square = \triangle - 3$

**3** 6, 12, 18, 24 / ⓐ $\odot = \diamond \div 6$

**4** ⓐ $\blacklozenge = \bigstar \times 10$, 5판

**5** ⓐ 오리 다리의 수(▲)는 오리 수(●)의 2배입니다.

**6** 지아

## MATH TOPIC _60~66쪽_

**1-1** 202개      **1-2** 101개

**2-1** ⓐ $\blacksquare \times 2 + 2$      **2-2** 17

**2-3** (위에서부터) 18, 34 / 388

**3-1** 44 cm      **3-2** 420개

**3-3** 19개

**4-1** ⓐ $\triangle = \diamond \times 12$

**4-2** ⓐ $\blacksquare = \blacktriangle \times 140$

**4-3** ⓐ $\bigstar = \bigcirc \times 80$

**5-1** ⓐ $\bullet = \blacklozenge \times 2 + 2$, 11

**5-2** 28개      **5-3** 8분 후

**6-1** 15      **6-2** 110

**6-3** ⓐ $\bullet = (\blacksquare + 1) \times (\blacksquare + 1)$

**심화7** 0, 2, 4, 6, 8 / 2, 2, 2, 13, 2, 2, 24 / 24

**7-1** 135°

## ☒ LEVEL UP TEST _67~70쪽_

**1** ⓐ $\blacktriangle = \blacksquare \times 3$      **2** 74

**3** 402개      **4** 9월 2일 오전 2시

**5** 30개      **6** 9번

**7** ⓐ $\triangle = 5 + \bigcirc \times 2$, 7개      **8** ⓐ $\blacksquare \times 3 + \blacktriangle = 200$

**9** 66번      **10** 8100 cm²

**11** 1024개

## ☒ HIGH LEVEL _71~73쪽_

**1** 32      **2** ⓐ $\triangle = \bigstar \times 550$, 12개

**3** 125      **4** 78개

**5** 2 cm      **6** 스물둘째

**7** 31개

# 4 약분과 통분

## ◎ BASIC TEST

### 1 약분

**1** $\frac{8}{14}, \frac{4}{7}$　　**2** (1) $\frac{3}{4}$ (2) $\frac{1}{2}$　　**3** $\frac{2}{7}$

**4** 8개　　**5** 19　　**6** $\frac{35}{38}$

### 2 통분

**1** 12개　　**2** 10　　**3** $\frac{75}{90}, \frac{81}{90}$

**4** $\frac{5}{8}, \frac{2}{3}$　　**5** $\frac{1}{4}$　　**6** 25, 28

### 3 분수의 크기 비교

**1** $\frac{3}{8}, \frac{29}{84}$에 ○표　　**2** (1) $<$ (2) $>$ (3) $<$

**3** $\frac{16}{17}, \frac{20}{21}, \frac{24}{25}$　　**4** 3, 4, 5, 6

**5** 시금치　　**6** 7

## MATH TOPIC

**1-1** 48개　　**1-2** 7개　　**1-3** 55

**2-1** $\frac{36}{63}$　　**2-2** $\frac{16}{24}$　　**2-3** $\frac{9}{24}$

**3-1** $\frac{11}{18}$　　**3-2** $\frac{23}{30}$　　**3-3** 6개

**4-1** 0.52　　**4-2** $1\frac{11}{12}$　　**4-3** $\frac{8}{11}$

**5-1** 4　　**5-2** 24　　**5-3** 13

심화**6** $\frac{12}{50}, \frac{6}{50}, \frac{5}{50}, \frac{6}{25}, \frac{3}{25}, \frac{1}{10}$, 영남, 호남, 충청 /
영남, 호남, 충청

**6-1** 청주, 수원, 대구, 광주, 부산

## ◆ LEVEL UP TEST

**1** 10개　　**2** $\frac{21}{72}$　　**3** 10개

**4** 14500원　　**5** 지혜　　**6** $\frac{4}{9}, \frac{5}{9}$

**7** 10　　**8** 11　　**9** $\frac{4}{5}$

**10** 7개　　**11** $\frac{3}{5}$　　**12** ㉠, ㉡, ㉢, ㉳

**13** 6개　　**14** $\frac{5}{17}$　　**15** 20째

## ◆ HIGH LEVEL

**1** 24　　**2** $\frac{3}{7}$　　**3** 21

**4** 7개　　**5** $\frac{1}{3}$　　**6** $\frac{3}{8}$

**7** $\frac{1}{2}$　　**8** 90, 30　　**9** 12

# 5 분수의 덧셈과 뺄셈

## ◉ BASIC TEST

### 1 진분수의 덧셈과 뺄셈    103쪽

**1** (1) $<$   (2) $>$    **2** $6\dfrac{5}{6}$     **3** 28, 7, 28, 4

**4** $\dfrac{17}{36}$      **5** $\dfrac{11}{18}$      **6** 6, 7

### 2 대분수의 덧셈    105쪽

**1** 풀이 참조    **2** $6\dfrac{1}{4}$ m     **3** 113개

**4** $5\dfrac{5}{24}$      **5** 문구점      **6** $2\dfrac{17}{30}$ 시간

### 3 대분수의 뺄셈    107쪽

**1** 풀이 참조    **2** $1\dfrac{5}{8}$, $4\dfrac{1}{8}$     **3** $\dfrac{1}{6}$

**4** $1\dfrac{7}{24}$ L      **5** $3\dfrac{5}{24}$ km

**6** $5\dfrac{19}{20}$, $5\dfrac{7}{10}$, $\dfrac{1}{4}$

## MATH TOPIC    108~113쪽

**1-1** $7\dfrac{3}{4}$ m     **1-2** $5\dfrac{13}{36}$ m     **1-3** $2\dfrac{1}{20}$ m

**2-1** (1) 예 $\dfrac{3}{10}=\dfrac{1}{10}+\dfrac{1}{5}$   (2) 예 $\dfrac{4}{7}=\dfrac{1}{14}+\dfrac{1}{2}$

**2-2** 예 10, 5, 2    **2-3** 4, 6

**3-1** 1, 2     **3-2** 10개     **3-3** $\dfrac{2}{5}$, $\dfrac{3}{20}$

**4-1** $1\dfrac{5}{8}$ kg     **4-2** 6일     **4-3** 4일

**5-1** $8\dfrac{1}{3}$     **5-2** $17\dfrac{7}{12}$     **5-3** $4\dfrac{1}{8}$

**심화6** $\dfrac{63}{64}$, $\dfrac{63}{64}$, $\dfrac{63}{64}$, $\dfrac{1}{64}$ / $\dfrac{1}{64}$

**6-1** $\dfrac{7}{25}$ L

## ✖ LEVEL UP TEST    114~118쪽

**1** $12\dfrac{1}{3}$      **2** 1시간 28분    **3** $3\dfrac{2}{3}$ cm

**4** ㉡ 구간, $1\dfrac{32}{125}$ km    **5** 5개

**6** 예 $2\dfrac{7}{12}$, $1\dfrac{5}{9}$, $2\dfrac{9}{20}$ / $3\dfrac{43}{90}$

**7** $\dfrac{31}{84}$      **8** $5\dfrac{1}{9}$      **9** $2\dfrac{1}{2}$, $1\dfrac{1}{8}$

**10** $4\dfrac{8}{15}$ L    **11** 예 6, 12, 32    **12** 10시간

**13** $2\dfrac{2}{3}$      **14** 640 kg      **15** $\dfrac{4}{21}$

## ✖ HIGH LEVEL    119~121쪽

**1** 8분 32초    **2** $\dfrac{41}{42}$      **3** $22\dfrac{1}{2}$

**4** 7일      **5** 84살      **6** $3\dfrac{27}{40}$ m

**7** 6개      **8** 200, 199

# 6 다각형의 둘레와 넓이

## ⊙ BASIC TEST

### 1 정다각형과 사각형의 둘레 |127쪽

**1** ㉢, ㉡, ㉠  **2** 14 cm  **3** 5 cm
**4** 74 cm  **5** 102 cm  **6** 20 cm

### 2 평면도형의 넓이 |129쪽

**1** 가  **2** (1) 104  (2) 81
**3** 192 cm²  **4** 500 m²
**5** 256 cm²  **6** 1210 m²

### 3 평행사변형과 삼각형의 넓이 |131쪽

**1** 8 cm²
**2** (예)

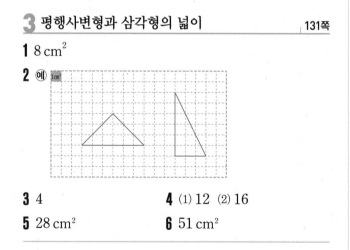

**3** 4  **4** (1) 12  (2) 16
**5** 28 cm²  **6** 51 cm²

### 4 마름모와 사다리꼴의 넓이 |133쪽

**1** 88 cm²  **2** 12 cm  **3** 15 cm
**4** 42 cm²  **5** 252 cm²  **6** 320 cm²

## MATH TOPIC |134~143쪽

**1-1** 240 cm²  **1-2** 108 m²  **1-3** 144 m²
**2-1** 637 cm²  **2-2** 1215 cm²  **2-3** 128 cm
**3-1** 650 cm²  **3-2** 2700 cm²  **3-3** 192 cm²
**4-1** 4350 cm²  **4-2** 418 cm²  **4-3** 2 cm
**5-1** 450 m²  **5-2** 3배  **5-3** 96 cm²
**6-1** 6배  **6-2** 27 cm²  **6-3** 9 m²
**7-1** 104 cm²  **7-2** 15 cm
**8-1** 306 m²  **8-2** 228 cm²  **8-3** 2 m
**9-1** 24 cm²  **9-2** 68 cm²
**심화10** 2.5, 27, 27, 108 / 108
**10-1** 228 m²

## LEVEL UP TEST |144~151쪽

**1** 16 cm²  **2** 40 cm  **3** 30 cm
**4** 434 cm²  **5** 60 m²  **6** 18 km²
**7** 130 cm  **8** 둘레: 3배, 넓이: 9배
**9** 52 m²  **10** 99 cm²  **11** 54 cm
**12** 108 cm²  **13** 135 cm²  **14** 96 cm²
**15** 382 m²  **16** 45 cm²  **17** 11장
**18** 758 cm²  **19** 72 cm²  **20** 46 cm²
**21** 84 cm²  **22** 24 cm  **23** 12 m
**24** 198 cm²  **25** 63 cm²

## HIGH LEVEL |152~154쪽

**1** 50 cm  **2** 1176 cm²  **3** 48 cm²
**4** 12 m²  **5** 160 cm  **6** 36 cm²
**7** 42 cm²  **8** 304 cm²

## 1. 자연수의 혼합 계산
1~2쪽

**01** 63, 57 / 다릅니다에 ○표  **02** 20

**03** ③  **04** 411  **05** >

**06** (16÷8+12)×3=42  **07** 예 −, ×, +

**08** 8  **09** 84÷(4×3)+6−12÷4=10

**10** 11쪽  **11** 1728 cm  **12** ㉠

**13** 5120원  **14** 100자루  **15** 463 cm

**16** 110  **17** 승우

**18** (73−3)÷2+1=36 / 36개

**19** 250원  **20** 38

## 2. 약수와 배수
3~4쪽

**01** 78  **02** 4가지  **03** 497

**04** 6개  **05** 8901  **06** 14명

**07** 4개  **08** 992  **09** 18 cm

**10** 오전 8시 30분  **11** 24

**12** 64  **13** 9  **14** 8개

**15** 45, 63  **16** 56  **17** 21 m

**18** 48일 후  **19** 720  **20** 12장

## 3. 규칙과 대응
5~6쪽

**01** 예 원판의 수는 삼각판의 수보다 2 큽니다. / 102개

**02** 24, 32 / 예 꼭짓점의 수는 팔각형의 수의 8배입니다.

**03** 예 ◆×▲=12 / 6  **04** 예 ■=▲÷4−2

**05** 11, 14 / 149

**06** (왼쪽에서부터) 오전 4시, 오전 8시, 오후 11시 /
예 (로마의 시각)=(서울의 시각)−8

**07** 예 8월 31일 오후 9시 15분

**08** 예 ▲=■×5+2

**09** 예 ▲=■×3+1 / 13번

**10** 211  **11** 149개  **12** 24개

**13** 42  **14** 4096개  **15** 25개

**16** 예 300−■×5=▲

**17** 예 ▲=(■+1)×(■+1)  **18** 열아홉째

**19** 15갑  **20** 55개

## 4. 약분과 통분
7~8쪽

**01** $\frac{8}{14}$, $\frac{20}{35}$  **02** 6개  **03** $\frac{36}{48}$, $\frac{40}{48}$

**04** 27  **05** 120, 180  **06** 민우

**07** $\frac{5}{9}$  **08** 18

**09** $5\frac{5}{6}$, $5\frac{3}{4}$, $5\frac{5}{8}$  **10** $\frac{20}{28}$

**11** 윤지  **12** 12개  **13** 2

**14** 2개  **15** $\frac{28}{63}$, $\frac{32}{72}$, $\frac{36}{81}$

**16** 16개  **17** 3개  **18** $\frac{29}{40}$

**19** $\frac{5}{24}$, $\frac{7}{24}$  **20** $\frac{16}{54}$

## 5. 분수의 덧셈과 뺄셈
9~10쪽

**01** $4\frac{11}{35}$  **02** $\frac{19}{12}\left(=1\frac{7}{12}\right)$ L

**03** $\frac{11}{24}$  **04** $1\frac{19}{80}$

**05** $2\frac{15}{20}\left(=2\frac{3}{4}\right)$  **06** $\frac{35}{18}\left(=1\frac{17}{18}\right)$ m

**07** $2\frac{7}{30}$ L  **08** $6\frac{5}{72}$  **09** $\frac{47}{64}$

**10** $9\frac{13}{24}$ m  **11** $1\frac{17}{18}$

**12** $10\frac{14}{20}\left(=10\frac{7}{10}\right)$ m  **13** $12\frac{1}{8}$ kg

**14** $\frac{5}{6}$  **15** 예 4, 6, 8  **16** $\frac{2}{15}$ kg

**17** 8  **18** 6일  **19** $12\frac{9}{40}$

**20** $\frac{5}{24}$

## 6. 다각형의 둘레와 넓이

11~12쪽

**01** 정십이각형
**02** 11 cm
**03** 삼각형, 4 m²

**04** 38 m
**05** 14 cm
**06** 5

**07** 35 cm²
**08** 148 cm²
**09** 55 cm²

**10** 13 cm
**11** 153 m²
**12** 48 m

**13** 32 m²
**14** 9 cm
**15** 192 cm²

**16** ⑨ / 15 cm²
**17** 20 cm²

**18** 64 m²
**19** 224 m²
**20** 3

## 수능형 사고력을 기르는 1학기 TEST

### 1회

13~14쪽

**01** 20
**02** 80
**03** $\dfrac{18}{48}$

**04** 3
**05** ⑨ $\triangle = 450 - \square \times 4$

**06** 57, 3
**07** 27.3 L
**08** 144 cm²

**09** 54
**10** 23
**11** 126 cm

**12** $24\dfrac{199}{315}$
**13** ⑨ 4, 5, 9, 6, 3 / 17

**14** $\dfrac{5}{6}$, $\dfrac{5}{8}$, $\dfrac{5}{12}$
**15** 88 cm²
**16** 2650개

**17** 7920개
**18** 72 cm²

**19** $1\dfrac{3}{18}\left(=1\dfrac{1}{6}\right)$ cm
**20** 16

### 2회

15~16쪽

**01** 8개
**02** 852
**03** $\dfrac{45}{56}$

**04** 256 cm
**05** 9
**06** 120

**07** 756 cm²
**08** 768 cm

**09** ×, −, ÷, +
**10** 45 m²

**11** $\dfrac{17}{6}\left(=2\dfrac{5}{6}\right)$
**12** 164 cm

**13** 12가지
**14** 7
**15** $\dfrac{16}{27}$

**16** 216 cm²
**17** 899
**18** $\dfrac{18}{385}$

**19** 12
**20** $1\dfrac{75}{96}\left(=1\dfrac{25}{32}\right)$

# 정답과 풀이

## 1 자연수의 혼합 계산

### 1 자연수의 혼합 계산(1)    11쪽

**1** (1) $18-7\times2+24=18-14+24$
$$=4+24$$
$$=28$$

(2) $16+2\times9-7=16+18-7$
$$=34-7$$
$$=27$$

**2** $>$

**3** $168\div(2\times3)\div4=7$

**4** 14

**5** 예 $96\div(4\times3)=8$ / 8시간

**6** $7\times25+(7-2)\times45=400$ / 400번

**7** 예 4, 3, 2, 1

---

**1** 덧셈, 뺄셈, 곱셈이 섞여 있는 식은 곱셈을 먼저 계산합니다.

**2** $5\times10-6+34=78$, $5\times(10-6)+34=54$
$\Rightarrow 5\times10-6+34>5\times(10-6)+34$

**3** 계산한 과정을 거꾸로 생각하여 계산한 값 대신에 계산하기 전 식으로 바꾸어 나타냅니다.
$2\times3=6$, $168\div6=28$ $\Rightarrow$ $168\div(2\times3)=28$
$168\div(2\times3)=28$, $28\div4=7$
$\Rightarrow 168\div(2\times3)\div4=7$

**4** 계산 순서를 거꾸로 하여 $\square$ 안에 알맞은 수를 구합니다.
$6\times(\square-5)+27=81$에서
$6\times(\square-5)=81-27=54$,
$6\times(\square-5)=54$에서 $(\square-5)=54\div6=9$,

$\square-5=9$에서 $\square=9+5=14$입니다.

**5** 한 사람이 한 시간에 종이별을 3개씩 만들 수 있으므로 4명이 한 시간에 만들 수 있는 종이별은 $4\times3=12$(개)입니다. 4명이 한 시간에 12개를 만들 수 있으므로 종이별 96개를 만드는 데 걸리는 시간은 $96\div(4\times3)=8$(시간)입니다.

**6** (민아가 일주일 동안 줄넘기를 한 횟수)
$=7\times25=175$(번)
(수호가 일주일 동안 줄넘기를 한 횟수)
$=(7-2)\times45=225$(번)
$\Rightarrow 7\times25+(7-2)\times45=400$(번)

**7** $\square-\square+\square\times\square=3$에서
$\underset{1}{\square-\square}=1$, $\underset{2}{\square\times\square}=2$일 때
$\underset{1}{\square-\square}+\underset{2}{\square\times\square}=3$이 성립합니다.

1, 2, 3, 4를 사용하여 만들 수 있는 식을 알아보면
$\square-\square=1$ $\Rightarrow$ $2-1=1$, $3-2=1$, $4-3=1$
$\square\times\square=2$ $\Rightarrow$ $1\times2=2$, $2\times1=2$
따라서 $\square\times\square=2$를 만드는 데 1, 2를 사용하고,
$\square-\square=1$를 만드는 데 3, 4를 사용하여
$\square-\square+\square\times\square=3$을 만들면
$4-3+1\times2=3$ 또는 $4-3+2\times1=3$입니다.

### 2 자연수의 혼합 계산(2)    13쪽

**1** 1, 2, 4, 3 / 34

**2** $18\div9+5$에 ○표 /
$90-72\div9+5=90-8+5$
$$=82+5$$
$$=87$$

**3** ㉡, ㉠, ㉢       **4** 24

**5** $300\div12\times4+120\div5=124$ / 124 g

**6** 예 $(600+500)\times4-3000\div3\times2=2400$ / 2400원

**1** 덧셈, 뺄셈, 곱셈, 나눗셈이 섞여 있고, ( )가 있는
식에서는 ( ) 안을 가장 먼저 계산해야 합니다.

$$(4+9)\times3-40\div8=13\times3-40\div8$$
$$=39-40\div8$$
$$=39-5$$
$$=34$$

**2** 덧셈, 뺄셈, 나눗셈이 섞여 있는 식은 나눗셈을 먼저
계산합니다.

$$90-72\div9+5=90-8+5$$
$$=82+5$$
$$=87$$

**3** ㉠ $(36-12)\div4\times3+3$
$$=24\div4\times3+3$$
$$=6\times3+3$$
$$=18+3=21$$
㉡ $36-12\div(4\times3)+3$
$$=36-12\div12+3$$
$$=36-1+3$$
$$=35+3=38$$
㉢ $36-12\div4\times(3+3)$
$$=36-12\div4\times6$$
$$=36-3\times6$$
$$=36-18=18$$
$38>21>18$이므로 계산 결과가 큰 것부터 차례로
기호를 쓰면 ㉡, ㉠, ㉢입니다.

**4** $5\diamondsuit8=5+5\times8$, $3\diamondsuit6=3+3\times6$이므로
$$(5\diamondsuit8)-(3\diamondsuit6)=(5+5\times8)-(3+3\times6)$$
$$=(5+40)-(3+18)$$
$$=45-21$$
$$=24$$

해결 전략
기호 $\diamondsuit$를 약속한 식으로 나타낸 다음 혼합 계산의 순서에
따라 차례로 계산해요.

**5** (연필 4자루의 무게)$=300\div12\times4=100$(g)
(지우개 1개의 무게)$=120\div5=24$(g)
➡ $300\div12\times4+120\div5=124$(g)

**6** (서아가 쓴 돈)$=(600+500)\times4=4400$(원)
(연우가 쓴 돈)$=3000\div3\times2=2000$(원)
➡ $(600+500)\times4-3000\div3\times2=2400$(원)

**MATH TOPIC** 14~20쪽

**1-1** 예 $+$, $-$, $\div$, $\times$
**1-2** $\times$, $-$, $\div$, $+$
**1-3** 예 $+$, $\times$, $\div$, $-$
**2-1** 12  **2-2** 3  **2-3** 120
**3-1** 3  **3-2** 40  **3-3** 12개
**4-1** 470, 294  **4-2** 72
**5-1** $8\times(26+4)\div10-2=22$
**5-2** $10+12\div4-(6\div3+2)=9$
**5-3** $20+(14+26)\times(15-13)=100$
**6-1** $10\times7\div2-8=27$ / 27개
**6-2** 예 $3000-(900\div3+700)=2000$ / 2000원
**6-3** 예 $4780-(30\times50+40\times80)=80$ / 80개
심화**7** 29, 28, 29, 84, 113, 113, 7 / 7
**7-1** 1277 kcal, 1362 kcal

**1-1** 여러 가지 경우를 생각하여 가능한 답을 찾습니다.
$$3+3-3\div3\times3=3+3-1\times3$$
$$=3+3-3$$
$$=6-3=3\,(\bigcirc)$$

다른 풀이
$+$, $-$, $\times$, $\div$가 섞여 있는 식은 $\times$, $\div$를 먼저 계산하
고 $+$, $-$를 앞에서부터 차례로 계산합니다.
□ 안에 $\times$, $\div$를 넣어서 만든 $3\times3$, $3\div3$, $3\times3\div3$
등을 먼저 배열하고 남은 □ 안에 $+$, $-$를 넣어서 만
들 수 있는 식은 $3\times3+3\div3-3$, $3\times3-3\div3+3$,
$3\times3\div3+3-3$, … 등이 있습니다.
$3\times3+3\div3-3=9+1-3=7\,(\times)$,
$3\times3-3\div3+3=9-1+3=11\,(\times)$,
$3\times3\div3+3-3=9\div3+3-3$
$$=3+3-3=3\,(\bigcirc)$$, …
따라서 $3\times3\div3+3-3=3$이므로 계산 결과가 달라
지지 않도록 $3\times3\div3$의 위치를 바꾸어 만들 수 있는 식
은 모두 답이 될 수 있습니다.
➡ $3\times3\div3-3+3=3$, $3+3\times3\div3-3=3$,
$3-3\times3\div3+3=3$, $3-3+3\times3\div3=3$,
$3+3-3\times3\div3=3$

**1-2** 직접 기호를 넣어 여러 가지로 계산하여 보고 답을 찾습니다.

$(6×6-6)÷6+6$
$=(36-6)÷6+6=30÷6+6$
$=5+6=11$ (○)

**1-3** 직접 기호를 넣어 여러 가지로 계산하여 보고 답을 찾습니다.

$(12+4)×2÷8-1$
$=16×2÷8-1=32÷8-1$
$=4-1=3$ (○)
$(12-4)×2÷8+1$
$=8×2÷8+1=16÷8+1$
$=2+1=3$ (○)

**2-1** 어떤 수를 □라고 하여 식을 세웁니다.

$□÷(8-5)×16-7×4=36$,
$□÷3×16-28=36$, $□÷3×16=64$,
$□÷3=4$, $□=12$

**2-2** 어떤 수를 □라고 하여 식을 세웁니다.

$(□+5)×6=84÷(9-5)+27$,
$(□+5)×6=84÷4+27$,
$(□+5)×6=21+27$, $(□+5)×6=48$,
$□+5=8$, $□=3$
따라서 어떤 수는 3입니다.

**2-3** 어떤 수를 □라고 하여 잘못 계산한 식을 세웁니다.

$(80+□)÷2=50$, $80+□=100$, $□=20$
따라서 바르게 계산하면
$(80-20)×2=60×2=120$입니다.

**3-1** $18÷(6-4)×□<34+2×(11-4)÷7$에서
$18÷(6-4)×□=18÷2×□=9×□$이고
$34+2×(11-4)÷7$
$=34+2×7÷7=34+14÷7$
$=34+2=36$입니다.
$9×□<36$에서 $□<36÷9$, $□<4$이므로
□ 안에 들어갈 수 있는 가장 큰 자연수는 3입니다.

**3-2** 보이지 않는 부분에 들어갈 수 있는 수를 □라고 하면 $□+5×(8-2)>35+(24-7)×4÷2$입니다.

$□+5×(8-2)>35+(24-7)×4÷2$에서
$□+5×(8-2)=□+5×6=□+30$이고
$35+(24-7)×4÷2$
$=35+17×4÷2=35+68÷2$
$=35+34=69$입니다.
$□+30>69$에서 $□>69-30$, $□>39$이므로
□ 안에 들어갈 수 있는 가장 작은 자연수는 40입니다.

**3-3** $7+(12-8)×□<63-3×(17+8)÷15$에서
$7+(12-8)×□=7+4×□$이고
$63-3×(17+8)÷15$
$=63-3×25÷15=63-75÷15$
$=63-5=58$입니다.
$7+4×□<58$에서
$4×□<58-7$, $4×□<51$이고
$4×12=48<51$, $4×13=52>51$이므로
□ 안에 들어갈 수 있는 자연수는 1부터 12까지 모두 12개입니다.

**4-1** 계산 결과를 가장 크게 만들려면 곱해지는 두 수가 최대, 빼는 수는 최소가 되어야 하므로
$(4+7)×43-3$ 또는 $(7+4)×43-3$입니다.
따라서 계산 결과가 가장 클 때의 값은
$(4+7)×43-3=(7+4)×43-3$
$=11×43-3$
$=473-3=470$입니다.
계산 결과를 가장 작게 만들려면 곱해지는 두 수가 최소, 빼는 수는 최대가 되어야 하므로

$(3+4) \times 43 - 7$ 또는 $(4+3) \times 43 - 7$입니다.

따라서 계산 결과가 가장 작을 때의 값은

$(3+4) \times 43 - 7 = (4+3) \times 43 - 7$

$\qquad = 7 \times 43 - 7$

$\qquad = 301 - 7 = 294$입니다.

> **해결 전략**
>
> 계산 결과가 가장 크려면 곱해지는 수가 최대, 빼는 수가 최소가 되도록 만들고, 계산 결과가 가장 작으려면 곱해지는 수가 최소, 빼는 수가 최대가 되도록 만들어요.

**4-2** 계산 결과를 가장 크게 만들려면 나누는 수가 최소, 더하는 수가 최대가 되어야 하므로

$108 \div (2 \times 6) + 9$ 또는 $108 \div (6 \times 2) + 9$입니다.

➡ 계산 결과가 가장 클 때의 값:

$108 \div (2 \times 6) + 9 = 108 \div (6 \times 2) + 9$

$\qquad = 108 \div 12 + 9$

$\qquad = 9 + 9 = 18$

계산 결과를 가장 작게 만들려면 나누는 수가 최대, 더하는 수가 최소가 되어야 하므로

$108 \div (6 \times 9) + 2$ 또는 $108 \div (9 \times 6) + 2$입니다.

➡ 계산 결과가 가장 작을 때의 값:

$108 \div (6 \times 9) + 2 = 108 \div (9 \times 6) + 2$

$\qquad = 108 \div 54 + 2$

$\qquad = 2 + 2 = 4$

따라서 두 수의 곱은 $18 \times 4 = 72$입니다.

> **해결 전략**
>
> 계산 결과가 가장 크려면 나누는 수가 최소, 더하는 수가 최대가 되도록 만들고, 계산 결과가 가장 작으려면 나누는 수가 최대, 더하는 수가 최소가 되도록 만들어요.

**5-1** $4 \div 10$의 계산 결과가 자연수가 아니므로 나누어지는 수가 10으로 나누어떨어지도록 ( )로 묶고 계산해 봅니다.

$8 \times (26+4) \div 10 - 2$

$= 8 \times 30 \div 10 - 2$

$= 240 \div 10 - 2$

$= 24 - 2 = 22 \ (\bigcirc)$

> **해결 전략**
>
> 계산 순서가 달라지도록 ( )로 묶으면 계산 결과도 달라져요.

**5-2** $10 + 12 \div 4 - 6 \div 3 + 2$

$= 10 + 3 - 2 + 2 = 13 - 2 + 2$

$= 11 + 2 = 13$이므로

계산 결과가 더 작아지도록 ( )로 묶어서 계산해 봅니다.

$10 + 12 \div 4 - (6 \div 3 + 2)$

$= 10 + 12 \div 4 - (2+2) = 10 + 12 \div 4 - 4$

$= 10 + 3 - 4 = 13 - 4 = 9 \ (\bigcirc)$

> **해결 전략**
>
> 빼는 수가 $6 \div 3$에서 $6 \div 3 + 2$로 더 커지도록 ( )로 묶어요.

> **보충 개념**
>
> • 계산 결과를 더 크게 만들려면 더하는 수, 곱하는 수가 더 커지고, 나누는 수, 빼는 수가 더 작아지도록 ( )로 묶어요.
>
> • 계산 결과를 더 작게 만들려면 나누는 수, 빼는 수가 더 커지고 더하는 수, 곱하는 수가 더 작아지도록 ( )로 묶어요.

**5-3** $20 + 14 + 26 \times 15 - 13$

$= 20 + 14 + 390 - 13$

$= 34 + 390 - 13 = 424 - 13 = 411$이므로

계산 결과가 더 작아지도록 ( )로 묶어서 계산해 봅니다.

$20 + (14+26) \times (15-13)$

$= 20 + 40 \times (15-13)$

$= 20 + 40 \times 2 = 20 + 80 = 100 \ (\bigcirc)$

> **해결 전략**
>
> 곱하는 수가 15에서 $15-13$으로 작아지도록 ( )로 묶어요.

**6-1** (경민이가 누나와 나누어 가진 과자의 수)

$= (10 \times 7 \div 2)$개

(친구에게 주고 경민이에게 남은 과자의 수)

$= 10 \times 7 \div 2 - 8 = 70 \div 2 - 8$

$= 35 - 8 = 27$(개)

**6-2** (민희의 용돈) $= 3000$원

(3개에 900원 하는 지우개 한 개의 값)

$= (900 \div 3)$원

(지우개 한 개와 공책 한 권의 값)

$= (900 \div 3 + 700)$원

(지우개와 공책을 사고 남은 돈)
$=3000-(900 \div 3+700)$
$=3000-(300+700)$
$=3000-1000=2000(원)$

**6-3** (상자에 담은 사과의 수)$=(30 \times 50+40 \times 80)$개

(상자에 담지 못한 사과의 수)
$=4780-(30 \times 50+40 \times 80)$
$=4780-(1500+3200)$
$=4780-4700=80(개)$

**7-1** (은우의 기초대사량)
$=655+10 \times 39+2 \times 146-5 \times 12$
$=655+390+292-60$
$=1045+292-60$
$=1337-60=1277(kcal)$

(강준이의 기초대사량)
$=66+14 \times 45+5 \times 150-7 \times 12$
$=66+630+750-84$
$=696+750-84$
$=1446-84=1362(kcal)$

---

## ✕ LEVEL UP TEST

| | | | | |
|---|---|---|---|---|
| **1** 3 | **2** 32500원 | **3** 4, 1, 6, 3 / 12 | **4** 5 | **5** 17 |
| **6** $247-((5 \times 3+1)-24 \div 3+2) \times 5=197$ | | **7** 25 cm | **8** 420 cm | **9** 약 237600 mL |
| **10** 540개 | **11** 3000원 | **12** 예 $6 \times 6 \div 6 \div 6=1$, $6 \div 6+6-6=1$ | | |

**1** 15쪽 2번의 변형 심화 유형
접근 ≫ **계산할 수 있는 부분을 먼저 계산하여 식을 간단하게 만듭니다.**

계산할 수 있는 부분을 먼저 계산하여 식을 간단하게 만듭니다.
$108 \div 9-(3 \times 6-5 \times \square)+28 \div 7=13$ ➡ $12-(18-5 \times \square)+4=13$
계산 순서를 거꾸로 하여 $\square$ 안에 알맞은 수를 구합니다.

$12-(18-5 \times \square)+4=13$

④의 계산에서 $12-(18-5 \times \square)=13-4=9$
③의 계산에서 $18-5 \times \square=12-9=3$
②의 계산에서 $5 \times \square=18-3=15$
①의 계산에서 $\square=15 \div 5=3$
따라서 $\square$ 안에 알맞은 수는 3입니다.

해결 전략
혼합 계산의 순서를 알아보고 계산 순서를 거꾸로 하여 $\square$를 구해요.

보충 개념
등식의 양쪽에 같은 수를 빼거나 0이 아닌 같은 수로 나누어도 등식은 성립합니다.

**2** 20쪽 7번의 변형 심화 유형
접근 ≫ **문제의 각 부분을 식으로 나타낸 후 하나의 식으로 만들어 계산합니다.**

(전체 수도세)$=$(7월 수도세)$+$(8월 수도세)$=(56000+48000)$원
(주택에 사는 모든 사람 수)$=16$명
(민수네 가족의 사람 수)$=5$명
➡ (7월과 8월에 민수네 가족이 내야 하는 수도세)
$=$(전체 수도세)$\div$(주택에 사는 모든 사람 수)$\times$(민수네 가족의 사람 수)
$=(56000+48000) \div 16 \times 5$
$=104000 \div 16 \times 5$
$=6500 \times 5=32500(원)$

해결 전략
먼저 전체 수도세를 사는 사람 수로 나누어 1인당 내야 하는 수도세를 구해야 해요.

**3** 17쪽 4번의 변형 심화 유형
접근 ≫ 주어진 수를 사용하여 만들 수 있는 식을 모두 찾아 계산해 봅니다.

1, 3, 4, 6 네 수를 한 번씩 사용하여 계산 결과가 자연수가 되도록 만들 수 있는 식을 모두 찾아 계산해 봅니다.

· $4 \div 1 \times (6-3) = 4 \div 1 \times 3 = 4 \times 3 = 12$

· $6 \div 1 \times (4-3) = 6 \div 1 \times 1 = 6 \times 1 = 6$

· $6 \div 3 \times (4-1) = 6 \div 3 \times 3 = 2 \times 3 = 6$

· $3 \div 1 \times (6-4) = 3 \div 1 \times 2 = 3 \times 2 = 6$

따라서 12 > 6이므로 계산 결과가 가장 큰 자연수가 되는 식은 $4 \div 1 \times (6-3)$입니다.

해결 전략
먼저 몫이 자연수가 되는 식을 만들어 보세요.

주의
계산 결과가 자연수가 되려면 나눗셈과 뺄셈이 사용되는 곳이 제한적이에요.

지도 가이드
주어진 수 1, 3, 4, 6을 사용하여 계산 결과가 자연수가 되도록 식을 만들려면 $4 \div 1$, $6 \div 3$, $6 \div 1$, $3 \div 1$과 같이 몫이 자연수가 되는 식을 먼저 만들고 나머지 부분에 남은 수를 써넣어 식을 완성할 수 있도록 지도해 주세요.

**4** 접근 ≫ □ 안에 7보다 작은 수를 넣어 계산해 봅니다.

□ < 7이므로 □♣7 = 25의 □ 안에 6, 5, 4, …, 1을 넣어 25가 되는지 확인해 봅니다.

· □ = 6일 때 $6♣7 = 6 \times 7 - 6 \times (7-6) = 6 \times 7 - 6 \times 1 = 42 - 6 = 36$ (×)

· □ = 5일 때 $5♣7 = 5 \times 7 - 5 \times (7-5) = 5 \times 7 - 5 \times 2 = 35 - 10 = 25$ (○)

따라서 □ 안에 알맞은 수는 5입니다.

해결 전략
□ = 1일 때 1♣7 = 1로 25보다 작은 수가 나오므로 □ = 6일 때부터 계산해 보세요.

다른 풀이
㉠♣㉡ = ㉠ × ㉡ - ㉠ × (㉡ - ㉠)을 그림으로 나타내 봅니다.

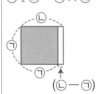

➡ ㉠♣㉡ = ㉠ × ㉡ - ㉠ × (㉡ - ㉠) = ㉠ × ㉠

□♣7 = 25에서 □ × □ = 25이고 5 × 5 = 25이므로 □ = 5입니다.

**서술형 5** 15쪽 2번의 변형 심화 유형
접근 ≫ 어떤 수를 □라고 하여 식을 만들어 봅니다.

예 어떤 수를 □라고 하면 □ × 36 - □ × 26 = 170,

□ × 36 - □ × 26 = 170, □ × (36 - 26) = 170, □ × 10 = 170, □ = 17입니다.

따라서 어떤 수는 17입니다.

보충 개념
■ × ● - ■ × ▲
= ■ × (● - ▲)

| 채점 기준 | 배점 |
| --- | --- |
| 어떤 수를 □라고 하여 식을 세웠나요? | 3점 |
| 식을 계산하여 어떤 수를 구했나요? | 2점 |

## 6

**접근 ≫** 세 식에서 등호(=)를 기준으로 양쪽에서 중복되는 수를 찾아봅니다.

- $5 \times 3 + 1 = 16$이므로 $16 - 24 \div 3 + 2 = 10$에서 16 대신에 $5 \times 3 + 1$을 넣습니다.

$$5 \times 3 + 1 = 16, \; 16 - 24 \div 3 + 2 = 10 \Rightarrow (5 \times 3 + 1) - 24 \div 3 + 2 = 10$$

- $(5 \times 3 + 1) - 24 \div 3 + 2 = 10$이므로
$247 - 10 \times 5 = 197$에서 10 대신에 $(5 \times 3 + 1) - 24 \div 3 + 2$를 넣습니다.

$$(5 \times 3 + 1) - 24 \div 3 + 2 = 10, \; 247 - 10 \times 5 = 197$$

$$\Rightarrow 247 - ((5 \times 3 + 1) - 24 \div 3 + 2) \times 5 = 197$$

**해결 전략**

- $5 \times 3 + 1 = 16$
- $247 - 10 \times 5 = 197$
- $16 - 24 \div 3 + 2 = 10$

16과 10이 중복되므로 첫째 식을 셋째 식에 넣은 다음 그 식을 둘째 식에 넣어요.

**주의**

계산 결과가 변하지 않아야 하므로 ( )로 묶어야 해요.

## 서술형 7

**접근 ≫** 두 종이테이프의 한 도막의 길이를 각각 먼저 구합니다.

**예** 이어 붙인 종이테이프의 전체 길이는 길이가 117 cm인 종이테이프를 9등분 한 것 중의 한 도막과 길이가 105 cm인 종이테이프를 7등분 한 것 중의 한 도막을 더한 후 겹쳐진 3 cm를 뺀 길이입니다.

따라서 이어 붙인 종이테이프의 전체 길이는

$117 \div 9 + 105 \div 7 - 3 = 13 + 15 - 3 = 25$(cm)입니다.

| 채점 기준 | 배점 |
|---|---|
| 문제를 이해하고 하나의 식으로 나타냈나요? | 3점 |
| 이어 붙인 종이테이프의 전체 길이는 몇 cm인지 구했나요? | 2점 |

**보충 개념**

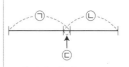

➡ (전체 길이)
  $= ㉠ + ㉡ - ㉢$

## 8

**접근 ≫** 긴 철사와 짧은 철사의 길이의 합과 차를 나타내는 식을 세워 봅니다.

(긴 철사의 길이) + (짧은 철사의 길이) = 7 m 60 cm = 760 cm

(긴 철사의 길이) − (짧은 철사의 길이) = 80 cm

$$\begin{array}{r} (긴\ 철사의\ 길이) + (짧은\ 철사의\ 길이) = 760\ cm \\ + )\; (긴\ 철사의\ 길이) - (짧은\ 철사의\ 길이) = 80\ cm \\ \hline (긴\ 철사의\ 길이) \times 2 \qquad\qquad = 840\ cm \end{array}$$

따라서 (긴 철사의 길이) = $840 \div 2 = 420$(cm)로 해야 합니다.

**해결 전략**

- ● > ▲일 때
  ● + ▲ = ■,
  ● − ▲ = ♥이면
- 두 식을 더하면
  ➡ ● × 2 = ■ + ♥
- 두 식을 빼면
  ➡ ▲ × 2 = ■ − ♥

**다른 풀이**

긴 철사의 길이를 ㉠ cm, 짧은 철사의 길이를 ㉡ cm라고 하면

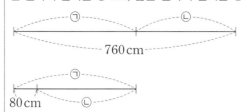

➡ ㉠ + ㉠ = 760 + 80이므로 ㉠ = $(760 + 80) \div 2 = 840 \div 2 = 420$(cm)입니다.

따라서 긴 철사의 길이는 420 cm로 해야 합니다.

**9** 접근 » 한 되와 한 말을 모두 mL 단위로 바꾸어 식을 세웁니다.

한 되는 약 1 L 800 mL＝1800 mL이고,

한 말은 한 되의 10배이므로 1800×10＝18000(mL)입니다.

(윤지 어머니가 사신 보리쌀의 들이)＝(18000×5＋1800×2) mL

(성현이 어머니가 사신 보리쌀의 들이)＝(18000×8) mL

➡ (윤지 어머니와 성현이 어머니가 사신 보리쌀의 들이)

＝(윤지 어머니가 사신 보리쌀의 들이)＋(성현이 어머니가 사신 보리쌀의 들이)

＝18000×5＋1800×2＋18000×8

＝90000＋3600＋144000

＝237600(mL) → 약 237600 mL

주의
되와 말을 mL 단위로 바꾸어 나타낸 다음 식을 세워야 해요.

서술형 **10** 접근 » 일주일 동안 사용한 달걀 수를 먼저 구합니다.

예 하루에 사용하는 달걀은 30×2＋12＝72(개)이므로

일주일 동안 사용한 달걀은 72×7＝504(개)입니다.

처음에 사 온 달걀은 504＋30＋6＝540(개)입니다.

따라서 (처음에 사 온 달걀의 수)＝(30×2＋12)×7＋30＋6＝540(개)입니다.

| 채점 기준 | 배점 |
|---|---|
| 문제를 이해하고 하나의 식으로 나타냈나요? | 3점 |
| 처음에 사 온 달걀의 수를 구했나요? | 2점 |

주의
달걀 1판을 30개로 바꾸어 식을 세워야 해요.

**11** 접근 » 전체 대여비를 사람 수로 나누는 식을 세워 봅니다.

1시간 30분＝60분＋30분＝90분이고 90분은 30분의 90÷30＝3(배)이므로

자전거 1대를 1시간 30분 동안 빌리는 데 드는 돈은 30분 동안 빌리는 데 드는 돈 1600원의 3배입니다.

(자전거 1대의 대여비)＝(1600×3)원

(자전거 5대의 대여비)＝(1600×3×5)원

(자전거를 함께 탄 사람 수)＝8명

➡ (한 사람이 내야 하는 돈)＝1600×3×5÷8
　　　　　　　　자전거 5대의 대여비 ──┘　　└── 자전거를 함께 탄 사람 수

＝4800×5÷8

＝24000÷8

＝3000(원)

해결 전략
(한 사람이 내야 하는 돈)
＝(전체 대여비)÷(사람 수)

**12** 접근 >> 두 개의 6을 더하고 빼고 곱하고 나누었을 때 나오는 수를 생각해 봅니다.

두 개의 6을 사용하여 식을 만들면 $6+6=12$, $6-6=0$, $6\times6=36$, $6\div6=1$
이고,

이 식을 이용하여 계산 결과가 1이 되는 식을 만들면

$1+0=1$(또는 $0+1=1$), $1\times1=1$, $1\div1=1$, $12\div12=1$, $36\div36=1$입
니다.

계산 과정을 거꾸로 생각하여 다시 6을 이용한 식으로 바꾸어 봅니다.

$1+0=1$ 또는 $0+1=1$ ➡ $6\div6+6-6=1$, $6-6+6\div6=1$

$1\times1=1$ ➡ $(6\div6)\times(6\div6)=1$, $6\div6\times6\div6=1$

$\blacksquare\div\blacksquare=1$ ➡ $(6\div6)\div(6\div6)=1$, $(6+6)\div(6+6)=1$,

$\qquad\qquad\quad (6\times6)\div(6\times6)=1$, $6\times6\div6\div6=1$

**지도 가이드**

계산 과정을 거꾸로 생각하며 정해진 계산 결과가 되는 식을 다양하게 만들어 보면서 해결하면
쉬워집니다. 계산 결과가 1이 되는 덧셈식, 뺄셈식, 곱셈식, 나눗셈식을 만들어 보고 6을 이용
하여 어떻게 나타내면 좋을지를 생각하여 식으로 나타낼 수 있도록 지도해 주세요.

---

## ◆◆ HIGH LEVEL

25~27쪽

| | | | | |
|---|---|---|---|---|
| **1** 4개 | **2** 9612 m | **3** 3, 7, 11, 15, 19, 21 | **4** 35 | **5** 15개 |
| **6** 1 | **7** 449 | **8** 32가지 | | |

---

**1** 14쪽 1번의 변형 심화 유형

접근 >> 기호 2개를 선택하는 방법을 모두 찾아봅니다.

$+$, $-$, $\times$, $\div$ 중 서로 다른 기호 2개를 선택하는 방법은

$(+, -)$, $(+, \times)$, $(+, \div)$, $(-, \times)$, $(-, \div)$, $(\times, \div)$이고,

이 중에서 계산 결과가 자연수가 되는 경우는 $(+, -)$, $(+, \times)$, $(-, \times)$입니다.

· $(+, -)$를 선택하여 만들 수 있는 식: $4+7-9=2$

· $(+, \times)$를 선택하여 만들 수 있는 식: $4+7\times9=67$, $4\times7+9=37$

· $(-, \times)$를 선택하여 만들 수 있는 식: $4\times7-9=19$

따라서 계산 결과가 자연수가 되는 식을 모두 4개 만들 수 있습니다.

**2** 20쪽 7번의 변형 심화 유형

**접근 ≫** KTX가 2분 동안 달린 거리를 먼저 구합니다.

(KTX가 1시간 동안 달리는 거리)=300 km=300000 m

(KTX가 1분 동안 달리는 거리)=(KTX가 1시간 동안 달린 거리)÷60
=(300000÷60) m

(KTX가 2분 동안 달린 거리)=(KTX가 1분 동안 달린 거리)×2
=(300000÷60×2) m

➡ (터널의 길이)=(KTX가 2분 동안 달린 거리)-(KTX의 길이)
=300000÷60×2-388
=5000×2-388
=10000-388=9612(m)

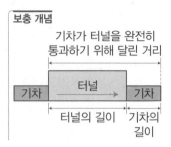
**3** 14쪽 1번의 변형 심화 유형

**접근 ≫** 5와 4 사이의 □ 안에 어떤 기호가 들어갈 수 있는지 생각해 봅니다.

5와 4 사이의 □ 안에는 ÷가 들어갈 수 없으므로 +, -, ×가 들어가는 경우를
각각 알아봅니다.

• +가 들어가는 경우: 5+4-3×2=5+4-6=9-6=3,
5+4×3-2=5+12-2=17-2=15,
5+4×3÷2=5+12÷2=5+6=11

• -가 들어가는 경우: 5-4+3×2=5-4+6=1+6=7

• ×가 들어가는 경우: 5×4+3-2=20+3-2=23-2=21,
5×4-3+2=20-3+2=17+2=19

따라서 계산 결과로 가능한 자연수는 3, 7, 11, 15, 19, 21입니다.

**지도 가이드**
주어진 수 5, 4, 3, 2를 사용하여 계산 결과가 자연수가 되도록 식을 만들려면 ÷, -를 사용
할 수 있는 곳과 없는 곳을 구분하여 식을 만들 수 있도록 지도해 주세요.

서술형

**4** **접근 ≫** 가>다이고 가+다=10을 만족하는 (가, 다)를 모두 찾아봅니다.

⑩ 가+다=10이고 가>나>다이므로 (가, 다)가 될 수 있는 수는
(9, 1), (8, 2), (7, 3), (6, 4)입니다.
이 중에서 가×나×다=80이 되는 경우는 8×5×2=80뿐이므로
가=8, 나=5, 다=2입니다.
따라서 가+나×나+다=8+5×5+2=8+25+2=33+2=35입니다.

| 채점 기준 | 배점 |
|---|---|
| 가, 나, 다의 값을 각각 구했나요? | 3점 |
| 가+나×나+다의 값을 구했나요? | 2점 |

# 5

**접근 》 먼저 사과 한 개의 정가를 구해 봅니다.**

(사과 한 개의 원가)$=135000 \div 300 = 450$(원)

(사과 한 개의 정가)$=450 + 350 = 800$(원)

만약 사과 300개를 모두 팔았다면 $350 \times 300 = 105000$(원)의 이익이 남습니다.

사과를 팔아 93000원의 이익을 남겼으므로 300개를 모두 팔았을 때의 이익금과

$105000 - 93000 = 12000$(원)만큼 차이가 납니다.

따라서 썩어서 버린 사과 수는 $\underline{12000 \div 800 = 15}$(개)입니다.

> └─ 사과 300개를 팔았을 때의 이익금은 $350 \times 300$
> $=105000$(원)이고, 299개를 팔았을 때의 이익금은
> $350 \times 299 - 450 \times 1 = 104650 - 450 = 104200$(원)
> 이므로, 사과 1개가 썩어서 팔지 못할 때마다 800원씩
> 이익금이 감소합니다.

300개를 모두 팔아서 얻는 이익과 실제 얻은 이익의 차를 알아봐요.

**다른 풀이**

(사과 한 개의 원가)$=135000 \div 300 = 450$(원)

(사과 한 개의 정가)$=450 + 350 = 800$(원)

(사과를 판매한 총 금액)$=$(원가)$+$(이익)$=135000 + 93000 = 228000$(원)

(판매한 사과 수)$=228000 \div 800 = 285$(개)

따라서 썩어서 버린 사과 수는 $300 - 285 = 15$(개)입니다.

# 6

**접근 》 기호 ♣의 규칙을 찾아 식을 간단하게 고쳐 봅니다.**

㉠♣㉡은 ㉠을 ㉡번 곱하는 규칙입니다.

$5♣3 = \underbrace{5 \times 5 \times 5}_{5를 \ 3번 \ 곱하기} = 125$, $3♣4 = \underbrace{3 \times 3 \times 3 \times 3}_{3을 \ 4번 \ 곱하기} = 81$, $4♣2 = \underbrace{4 \times 4}_{4를 \ 2번 \ 곱하기} = 16$이므로

$\square♣(5♣3 - 3♣4) + 4♣2 = 17$

➡ $\square♣(125 - 81) + 16 = 17$, $\square♣44 + 16 = 17$,

$\square♣44 = 17 - 16$, $\square♣44 = 1$

$\square♣44 = 1$에서 $\square$를 44번 곱한 수가 1이므로 $\square = 1$입니다.

♣는 여러 개의 곱셈을 나타낸 기호이므로 ♣, $+$, $-$ 가 섞여 있는 식에서 ♣를 먼저 계산해요.

여러 번 곱해도 1이 되는 수는 1뿐이에요.

# 7

**접근 》 ㉠의 조건에 ■, ▲, ♥, ●의 합을 이용하여 구합니다.**

㉠에서 ■, ▲, ♥, ●는 11, 13, 16, 21 중 하나이므로

$■ + ▲ + ♥ + ● = 11 + 13 + 16 + 21 = 61$입니다.

㉡에서 $■ + 2 \times ▲ + ● = 51$이고 $■ + ▲ + ♥ + ● = 61$이므로

$$\begin{array}{r} ■ + ▲ + ♥ + ● = 61 \\ -)\ ■ + ▲ + ▲ + ● = 51 \\ \hline ♥ - ▲ \qquad\qquad = 10 \end{array}$$

$2 \times ▲$는 ▲를 2번 더한 것과 같아요.
$■ + 2 \times ▲ + ● = 51$
➡ $■ + ▲ + ▲ + ● = 51$

11, 13, 16, 21 중 차가 10인 두 수는 11과 21이고 ♥는 ▲보다 10 큰 수이므로
♥＝21, ▲＝11입니다.
ⓒ에서 ■＋♥＋2×●＝63이고 ■＋▲＋♥＋●＝61이므로

$$
\begin{array}{r}
\blacksquare+\heartsuit+\bullet+\bullet=63 \\
-)\ \blacksquare+\blacktriangle+\heartsuit+\bullet=61 \\
\hline
\bullet-\blacktriangle\qquad\quad=2
\end{array}
$$

▲＝11이고 ▲보다 2 큰 수는 13이므로 ●＝13, ■＝16입니다.
따라서 ■×▲＋♥×●＝16×11＋21×13＝176＋273＝449입니다.

**해결 전략**
2×●는 ●를 2번 더한 것과
같아요.
■＋♥＋2×●＝63
➡ ■＋♥＋●＋●＝63

**8** 16쪽 3번의 변형 심화 유형
**접근 》 1부터 9까지의 수 중에서 ㉠이 될 수 있는 수를 먼저 구합니다.**

㉠, ㉡, ㉢이 1부터 9까지의 자연수 중에서 서로 다른 수이고, ㉠은 3으로 나누어떨
어지므로 ㉠은 3, 6, 9가 될 수 있습니다.
• ㉠＝3일 때 4<3÷3＋㉡×2－㉢<9, 4<1＋㉡×2－㉢<9,
  3<㉡×2－㉢<8이므로
  3<㉡×2－㉢<8을 만족하는 (㉡, ㉢)은
  (4, 1), (4, 2), (5, 4), (5, 6), (6, 5), (6, 7), (6, 8), (7, 8), (7, 9), (8, 9)로
  10가지입니다.
• ㉠＝6일 때 4<6÷3＋㉡×2－㉢<9, 4<2＋㉡×2－㉢<9,
  2<㉡×2－㉢<7이므로
  2<㉡×2－㉢<7을 만족하는 (㉡, ㉢)은
  (2, 1), (3, 1), (3, 2), (4, 2), (4, 3), (4, 5), (5, 4), (5, 7), (7, 8), (7, 9)로
  10가지입니다.
• ㉠＝9일 때 4<9÷3＋㉡×2－㉢<9, 4<3＋㉡×2－㉢<9,
  1<㉡×2－㉢<6이므로
  1<㉡×2－㉢<6을 만족하는 (㉡, ㉢)은
  (2, 1), (3, 1), (3, 2), (3, 4), (4, 3), (4, 5), (4, 6), (5, 6), (5, 7), (5, 8), (6, 7),
  (6, 8)로 12가지입니다.
따라서 조건을 만족하는 (㉠, ㉡, ㉢)은 모두 10＋10＋12＝32(가지)입니다.

**주의**
㉠, ㉡, ㉢이 서로 다른 수임
에 주의해요.

**해결 전략**
부등식의 양변에 같은 수를
더하거나 빼도 부등호의 방향
은 바뀌지 않아요.

**연필 없이 생각 톡** ❗ 28쪽

정답: ②

# 2 약수와 배수

## 1 약수와 배수
33쪽

**1** 36, 12, 27
**2** 7, 14 / 7, 28 / 14, 28
**3** 45
**4** 16
**5** 7번
**6** 4가지
**7** 117개
**8** 1, 2, 3, 6, 7, 14, 21, 42

**1** 12의 약수: 1, 2, 3, 4, 6, 12 ➡ 6개
27의 약수: 1, 3, 9, 27 ➡ 4개
36의 약수: 1, 2, 3, 4, 6, 9, 12, 18, 36 ➡ 9개
따라서 약수의 수가 많은 수부터 순서대로 쓰면
36, 12, 27입니다.

**2** $3 \times 3 = 9$, $7 \times 2 = 14$, $7 \times 4 = 28$, $14 \times 2 = 28$

**3** 20과 50 사이의 수 중에서 15의 배수는 30, 45이
고, 이 중에서 홀수는 45입니다.

**4** 4의 배수는 4, 8, 12, 16, …입니다.
(4의 약수의 합)$= 1 + 2 + 4 = 7$
(8의 약수의 합)$= 1 + 2 + 4 + 8 = 15$
(12의 약수의 합)$= 1 + 2 + 3 + 4 + 6 + 12 = 28$
(16의 약수의 합)$= 1 + 2 + 4 + 8 + 16 = 31$

**5** 오전 8시 5분에 첫차가 출발하고 9분 간격으로 출발
하므로 5에 9의 배수를 더한 수가 매 출발 시각이 됩
니다.
따라서 출발 시각은 8시 5분, 8시 14분, 8시 23분,
8시 32분, 8시 41분, 8시 50분, 8시 59분이므로
오전 9시까지 순환 버스는 7번 출발합니다.

> **보충 개념**
> 9의 배수는 9, 18, 27, 36, 45, 54, …이므로
> 5에 9의 배수를 더한 수는 14, 23, 32, 41, 50, 59, …입
> 니다.

> **주의**
> 1시간은 60분이므로 60보다 작은 수만 생각해요.

**6** $56 = 1 \times 56$, $56 = 2 \times 28$, $56 = 4 \times 14$,
$56 = 7 \times 8$
➡ 4가지

**7** 1에서 400까지의 수 중에서 3의 배수의 개수:
$400 \div 3 = 133 \cdots 1$ ➡ 133개
1에서 49까지의 수 중에서 3의 배수의 개수:
$49 \div 3 = 16 \cdots 1$ ➡ 16개
50에서 400까지의 수 중에서 3의 배수의 개수:
$133 - 16 = 117$(개)

> **다른 풀이**
> $3 \times 17 = 51$, $3 \times 18 = 54$, …, $3 \times 133 = 399$이므로
> 3의 배수의 개수는 모두 $133 - 17 + 1 = 117$(개)입니다.

**8** 42가 □의 배수이므로 □는 42의 약수입니다.
➡ 42의 약수: 1, 2, 3, 6, 7, 14, 21, 42
따라서 □ 안에 들어갈 수 있는 수는 1, 2, 3, 6, 7,
14, 21, 42입니다.

## 2 공약수와 최대공약수
35쪽

**1** 1, 2, 3, 5, 6, 10, 15, 30
**2** 12
**3** 6
**4** 56
**5** 수호 / ⓔ 36과 54의 공약수 중에서 가장 큰 수는 18
입니다.
**6** 8명
**7** 15개

**1** 최대공약수가 30인 두 수의 공약수를 찾는 것은 30
의 약수를 찾는 것과 같습니다. 따라서 30의 약수는
$1 \times 30 = 30$, $2 \times 15 = 30$, $3 \times 10 = 30$,
$5 \times 6 = 30$이므로 1, 2, 3, 5, 6, 10, 15, 30입니다.

> **보충 개념**
> 공약수는 최대공약수의 약수와 같습니다.

**2** 36의 약수: 1, 2, 3, 4, 6, 9, 12, 18, 36
48의 약수: 1, 2, 3, 4, 6, 8, 12, 16, 24, 48
따라서 공약수는 1, 2, 3, 4, 6, 12이고, 이 중에서
가장 큰 수는 12입니다.

다른 풀이
공약수 중에서 가장 큰 수는 최대공약수입니다.

$$\begin{array}{r|rr} 2 & 36 & 48 \\ 2 & 18 & 24 \\ 3 & 9 & 12 \\ \hline & 3 & 4 \end{array}$$

➡ 최대공약수: $2 \times 2 \times 3 = 12$

**3** 48과 90의 최대공약수를 구합니다.

$$\begin{array}{r|rr} 2 & 48 & 90 \\ 3 & 24 & 45 \\ \hline & 8 & 15 \end{array}$$

➡ 최대공약수: $2 \times 3 = 6$

다른 풀이
$48 = 2 \times 2 \times 2 \times 2 \times 3$, $90 = 2 \times 3 \times 3 \times 5$
➡ 48과 90의 최대공약수는 $2 \times 3 = 6$입니다.

**4** 어떤 두 수의 최대공약수가 24이면 공약수는 최대공약수인 24의 약수이므로 1, 2, 3, 4, 6, 8, 12, 24이고, 이 중에서 짝수는 2, 4, 6, 8, 12, 24입니다.
따라서 합은 $2+4+6+8+12+24=56$입니다.

**5** 보충 개념
1은 모든 수의 약수이므로 공약수 중 가장 작은 수는 1입니다.

$$\begin{array}{r|rr} 2 & 36 & 54 \\ 3 & 18 & 27 \\ 3 & 6 & 9 \\ \hline & 2 & 3 \end{array}$$

➡ 36과 54의 최대공약수는 $2 \times 3 \times 3 = 18$입니다.

**6** 56과 72의 최대공약수를 구합니다.

$$\begin{array}{r|rr} 2 & 56 & 72 \\ 2 & 28 & 36 \\ 2 & 14 & 18 \\ \hline & 7 & 9 \end{array}$$

➡ 최대공약수: $2 \times 2 \times 2 = 8$

따라서 최대 8명의 친구들에게 나누어 줄 수 있습니다.

**7** 가로와 세로의 최대공약수가 가장 큰 정사각형의 한 변의 길이이므로 정사각형의 한 변의 길이는 4 cm가 됩니다.
따라서 가로로 $20 \div 4 = 5$(개),
세로로 $12 \div 4 = 3$(개)이므로 모두 $5 \times 3 = 15$(개)의 정사각형으로 나눌 수 있습니다.

## 3 공배수와 최소공배수

37쪽

| | | |
|---|---|---|
| **1** 90 | **2** ㉠, ㉢, ㉥ | **3** 16개 |
| **4** 196 | **5** 6번 | **6** 21일 |
| **7** 2바퀴 | | |

**1** 10의 배수: 10, 20, (30), 40, 50, (60), ⋯
15의 배수: 15, (30), 45, (60), ⋯
➡ 10과 15의 공배수: 30, 60, 90, 120, ⋯
따라서 10과 15의 공배수 중에서 가장 큰 두 자리 수는 90입니다.

**2** 4와 6의 공배수는 4와 6의 최소공배수의 배수와 같습니다. 4와 6의 최소공배수는 12이고, 12의 배수는 12, 24, 36, 48, 60, 72, 84, 96, ⋯입니다.
따라서 4의 배수도 되고 6의 배수도 되는 수는 ㉠, ㉢, ㉥입니다.

다른 풀이
4로도 나누어떨어지고 6으로도 나누어떨어지는 수는 ㉠, ㉢, ㉥입니다.

**3** 2와 3의 최소공배수: $2 \times 3 = 6$
1에서 100까지의 수 중에서 6의 배수의 개수는
$100 \div 6 = 16 \cdots 4$ ➡ 16개

**4** 공배수는 최소공배수의 배수이므로 28, 56, 84, 112, 140, 168, 196, 224, ⋯입니다.
따라서 두 수의 공배수 중에서 200에 가장 가까운 수는 196입니다.

다른 풀이
$200 \div 28 = 7 \cdots 4$에서 $28 \times 7 = 196$, $28 \times 8 = 224$입니다. 따라서 200에 가장 가까운 수는 196입니다.

**5** 은우는 검은 바둑돌을 3의 배수 자리마다 놓고, 지수는 검은 바둑돌을 5의 배수 자리마다 놓으므로 같은 자리에 검은 바둑돌이 놓이는 경우는 3과 5의 최소공배수인 15의 배수 자리입니다.
$100 \div 15 = 6 \cdots 10$이므로 바둑돌 100개를 놓을 때 같은 자리에 검은 바둑돌이 놓이는 경우는 모두 6번입니다.

**6** 3과 7의 최소공배수를 구합니다.
3과 7의 최소공배수: $3 \times 7 = 21$
따라서 21일마다 동시에 수거하게 됩니다.

**7**

$$
\begin{array}{r|cc}
2 & 36 & 54 \\
3 & 18 & 27 \\
3 & 6 & 9 \\
\hline
 & 2 & 3
\end{array}
$$
➡ 최소공배수: $2\times3\times3\times2\times3$
$=108$

처음에 맞물렸던 톱니가 같은 자리에서 다시 만나려면 36과 54의 최소공배수인 108개만큼 톱니가 맞물려야 합니다.

따라서 ㉯ 톱니바퀴는 $108\div54=2$(바퀴)를 돌아야 합니다.

(㉮ 톱니바퀴: $108\div36=3$(바퀴))

## MATH TOPIC

| | | |
|---|---|---|
| **1-1** 4개 | **1-2** 463개 | **1-3** 360 |
| **2-1** 6 | **2-2** 7 | **2-3** 149 |
| **3-1** 6명 | **3-2** 11개 | **3-3** 18명 |
| **4-1** 오전 10시 | **4-2** 32개 | **4-3** 4월 3일 |
| **5-1** 110개 | **5-2** 20장 | **5-3** 8 cm |
| **6-1** 1, 3, 5, 7, 9 | **6-2** 3개 | **6-3** 19992 |
| **7-1** 112 | **7-2** 70 | **7-3** 175, 245 |

**심화8** 임인년 / 임인년

**8-1** 3번

**1-1** 12와 30의 공배수를 구하기 위해 두 수의 최소공배수를 먼저 구합니다.

$$
\begin{array}{r|cc}
2 & 12 & 30 \\
3 & 6 & 15 \\
\hline
 & 2 & 5
\end{array}
$$
➡ 최소공배수: $2\times3\times2\times5=60$

• 1부터 400까지의 수 중에서 60의 배수의 개수
➡ $400\div60=6\cdots40$이므로 6개

• 1부터 149까지의 수 중에서 60의 배수의 개수
➡ $149\div60=2\cdots29$이므로 2개

따라서 150부터 400까지의 수 중에서 12의 배수도 되고 30의 배수도 되는 수는 모두
$6-2=4$(개)입니다.

**1-2** • 500까지의 수 중에서 16과 40의 배수의 개수 각각 구하기

$500\div16=31\cdots4$이므로 16의 배수는 31개이

고, $500\div40=12\cdots20$이므로 40의 배수는 12개입니다.

• 500까지의 수 중에서 16과 40의 공배수의 개수 구하기

$$
\begin{array}{r|cc}
2 & 16 & 40 \\
2 & 8 & 20 \\
2 & 4 & 10 \\
\hline
 & 2 & 5
\end{array}
$$
➡ 최소공배수: $2\times2\times2\times2\times5$
$=80$

$500\div80=6\cdots20$이므로 16과 40의 공배수는 6개입니다.

따라서 500까지의 수 중에서 16의 배수도 아니고 40의 배수도 아닌 수는 모두
$500-31-12+6=463$(개)입니다.

**해결 전략**

(500까지의 수 중에서 ■의 배수도 아니고 ▲의 배수도 아닌 수의 개수)$=500-$(■의 배수의 개수)$-$(▲의 배수의 개수)$+$(■와 ▲의 공배수의 개수)

**주의**

주어진 범위에서 ■의 배수와 ▲의 배수를 빼면 ■와 ▲의 공배수는 두 번 빼는 것이므로 마지막에 ■와 ▲의 공배수의 개수를 더해야 해요.

**1-3**
$$
\begin{array}{r|cc}
2 & 12 & 30 \\
3 & 6 & 15 \\
\hline
 & 2 & 5
\end{array}
$$
➡ 최소공배수: $2\times3\times2\times5=60$

따라서 60의 배수 60, 120, 180, 240, 300, 360, 420, …에서 400에 가까운 수는 360, 420이고, 이 중에서 9로 나누어떨어지는 수는 360입니다.

**2-1** 어떤 수로 나누면 나머지가 모두 2이므로 어떤 수는 $38-2=36$, $44-2=42$의 공약수 중에서 2보다 큰 수입니다.

어떤 수 중에서 가장 큰 수는 최대공약수이므로 36과 42의 최대공약수를 구합니다.

$$
\begin{array}{r|cc}
2 & 36 & 42 \\
3 & 18 & 21 \\
\hline
 & 6 & 7
\end{array}
$$
➡ 최대공약수: $2\times3=6$

따라서 어떤 수 중에서 가장 큰 수는 6입니다.

**2-2** 어떤 수로 나누면 나머지가 모두 3이므로 어떤 수

는 $59-3=56$과 $66-3=63$의 공약수 중에서 3보다 큰 수입니다.

$7 \underline{)\ 56\quad 63}$
$\qquad 8\quad\ \ 9$ ➡ 최대공약수: 7

7의 약수 1, 7 중에서 3보다 큰 수는 7이므로 어떤 수는 7입니다.

**해결 전략**
나누는 수는 나머지보다 커야 하므로 어떤 수는 3보다 큰 수예요.

**2-3** 18로 나누어도 5가 남고 24로 나누어도 5가 남으므로 나누어지는 수는 18과 24의 공배수보다 5 큰 수입니다.

$2 \underline{)\ 18\quad 24}$
$3 \underline{)\ \ \ 9\quad 12}$ ➡ 최소공배수: $2\times3\times3\times4=72$
$\qquad\ \ 3\quad\ \ 4$

따라서 72의 공배수를 차례로 쓰면 72, 144, 216, …이고 이 수들보다 5 큰 수는 77, 149, 221, …이므로 세 자리 수 중 가장 작은 수는 149입니다.

**3-1** 연필 3타는 36자루이고 될 수 있는 대로 많은 사람에게 남김없이 똑같이 나누어 주려면 36과 42의 최대공약수를 구합니다.

$2 \underline{)\ 36\quad 42}$
$3 \underline{)\ 18\quad 21}$ ➡ 최대공약수: $2\times3=6$
$\qquad\ \ 6\quad\ \ 7$

따라서 모두 6명에게 나누어 줄 수 있습니다.

**3-2** $3 \underline{)\ 72\quad 27}$
$\quad\ \ 3 \underline{)\ 24\quad\ \ 9}$ ➡ 최대공약수: $3\times3=9$
$\qquad\quad\ \ 8\quad\ \ 3$

따라서 끈은 $72\div9=8$(개), $27\div9=3$(개)로 잘랐으므로 모두 $8+3=11$(개)가 됩니다.

**3-3** $2 \underline{)\ 36\quad 126\quad 54}$
$\quad\ \ 3 \underline{)\ 18\quad\ \ 63\quad 27}$ ➡ 최대공약수: $2\times3\times3=18$
$\quad\ \ 3 \underline{)\ \ \ 6\quad\ \ 21\quad\ \ 9}$
$\qquad\quad\ \ 2\quad\ \ \ 7\quad\ \ 3$

따라서 최대 18명의 학생들에게 나누어 줄 수 있습니다.

**4-1** 16과 20의 최소공배수는 80이므로 두 기차는 80분, 즉 1시간 20분마다 동시에 출발합니다.
따라서 다음 번에 동시에 출발하는 시각은
오전 8시 40분＋1시간 20분＝오전 10시입니다.

**4-2** 길이 시작되는 곳은 제외하고 표지판을 세울 곳을 구합니다.
표지판을 세울 곳: $720\div15=48$(군데)
나무와 표지판이 겹쳐지는 곳은 9와 15의 최소공배수인 45 m 간격이므로 $720\div45=16$(군데)입니다.
따라서 표지판은 모두 $48-16=32$(개) 필요합니다.

**해결 전략**
길이 시작되는 곳에서 9 m와 15 m의 공배수가 되는 지점마다 나무와 표지판이 겹쳐져요.

**4-3** 4와 6의 최소공배수는 12이므로 서우와 미래는 12일마다 함께 연습을 합니다.
첫 번째로 함께 연습하는 날은 3월 10일,
두 번째로 함께 연습하는 날은 12일 후인 3월 22일,
세 번째로 함께 연습하는 날은 12일 후인 4월 3일입니다.

**보충 개념**
3월은 31일까지 있으므로 3월 22일에서 12일 후는 4월 3일입니다.
3월 22일 ─ 3월 31일 ─ 4월 3일
　　　　　 9일　　　　 3일

**5-1** $2 \underline{)\ 154\quad 140}$
$\quad\ \ 7 \underline{)\ \ 77\quad\ \ 70}$ ➡ 최대공약수: $2\times7=14$
$\qquad\quad 11\quad\ \ 10$

따라서 가장 큰 정사각형의 한 변의 길이는 14 cm이므로 정사각형을 가로로 $154\div14=11$(개), 세로로 $140\div14=10$(개)씩 모두 $11\times10=110$(개) 만들 수 있습니다.

**5-2** $2 \underline{)\ 30\quad 24}$
$\quad\ \ 3 \underline{)\ 15\quad 12}$ ➡ 최소공배수: $2\times3\times5\times4=120$
$\qquad\quad\ \ 5\quad\ \ 4$

따라서 정사각형의 한 변의 길이는 120 cm이므로 직사각형 모양의 카드는 가로로 120÷30=4(장), 세로로 120÷24=5(장)씩 모두 4×5=20(장) 필요합니다.

**5-3** 32, 48, 104의 최대공약수를 구해야 합니다.

```
2) 32  48  104
2) 16  24   52
2)  8  12   26
    4   6   13
```

➡ 최대공약수는 2×2×2=8이므로 정사각형의 한 변의 길이는 8 cm입니다.

**다른 풀이**

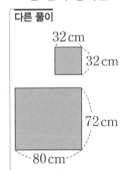

32 cm
32 cm
72 cm
80 cm

위와 같이 종이를 나누어 보면 구하는 정사각형의 한 변의 길이는 32, 80, 72의 최대공약수를 구해야 합니다.

```
2) 32  80  72
2) 16  40  36
2)  8  20  18
    4  10   9
```

➡ 최대공약수는 2×2×2=8이므로 정사각형의 한 변의 길이는 8 cm입니다.

**6-1** 4의 배수는 끝의 두 자리 수가 00 또는 4의 배수이어야 하므로 □6이 4의 배수가 되는 경우는 16, 36, 56, 76, 96입니다.
따라서 □ 안에 들어갈 수 있는 숫자는 1, 3, 5, 7, 9입니다.

**6-2** 5의 배수는 일의 자리 숫자가 0 또는 5이므로 네 자리 수는 27□0 또는 27□5입니다.
9의 배수는 각 자리 숫자의 합이 9의 배수입니다.
• 2+7+□+0=9+□
 ⌐ 9+□=9, □=0 ➡ 2700
 ⌐ 9+□=18, □=9 ➡ 2790
• 2+7+□+5=14+□

➡ 14+□=18, □=4 ➡ 2745
따라서 만들 수 있는 네 자리 수는 2700, 2790, 2745로 모두 3개입니다.

**해결 전략**
5의 배수는 일의 자리 숫자가 0 또는 5이고, 9의 배수는 각 자리 숫자의 합이 9의 배수예요.

**다른 풀이**
5의 배수도 되고 9의 배수도 되는 수는 5와 9의 공배수이고, 5와 9의 최소공배수는 45이므로 만들 수 있는 네 자리 수는 45의 배수입니다.
2700÷45=60이므로 27□□ 중에서 45의 배수는 2700, 2745, 2790입니다.
따라서 만들 수 있는 네 자리 수는 모두 3개입니다.

**6-3** 4의 배수가 되려면 끝의 두 자리 수인 9□가 4의 배수이어야 하므로 92, 96입니다.
3의 배수는 각 자리 숫자의 합이 3의 배수이어야 합니다.
• 끝의 두 자리가 92인 경우:
  □+9+9+9+2=□+29가 3의 배수이려면 □는 1, 4, 7입니다.
  ➡ 19992, 49992, 79992
• 끝의 두 자리가 96인 경우:
  □+9+9+9+6=□+33이 3의 배수이려면 □는 0이 될 수 없으므로 □는 3, 6, 9입니다.
  ➡ 39996, 69996, 99996
따라서 가장 작은 수는 19992입니다.

**7-1** 16이 최대공약수이므로 최소공배수는
16×2×ⓒ입니다.
16×2×ⓒ=224이므로 ⓒ=7입니다.
㉯=16×ⓒ이므로 ㉯=16×7=112입니다.

**7-2** 어떤 두 수를 ㉮, ㉯라 하면(㉠과 ㉡의 공약수는 1)

```
14) ㉮  ㉯     ➡ 최소공배수: 14×㉠×㉡=140
    ㉠  ㉡
```

14×㉠×㉡=140, ㉠×㉡=140÷14=10
이므로 (㉠, ㉡)은 (1, 10) 또는 (2, 5)입니다.
㉮=14×1=14, ㉯=14×10=140 또는
㉮=14×2=28, ㉯=14×5=70입니다.
따라서 140−14=126, 70−28=42이므로 차가 42인 두 수는 28, 70이고 두 수 중 큰 수는

70입니다.

**해결 전략**

$14) \underline{\quad ⑦ \quad ⑭ \quad}$ ➡ 최소공배수: $14 \times ⑦ \times ⓛ = 140$
$\quad\quad ⑦ \quad ⓛ$

**7-3** $35) \underline{\quad ⑦ \quad ⑭ \quad}$
$\quad\quad\quad ⑦ \quad ⓛ$

㉮$= 35 \times ⑦$, ㉯$= 35 \times ⓛ$(⑦과 ⓛ의 공약수는 1)이라고 하면 최소공배수는 $35 \times ⑦ \times ⓛ$입니다.
$35 \times ⑦ \times ⓛ = 210$, $⑦ \times ⓛ = 210 \div 35 = 6$이므로 $(⑦, ⓛ)$은 $(1, 6)$ 또는 $(2, 3)$입니다.
따라서 ㉮$= 35 \times 1 = 35$, ㉯$= 35 \times 6 = 210$
또는 ㉮$= 35 \times 2 = 70$, ㉯$= 35 \times 3 = 105$이므로
㉮$+$㉯는 $35 + 210 = 245$
또는 $70 + 105 = 175$입니다.

**해결 전략**

$35) \underline{\quad ㉮ \quad ㉯ \quad}$ ➡ 최소공배수: $35 \times ⑦ \times ⓛ = 210$
$\quad\quad ⑦ \quad ⓛ$

**8-1** 두 버스는 처음 동시에 도착한 후 배차 간격의 최소공배수만큼 시간이 지날 때마다 동시에 도착합니다.

$3) \underline{\quad 15 \quad 6 \quad}$ ➡ 최소공배수: $3 \times 5 \times 2 = 30$
$\quad\quad 5 \quad 2$

따라서 두 버스가 처음 동시에 도착한 시각은 오후 5시 35분에서 5분 후인 오후 5시 40분이고, 이후 30분마다 동시에 도착하므로 오후 7시까지 동시에 도착하는 시각은 오후 5시 40분, 오후 6시 10분, 오후 6시 40분으로 3번입니다.

---

## ✦ LEVEL UP TEST

46~49쪽

| | | | | | |
|---|---|---|---|---|---|
| **1** 28 | **2** 42 | **3** 10개 | **4** 64살 | **5** 6번 | **6** 121 |
| **7** 75675 | **8** 1, 2, 4, 8, 16 | **9** 10그루 | **10** 12명 | **11** 8개 | |
| **12** 13986, 13086 | | **13** 오전 12시 17분 30초 | | | |

**1** 접근 ≫ **112의 약수를 먼저 구해 봅니다.**

112의 약수 1, 2, 4, 7, 8, 14, 16, 28, 56, 112 중에서 약수의 합이 56인 수는 56보다 작은 수이므로 어떤 수 ■가 될 수 있는 수는 1, 2, 4, 7, 8, 14, 16, 28입니다.
(28의 약수의 합)$= 1 + 2 + 4 + 7 + 14 + 28 = 56$
따라서 어떤 수 ■는 28입니다.

**해결 전략**

약수의 합이 56이므로 큰 수부터 차례로 약수의 합을 구해 봐요.

**2** 접근 ≫ **어떤 두 수의 최소공배수가 얼마인지 알아봅니다.**

어떤 두 수의 다섯 번째로 작은 공배수는 최소공배수의 5배이므로
(최소공배수)$\times 5 = 105$ ➡ (최소공배수)$= 105 \div 5 = 21$
따라서 두 번째로 작은 공배수는 (최소공배수)$\times 2 = 21 \times 2 = 42$입니다.

**해결 전략**

공배수는 작은 순서대로 최소공배수의 1배, 2배, 3배, 4배, 5배, …예요.

# 3
43쪽 6번의 변형 심화 유형

**접근 ≫ 312가 6의 배수인지 아닌지 알아봅니다.**

$312 \div 6 = 52$에서 312가 6의 배수이므로 $312 + \square$가 6의 배수가 되려면 $\square$도 6의 배수이어야 합니다.

1부터 60까지의 자연수 중에서 6의 배수는

$6 \times 1 = 6, 6 \times 2 = 12, \cdots, 6 \times 9 = 54, 6 \times 10 = 60$으로 모두 10개입니다.

따라서 $\square$ 안에 알맞은 수는 모두 10개입니다.

**보충 개념**
6의 배수끼리 더하거나 빼도 6의 배수입니다.

# 4

**접근 ≫ 9의 배수 중에서 30에서 60 사이의 수를 먼저 구합니다.**

9의 배수 중에서 30에서 60 사이의 수는 $9 \times 4 = 36, 9 \times 5 = 45, 9 \times 6 = 54$입니다.

이 중에서 6을 더하여 5의 배수가 되는 수를 찾아보면

$36 + 6 = 42, 45 + 6 = 51, 54 + 6 = 60$이므로 54입니다.
<small>5의 배수</small>

따라서 올해 큰아버지의 나이가 54살이므로 10년 후에는 $54 + 10 = 64$(살)입니다.

**해결 전략**
5의 배수는 일의 자리 숫자가 0 또는 5예요.

**주의**
올해 나이가 아닌 10년 후의 나이를 구해야 해요.

# 5

**접근 ≫ 두 버스가 출발하는 시각 간격의 공배수의 개수를 구합니다.**

두 버스가 각각 6분마다, 9분마다 출발하므로 6과 9의 최소공배수의 시간마다 동시에 출발합니다.

$3) \underline{\phantom{1} 6 \quad 9}$
$\phantom{3)} \phantom{1} 2 \quad 3$ ➡ 최소공배수: $3 \times 2 \times 3 = 18$

따라서 버스는 18분마다 동시에 출발합니다.

오전 8시부터 오전 10시까지는 2시간 = 120분이고

$120 \div 18 = 6 \cdots 12$이므로 두 버스는 6번 더 동시에 출발합니다.

**해결 전략**
8시부터 10시까지의 시간을 분으로 바꾸어서 공배수가 몇 개인지 구해요.

**보충 개념**
두 버스가 동시에 출발하는 시각은 오전 8시 18분, 8시 36분, 8시 54분, 9시 12분, 9시 30분, 9시 48분이에요.

# 6
**서술형**

39쪽 2번의 변형 심화 유형

**접근 ≫ 2에서 5까지의 자연수의 공배수를 이용합니다.**

㉠ 구하는 수는 2에서 5까지의 어떤 자연수로 나누어도 항상 1이 남는 수이므로 2, 3, 4, 5의 공배수보다 1 큰 수입니다.

2, 3, 4, 5의 최소공배수가 60이므로 공배수는 60, 120, 180, $\cdots$이고,

이 공배수 중에서 가장 작은 세 자리 수는 120입니다.

따라서 구하는 수는 120보다 1 큰 수인 121입니다.

**해결 전략**
$2) \underline{\phantom{1} 2 \quad 3 \quad 4 \quad 5}$
$\phantom{2)} \phantom{1} 1 \quad 3 \quad 2 \quad 5$

➡ 최소공배수:
$2 \times 1 \times 3 \times 2 \times 5 = 60$

| 채점 기준 | 배점 |
|---|---|
| 구하는 수는 2, 3, 4, 5의 공배수보다 1 큰 수임을 알고 있나요? | 2점 |
| 2, 3, 4, 5의 공배수 중에서 가장 작은 세 자리 수를 구했나요? | 2점 |
| 조건에 맞는 수를 구했나요? | 1점 |

**7** <sub>43쪽 6번의 변형 심화 유형</sub>

**접근 》** 3의 배수가 되는 조건과 5의 배수가 되는 조건을 생각해 봅니다.

주어진 수 카드를 한 번씩 사용하여 만든 다섯 자리 수는 항상 각 자리 숫자의 합이
$0+1+3+5+6=15$이므로 3의 배수가 됩니다.

만든 다섯 자리 수가 5의 배수이려면 일의 자리 숫자가 0 또는 5이어야 하므로
☐☐☐☐ 0 , ☐☐☐☐ 5 입니다.

- 가장 작은 수를 만들려면 0을 높은 자리에 놓아야 하므로 일의 자리 숫자가 5인 가
  장 작은 수를 만들면 1 0 3 6 5 입니다.
- 가장 큰 수를 만들려면 5를 높은 자리에 놓아야 하므로 일의 자리 숫자가 0인 가장
  큰 수를 만들면 6 5 3 1 0 입니다.

따라서 가장 작은 수와 가장 큰 수의 합은 $10365+65310=75675$입니다.

> **해결 전략**
> 0, 1, 3, 5, 6으로 가장 큰 수를 만들려면 큰 수부터 높은 자리에 놓아서 만들고,
> 가장 작은 수를 만들려면 작은 수부터 높은 자리에 놓아서 만들어요.

**보충 개념**
- 3의 배수는 각 자리 숫자의 합이 3의 배수입니다.
- 5의 배수는 일의 자리 숫자가 0 또는 5입니다.

**주의**
맨 앞에는 0이 올 수 없고, 일의 자리 숫자는 0 또는 5임에 주의해요.

**8** <sub>44쪽 7번의 변형 심화 유형</sub>

**접근 》** 두 수의 곱과 최소공배수를 이용하여 최대공약수를 구합니다.

㉠과 ㉡의 공약수가 1일 때 어떤 두 수를 ☐×㉠, ☐×㉡이라고 하면 ☐는 이 두 수
의 최대공약수입니다.

☐ ) ● ▲
      ㉠ ㉡

두 수의 곱이 1024이므로 ☐×㉠×☐×㉡$=1024$이고,

두 수의 최소공배수는 64이므로 ☐×㉠×㉡$=64$입니다.

☐×㉠×☐×㉡$=1024$에서 ☐×㉠×㉡$=64$이므로
(밑줄: 64)

$64×$☐$=1024$, ☐$=1024÷64=16$입니다.

따라서 어떤 두 수의 최대공약수는 16이고 공약수는 1, 2, 4, 8, 16입니다.

> **해결 전략**
> 두 수의 공약수는 최대공약수의 약수와 같아요.

**9**

**접근 》** 나무 사이의 간격은 땅의 가로, 세로와 어떤 관계가 있는지 생각해 봅니다.

땅의 네 모퉁이에 반드시 나무를 심으려면 나무와 나무 사이의 간격은
가로 72 m, 세로 48 m의 공약수이어야 합니다.

```
2) 72   48
2) 36   24
2) 18   12   ➡ 최대공약수: 2×2×2×3=24
3)  9    6
    3    2
```

72와 48의 최대공약수는 24이므로 나무를 24 m마다 심으면 나무를 가장 적게 심
을 수 있습니다.

(땅의 가장자리)$=72+48+72+48=240$(m)

(필요한 나무 수)$=240÷24=10$(그루)

따라서 나무는 모두 10그루 필요합니다.

> **해결 전략**
> 네 모퉁이에 나무를 심으려면 땅의 가로, 세로의 공약수 간격으로 나무를 심어야 해요.

> **해결 전략**
> 나무를 될 수 있는 대로 적게 심으려면 나무 사이의 간격이 최대한 길어야 해요.

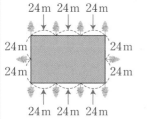

따라서 나무는 모두 10그루 필요합니다.

## 10 접근 ≫ 공책, 지우개, 연필이 각각 몇 개일 때 똑같이 나누어 줄 수 있는지 생각해 봅니다.

공책이 $21+3=24$(권), 지우개가 $38-2=36$(개), 연필이 $54+6=60$(자루)이면 학생들에게 남김없이 똑같이 나누어 줄 수 있습니다.

$$
\begin{array}{r}
2)\ \underline{24\quad 36\quad 60} \\
2)\ \underline{12\quad 18\quad 30} \\
3)\ \underline{\ 6\quad\ 9\quad 15} \\
2\quad\ 3\quad\ 5
\end{array}
$$
➡ 최대공약수: $2 \times 2 \times 3 = 12$

따라서 공약수는 1, 2, 3, 4, 6, 12이고 6보다 큰 수는 12뿐이므로 학생 12명에게 나누어 주었습니다.

## 11 접근 ≫ 6의 배수가 되는 조건을 생각해 봅니다.

6의 배수가 되려면 2의 배수이면서 3의 배수이어야 합니다. 만든 세 자리 수가 6의 배수이려면 일의 자리 숫자가 2 또는 4이어야 하고, 각 자리 숫자의 합이 3의 배수이어야 합니다.
└─ 2의 배수

• ☐☐②일 때 $3+4+2=9$, $3+7+2=12$이므로 각 자리 숫자의 합이 3의 배수인 수를 만들면 ③④②, ④③②, ③⑦②, ⑦③② 입니다.
• ☐☐④일 때 $2+3+4=9$, $3+5+4=12$이므로 각 자리 숫자의 합이 3의 배수인 수를 만들면 ②③④, ③②④, ③⑤④, ⑤③④ 입니다.

따라서 6의 배수는 모두 8개 만들 수 있습니다.

## 12 접근 ≫ 9의 배수가 되는 조건을 생각해 봅니다.

13■▲6이 9의 배수가 되려면 각 자리 숫자의 합이 9의 배수이어야 하므로 $1+3+■+▲+6=10+■+▲$가 18 또는 27이어야 합니다.

• $10+■+▲=18$이면 $■+▲=8$이므로 13■▲6 중 가장 큰 수는 13806, 가장 작은 수는 13086입니다.

- $10+\blacksquare+\blacktriangle=27$이면 $\blacksquare+\blacktriangle=17$이므로 $13\blacksquare\blacktriangle6$ 중 가장 큰 수는 13986, 가장 작은 수는 13896입니다.
➡ 13806<13986, 13086<13896

따라서 가장 큰 수는 13986, 가장 작은 수는 13086입니다.

**주의**
■, ▲는 각 자리 숫자이므로 한 자리 수예요.

**해결 전략**
큰 수끼리 비교하여 더 큰 수, 작은 수끼리 비교하여 더 작은 수를 찾아요.

## 13 접근 》 두 형광등이 몇 초마다 동시에 켜지는지 생각해 봅니다.

㉮ 형광등은 $5+1=6$(초)마다 켜지고, ㉯ 형광등은 $8+2=10$(초)마다 켜집니다.
6과 10의 최소공배수가 30이므로 두 형광등은 30초마다 동시에 켜집니다.
따라서 자정 이후 35번째로 동시에 켜지는 시각은 오전 12시에서
$30\times35=1050$(초), 즉 17분 30초가 지난 오전 12시 17분 30초입니다.

**주의**
두 형광등이 각각 5초, 8초 마다 켜진다고 생각하면 안 돼요.

**지도 가이드**
그림을 이용하여 알아보면 문제 상황을 쉽게 이해하여 해결할 수 있습니다.

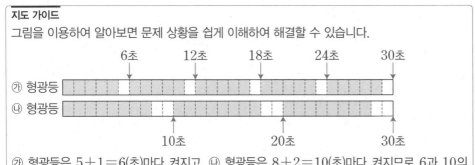

㉮ 형광등은 $5+1=6$(초)마다 켜지고, ㉯ 형광등은 $8+2=10$(초)마다 켜지므로 6과 10의 최소공배수를 이용하여 동시에 켜지는 시각 간격을 알 수 있습니다.

### ▲▲ HIGH LEVEL

50~52쪽

| 1 3600개 | 2 4, 8 | 3 3 | 4 88, 198 | 5 9, 6, 18 | 6 7개 |
| 7 6개 | 8 18가지 | | | | |

## 1 42쪽 5번의 변형 심화 유형
접근 》 가로, 세로, 높이의 공배수 중 가장 작은 수를 찾습니다.

가로, 세로, 높이의 최소공배수를 구합니다.

$$2)\underline{\begin{array}{ccc} 8 & 6 & 10 \\ 4 & 3 & 5 \end{array}} \Rightarrow \text{최소공배수: } 2\times4\times3\times5=120$$

한 모서리의 길이가 120 cm인 정육면체를 만들 수 있습니다.
따라서 가로: $120\div8=15$(개), 세로: $120\div6=20$(개),
높이: $120\div10=12$(개)씩 놓아야 하므로
상자는 $15\times20\times12=3600$(개) 필요합니다.

**해결 전략**
세 수의 최소공배수를 한 모서리의 길이로 하는 정육면체를 만들 수 있어요.

**주의**
가로, 세로, 높이가 다르므로 가로, 세로, 높이에 놓을 수 있는 상자의 개수는 모두 달라요.

**2** 39쪽 2번의 변형 심화 유형
**접근 »** 나머지를 이용하여 어떤 수로 나누어떨어지는 수를 먼저 알아봅니다.

어떤 수는 $195-3=192$, $250-2=248$의 공약수입니다.

$$
\begin{array}{r|rr}
2) & 192 & 248 \\
\hline
2) & 96 & 124 \\
\hline
2) & 48 & 62 \\
\hline
 & 24 & 31
\end{array}
$$
➡ 최대공약수: $2 \times 2 \times 2 = 8$

따라서 어떤 수가 될 수 있는 수는 8의 약수 중에서 3보다 큰 수이므로 4, 8입니다.
└─ 1, 2, 4, 8

**해결 전략**
195와 250에서 각각 나머지를 뺀 수인 192, 248을 어떤 수로 나누면 나누어떨어져요.

**주의**
나누는 수는 나머지보다 커야 하므로 공약수 중에서 나머지 3보다 큰 수를 구해야 해요.

---

**3** **접근 »** 두 수의 최대공약수를 이용하여 공약수의 개수를 구합니다.

- 20, 28의 최대공약수가 4이고 4의 약수는 1, 2, 4로 3개입니다. ➡ $20 \otimes 28 = 3$
- 63, 27의 최대공약수가 9이고 9의 약수는 1, 3, 9로 3개입니다. ➡ $63 \otimes 27 = 3$
- 324, 900의 최대공약수는 36이고 36의 약수는 1, 2, 3, 4, 6, 9, 12, 18, 36으로 9개입니다. ➡ $324 \otimes 900 = 9$

주어진 식에서 $3 + 3 \times (\text{㉠} \otimes 15) = 9$, $3 \times (\text{㉠} \otimes 15) = 6$, $\text{㉠} \otimes 15 = 2$이므로
㉠과 15의 최대공약수는 3 또는 5입니다.
이 중에서 ㉠은 1보다 크고 5보다 작은 수이므로 3입니다.

**보충 개념**
두 수의 공약수는 최대공약수의 약수와 같습니다.

**해결 전략**
15의 약수는 1, 3, 5, 15이고, ㉠과 15의 공약수는 2개이므로 ㉠은 3 또는 5예요.

---

서술형
**4** **접근 »** 최대공약수와 최소공배수를 이용하여 최대공약수를 먼저 구합니다.

㉠ 구하는 두 수를 가 $= 22 \times \blacksquare$, 나 $= 22 \times \bullet$ ($\blacksquare$와 $\bullet$의 공약수는 1, 가 < 나)라고 하면
$22 \times \blacksquare \times \bullet = 792$이고, 두 수의 합이 286이므로
$22 \times \blacksquare + 22 \times \bullet = 22 \times (\blacksquare + \bullet) = 286$입니다.
$\blacksquare \times \bullet = 792 \div 22 = 36$, $\blacksquare + \bullet = 286 \div 22 = 13$이므로
$\blacksquare = 4$, $\bullet = 9$이고 가 $= 22 \times \blacksquare = 22 \times 4 = 88$,
나 $= 22 \times \bullet = 22 \times 9 = 198$입니다.
따라서 구하는 두 수는 88, 198입니다.

**해결 전략**
$$
\begin{array}{r|rr}
22) & 가 & 나 \\
\hline
 & \blacksquare & \bullet
\end{array}
$$
➡ 최소공배수: $22 \times \blacksquare \times \bullet$

**해결 전략**
곱이 36인 두 수는 (1, 36), (2, 18), (3, 12), (4, 9), (6, 6)이고, 이 중에서 합이 13인 두 수는 (4, 9)예요.

| 채점 기준 | 배점 |
|---|---|
| 최대공약수를 사용하여 두 수를 나타냈나요? | 3점 |
| 최대공약수와 최소공배수의 관계를 이용하여 두 수를 구했나요? | 2점 |

## 5 접근 ≫ 주어진 조건을 이용하여 ㉠이 될 수 있는 수를 먼저 구합니다.

㉢÷㉡＝■라 하면 ㉡은 ㉢의 약수이므로 ■는 자연수이고 ■×㉠＝27입니다.

27의 약수는 1, 3, 9, 27이므로 ㉠이 될 수 있는 수는 3, 9입니다.

· ㉠이 3인 경우: ■＝㉢÷㉡＝9이므로 ㉡×9＝㉢입니다.

　이때, ㉡이 가장 작은 수인 3이더라도 ㉢은 27로 25보다 큽니다.

· ㉠이 9인 경우: ■＝㉢÷㉡＝3이므로 ㉡×3＝㉢입니다.

　㉡×3＝㉢을 만족하는 식 4×3＝12, 5×3＝15,

　6×3＝18, 7×3＝21, 8×3＝24 중에서

　㉠이 ㉢의 약수가 되는 식은 6×3＝18뿐입니다.

따라서 ㉠＝9, ㉡＝6, ㉢＝18입니다.

**해결 전략**

㉡은 ㉢의 약수이므로
㉢÷㉡＝■는 자연수예요.

## 6 접근 ≫ 1008을 두 수의 곱으로 나타내어 약수를 큰 수부터 차례로 구해 봅니다.

1008을 두 수의 곱으로 나타내면

1008＝1×1008, 1008＝2×504, 1008＝3×336, 1008＝4×252,

1008＝6×168, 1008＝7×144, 1008＝8×126, 1008＝9×112,

1008＝12×84, …이므로

1008의 약수를 큰 수부터 차례로 쓰면 1008, 504, 336, 252, 168, 144, 126, 112, 84, …, 3, 2, 1입니다.

따라서 1008의 약수 중 세 자리 수는 504, 336, 252, 168, 144, 126, 112로 모두 7개입니다.

**해결 전략**

1008＝■×▲일 때
■, ▲는 1008의 약수예요.

## 7 접근 ≫ 조건을 1가지씩 따져 보며 네 자리 수의 각 자리 숫자를 구합니다.

조건을 1가지씩 따져 보며 네 자리 수 □□□□를 구해 봅니다.

· 일의 자리 숫자는 6입니다. ➡ □□□6

· 각 자리 숫자 중 짝수는 1개입니다.

　➡ □□□6의 빈칸에 들어갈 수는 1, 3, 5, 7, 9입니다.

· 각 자리 숫자는 0이 아닌 서로 다른 수입니다.

　➡ □□□6의 빈칸에 들어갈 수는 서로 다른 세 수입니다.

· 9의 배수입니다.

　➡ 각 자리 숫자의 합이 9의 배수 18 또는 27입니다.

　　□□□6의 빈칸에 들어갈 세 수의 합은 18－6＝12 또는 27－6＝21 입니다.

　　이때 1, 3, 5, 7, 9 중 서로 다른 세 수의 합이 12 또는 21이 되는 경우는
　　(5, 7, 9)입니다. └──이 경우는 없습니다.

따라서 조건에 맞는 네 자리 수는 5 7 9 6, 5 9 7 6, 7 5 9 6, 7 9 5 6, 9 5 7 6, 9 7 5 6으로 모두 6개입니다.

**해결 전략**

6이 짝수이므로 나머지 빈칸에는 모두 홀수가 들어가요.

**보충 개념**

5, 7, 9로 만든 세 자리 수: 579, 597, 759, 795, 957, 975

**8** 접근 >> 약수를 이용하여 가로, 세로를 자를 수 있는 방법을 먼저 알아봅니다.

16의 약수는 1, 2, 4, 8, 16이고 가로가 1 cm보다 큰 수가 되어야 하므로 직사각형 모양의 종이의 가로를 2 cm, 4 cm, 8 cm, 16 cm가 되도록 자를 수 있습니다.

12의 약수는 1, 2, 3, 4, 6, 12이고 세로가 1 cm보다 큰 수가 되어야 하므로 직사각형 모양의 종이의 세로를 2 cm, 3 cm, 4 cm, 6 cm, 12 cm가 되도록 자를 수 있습니다.

자른 직사각형의 가로와 세로가 될 수 있는 경우를 모두 찾아보면

(2 cm, 2 cm), (2 cm, 3 cm), (2 cm, 4 cm), (2 cm, 6 cm), (2 cm, 12 cm),

(4 cm, 2 cm), (4 cm, 3 cm), (4 cm, 4 cm), (4 cm, 6 cm), (4 cm, 12 cm),
돌려서 (2 cm, 4 cm)와 같아지는 경우

(8 cm, 2 cm), (8 cm, 3 cm), (8 cm, 4 cm), (8 cm, 6 cm), (8 cm, 12 cm),

(16 cm, 2 cm), (16 cm, 3 cm), (16 cm, 4 cm), (16 cm, 6 cm),

(16 cm, 12 cm)
처음 직사각형과 같은 경우

인데 처음 직사각형과 같은 경우와 돌렸을 때 같은 모양이 되는 경우를 제외하면

모두 $5 \times 4 - 2 = 18$(가지)입니다.

**해결 전략**
자른 직사각형의 가로의 길이는 16의 약수이고, 세로의 길이는 12의 약수예요.

**주의**
처음 직사각형과 같은 경우와 돌렸을 때 같은 모양이 되는 것은 세지 않아요.

**지도 가이드**
직사각형을 잘라서 모양과 크기가 같은 직사각형을 만들려면 직사각형의 가로를 ■등분 하고, 세로를 ●등분 해야 합니다. 이때 ■는 가로의 길이 16의 약수, ●는 세로의 길이 12의 약수가 될 수 있음을 알 수 있도록 지도해 주세요. 또한 잘라서 만든 직사각형의 두 변의 길이를 나열해 보고 겹치는 모양이나 처음 모양을 제외하고 전체 가짓수를 셀 수 있도록 지도해 주세요.

# 3 규칙과 대응

## 1 두 양 사이의 관계　57쪽

**1** 3, 4, 5, 6　　　　**2** 202개

**3** 99개　　　　**4** 2, 4, 6, 8

**5** 100개

**6** 예 누름 못의 수는 도화지의 수보다 하나 더 많습니다.

**1** 노란색 사각판의 수에 2를 더하면 초록색 사각판의 수가 됩니다.

**2** 노란색 사각판이 200개일 때 초록색 사각판은 $200 + 2 = 202$(개) 필요합니다.

**3** 삼각형의 수와 사각형의 수를 표로 나타내면 다음과 같습니다.

| 삼각형의 수(개) | 1 | 2 | 3 | 4 | … |
|---|---|---|---|---|---|
| 사각형의 수(개) | 2 | 3 | 4 | 5 | … |

삼각형의 수에 1을 더하면 사각형의 수와 같으므로 사각형이 100개일 때 삼각형은 $100 - 1 = 99$(개) 필요합니다.

**4** 모양 조각의 수는 배열 순서의 2배입니다.

**5** 모양 조각의 수는 배열 순서의 2배이므로 쉰째에는 모양 조각이 $50 \times 2 = 100$(개) 필요합니다.

**6** | 다른 풀이 |
예 도화지의 수는 누름 못의 수보다 하나 더 적습니다.

## 2 대응 관계를 식으로 나타내기　59쪽

**1** (위에서부터) 13, 15, 17　　**2** 예 $\square = \triangle - 3$

**3** 6, 12, 18, 24 / 예 $\circledcirc = \blacklozenge \div 6$

**4** 예 $\blacklozenge = \bigstar \times 10$, 5판

**5** 예 오리 다리의 수(▲)는 오리 수(●)의 2배입니다.

**6** 지아

**1** 지혜의 나이가 1살씩 많아질 때마다 오빠의 나이도 1살씩 많아집니다.

**2** 지혜의 나이는 오빠의 나이보다 3살이 적습니다.
(지혜의 나이)=(오빠의 나이)$-3$
(오빠의 나이)=(지혜의 나이)$+3$
➡ $\square = \triangle - 3$ 또는 $\triangle = \square + 3$

**3** (육각형의 수)=(변의 수)$\div 6$
(변의 수)=(육각형의 수)$\times 6$
➡ $\circledcirc = \blacklozenge \div 6$ 또는 $\blacklozenge = \circledcirc \times 6$

**4**

| 달걀판의 수(판) | 1 | 2 | 3 | 4 |
|---|---|---|---|---|
| 달걀의 수(개) | 10 | 20 | 30 | 40 |

달걀판의 수가 1판씩 늘어날 때마다 달걀의 수는 10개씩 늘어납니다. ➡ $\blacklozenge = \bigstar \times 10$ 또는 $\bigstar = \blacklozenge \div 10$
$\blacklozenge = 50$일 때, $\bigstar = 50 \div 10 = 5$이므로 달걀 50개는 5판입니다.

**6** 모둠의 수와 학생의 수 사이의 대응 관계는
$\clubsuit \div 5 = \heartsuit$로 나타낼 수 있습니다.

**1-1** 202개　　　　**1-2** 101개

**2-1** 예 $\blacksquare \times 2 + 2$　　**2-2** 17

**2-3** (위에서부터) 18, 34 / 388

**3-1** 44 cm　　**3-2** 420개　　**3-3** 19개

**4-1** 예 $\triangle = \diamondsuit \times 12$

**4-2** 예 $\blacksquare = \blacktriangle \times 140$

**4-3** 예 $\bigstar = \bigcirc \times 80$

**5-1** 예 $\bullet = \blacklozenge \times 2 + 2$, 11

**5-2** 28개　　　　**5-3** 8분 후

**6-1** 15　　　　**6-2** 110

**6-3** 예 $\bullet = (\blacksquare + 1) \times (\blacksquare + 1)$

심화**7** 0, 2, 4, 6, 8 / 2, 2, 2, 13, 2, 2, 24 / 24

**7-1** 135°

**1-1** 사각형의 수와 삼각형의 수 사이의 대응 관계를 표를 이용하여 알아봅니다.

| 사각형의 수(개) | 1 | 2 | 3 | 4 | … |
|---|---|---|---|---|---|
| 삼각형의 수(개) | 4 | 6 | 8 | 10 | … |

$4=1\times2+2$, $6=2\times2+2$, $8=3\times2+2$, $10=4\times2+2$, …이므로 삼각형의 수는 사각형의 수의 2배보다 2개 더 많습니다.
사각형이 100개일 때 삼각형은
$100\times2+2=200+2=202$(개) 필요합니다.

**1-2** 배열 순서와 사각형 조각의 수 사이의 대응 관계를 표를 이용하여 알아봅니다.

| 배열 순서 | 1 | 2 | 3 | 4 | … |
|---|---|---|---|---|---|
| 사각형 조각의 수(개) | 2 | 5 | 10 | 17 | … |

$2=1\times1+1$, $5=2\times2+1$, $10=3\times3+1$, $17=4\times4+1$, …이므로 사각형 조각의 수는 배열 순서와 배열 순서의 곱보다 1개 더 많습니다.
따라서 열째에는 사각형 조각이
$10\times10+1=100+1=101$(개) 필요합니다.

**2-1** ■가 1씩 커질 때마다 ▲는 $4+2=6$, $6+2=8$, …에서 2씩 커집니다.
먼저 ■와 ▲가 같은 수만큼 커지도록 만들면 ■$\times2$이고, ■$\times2$와 ▲가 같아지도록 더하거나 뺄 수를 찾습니다. $4=1\times2+2$, $6=2\times2+2$, $8=3\times2+2$, …이므로 ■와 ▲ 사이의 내용 관계를 식으로 나타내면 ▲=■$\times2+2$입니다.

**2-2** ♥가 1씩 커질 때마다 ★은 3씩 커지므로 ♥와 ★ 사이의 대응 관계를 식으로 나타내면 ♥=★$\div3$입니다.
따라서 $4=$㉠$\div3$에서 ㉠$=12$, ㉡$=15\div3$에서 ㉡$=5$이므로 ㉠$+$㉡$=12+5=17$입니다.

**2-3** ●는 2씩 커지고 ◆는 6씩 커집니다.
6은 2의 3배이므로 ●$\times3$과 ◆가 같아지도록 더하거나 뺄 수를 찾습니다.
$10\times3-26=4$, $12\times3-26=10$, …이므로

●와 ◆ 사이의 대응 관계를 식으로 나타내면
◆$=$●$\times3-26$입니다.
따라서 ●$=138$일 때 ◆$=138\times3-26=388$입니다.

**3-1**

| ●-정사각형의 수(개) | 1 | 2 | 3 | 4 | … |
|---|---|---|---|---|---|
| ♥-둘레의 길이(cm) | 8 | 12 | 16 | 20 | … |

●가 1개씩 늘어날 때마다 ♥는 $4\,cm$씩 늘어나므로 ●와 ♥ 사이의 대응 관계를 식으로 나타내면
♥$=$●$\times4+4$입니다.
따라서 정사각형을 10개 이어 붙인 도형의 둘레의 길이는 $10\times4+4=40+4=44$(cm)입니다.

**3-2**

| □-배열 순서 | 1 | 2 | 3 | 4 | … |
|---|---|---|---|---|---|
| △-구슬의 수(개) | 2 | 6 | 12 | 20 | … |

$2=1\times2$, $6=2\times3$, $12=3\times4$, $20=4\times5$, …이므로 △$=$□$\times(\square+1)$입니다.
따라서 스물째에 놓아야 할 구슬은
$20\times21=420$(개)입니다.

**3-3**

| ◆-정육각형의 수(개) | 1 | 2 | 3 | 4 | … |
|---|---|---|---|---|---|
| ■-클립의 수(개) | 6 | 11 | 16 | 21 | … |

◆가 1개씩 늘어날 때마다 ■는 5개씩 늘어나므로 ◆와 ■ 사이의 대응 관계를 식으로 나타내면
■$=$◆$\times5+1$입니다.
$18\times5+1=91$, $19\times5+1=96$, $20\times5+1=101$이므로 클립 100개로 정육각형을 19개까지 만들 수 있습니다.

**4-1** $5\,L$의 휘발유를 넣으면 $60\,km$를 갈 수 있으므로 $1\,L$의 휘발유를 넣으면 $60\div5=12$(km)를 갈 수 있습니다.
따라서 갈 수 있는 거리를 △, 휘발유의 양을 ◇라고 할 때, 두 양 사이의 대응 관계를 식으로 나타내면 △$=$◇$\times12$(또는 ◇$=$△$\div12$)입니다.

**4-2** 기계 한 대가 하루에 만드는 제품의 양은
$2100\div3\div5=140$(kg)입니다.

따라서 하루에 만드는 제품의 양을 ■, 기계의 수를 ▲라고 할 때, 두 양 사이의 대응 관계를 식으로 나타내면 ■＝▲×140(또는 ▲＝■÷140)입니다.

**4-3** 사탕 4개의 무게가 50 g이므로 사탕 2개의 무게는 50÷2＝25(g)입니다. 이 사탕의 25 g당 가격은 160원이므로 사탕 2개의 가격은 160원입니다.
➡ (사탕 1개의 가격)＝160÷2＝80(원)
따라서 사탕의 가격을 ☆, 사탕의 수를 ○라고 할 때, 두 양 사이의 대응 관계를 식으로 나타내면 ☆＝○×80(또는 ○＝☆÷80)입니다.

**5-1**

| ◆ | 1 | 2 | 3 | 4 | … |
|---|---|---|---|---|---|
| ● | 4 | 6 | 8 | 10 | … |

◆가 1씩 커질 때마다 ●는 2씩 커지므로 ◆와 ● 사이의 대응 관계를 식으로 나타내면 ●＝◆×2+2입니다.
따라서 ●가 24일 때 24＝◆×2+2, 22＝◆×2, ◆＝11입니다.

**5-2**

| 베개의 수(개) | 4 | 8 | … | 28 | 32 |
|---|---|---|---|---|---|
| 솜의 양(g) | 1350 | 2700 | … | 9450 | 10800 |

따라서 10 kg＝10000 g이고 솜 10000 g은 9450 g과 10800 g 사이에 있으므로 베개를 최대 28개 만들 수 있습니다.

**5-3** 진아가 집을 떠나고 6분 동안 걸어간 거리는 40×6＝240(m)입니다.

| 오빠가 뛰어간 시간(분) | 1 | 2 | 3 | … | 7 | 8 |
|---|---|---|---|---|---|---|
| 진아가 간 거리 (m) | 280 | 320 | 360 | … | 520 | 560 |
| 오빠가 간 거리(m) | 70 | 140 | 210 | … | 490 | 560 |

따라서 오빠는 떠난 지 8분 후에 진아를 만날 수 있습니다.

**6-1**

| 은비가 말하는 수(■) | 4 | 7 | 10 |
|---|---|---|---|
| 재우가 답하는 수(▲) | 14 | 23 | 32 |

■가 3씩 커질 때마다 ▲는 9씩 커집니다.
9는 3의 3배이므로 ■×3과 ▲가 같아지도록 더하거나 뺀 수를 찾습니다.
4×3+2＝14, 7×3+2＝23, 10×3+2＝32이므로 ■와 ▲ 사이의 대응 관계를 식으로 나타내면 ▲＝■×3+2입니다.
따라서 ▲＝47일 때, 47＝■×3+2, 45＝■×3, ■＝45÷3＝15이므로 은비는 15를 말했습니다.

**6-2** 2 → 6＝2×3, 5 → 30＝5×6, 8 → 72＝8×9에서 ● → ●×(●+1)의 규칙이 있습니다.
따라서 ?에 알맞은 수는 10×11＝110입니다.

**6-3** 1 → 4＝2×2, 3 → 16＝4×4, 6 → 49＝7×7에서 ■ → (■+1)×(■+1)의 규칙이 있습니다.
따라서 ■와 ● 사이의 규칙을 식으로 나타내면 ●＝(■+1)×(■+1)입니다.

**7-1** 오전 6시에서 오전 9시까지 3시간 동안 태양의 고도는 45° 높아졌으므로 1시간 동안 45÷3＝15°씩 정오까지 높아지다가 정오 이후에 낮아집니다.

| 시각 | 오전 9시 | 오전 10시 | 오전 11시 | 정오 | 오후 1시 | 오후 2시 |
|---|---|---|---|---|---|---|
| 태양의 고도 | 45° | 60° | 75° | 90° | 75° | 60° |

따라서 오전 11시와 오후 2시의 태양의 고도의 합은 75°+60°＝135°입니다.

| 1 ⑩ ▲＝■×3 | 2 74 | 3 402개 | 4 9월 2일 오전 2시 |
|---|---|---|---|
| 5 30개 | 6 9번 | 7 ⑩ △＝5＋○×2, 7개 | 8 ⑩ ■×3＋▲＝200 |
| 9 66번 | 10 8100 cm² | 11 1024개 | |

## 1

접근 ≫ 배열 순서에 따라 바둑돌이 몇 개씩 늘어나는지 알아봅니다.

| ■ | 1 | 2 | 3 | 4 | … |
|---|---|---|---|---|---|
| ▲ | 3 | 6 | 9 | 12 | … |

■가 1씩 커질 때마다 ▲는 3씩 커집니다.

➡ ▲＝■×3 또는 ■＝▲÷3

**보충 개념**
일정하게 커지면 ➡ ＋, ×
일정하게 작아지면 ➡ －, ÷

## 2

61쪽 2번의 변형 심화 유형

접근 ≫ ●의 수와 ♥의 수를 곱하면 어떤 수가 나오는지 알아봅니다.

$1×128＝128, 2×64＝128, 16×8＝128, 128×1＝128$이므로
●×♥＝128입니다.

$4×㉠＝128$에서 $㉠＝128÷4＝32$, $㉡×16＝128$에서 $㉡＝128÷16＝8$,
$㉢×4＝128$에서 $㉢＝128÷4＝32$, $64×㉣＝128$에서 $㉣＝128÷64＝2$입니다.

따라서 $㉠＋㉡＋㉢＋㉣＝32＋8＋32＋2＝74$입니다.

**보충 개념**
■의 수와 ▲의 수를 곱해서 일정한 수가 나올 때 ■와 ▲는 반비례한다고 합니다.

## 3

62쪽 3번의 변형 심화 유형

접근 ≫ 정육각형이 1개씩 늘어날 때마다 변은 몇 개씩 늘어나는지 알아봅니다.

| ◆－정육각형의 수(개) | 1 | 2 | 3 | 4 | … |
|---|---|---|---|---|---|
| ■－변의 수(개) | 6 | 10 | 14 | 18 | … |

◆가 1씩 커질 때마다 ■는 4씩 커지므로 ■＝◆×4＋2입니다.
따라서 ◆＝100일 때, ■＝100×4＋2＝402이므로 변은 모두 402개입니다.

**주의**
정육각형끼리 맞닿는 변은 둘레에 포함되지 않아요.

**다른 풀이**
정육각형 1개의 변의 수는 6개이고, 정육각형이 1개씩 늘어날 때마다 변의 수는 4개씩 늘어나므로 ■＝6＋(◆－1)×4입니다.
따라서 ◆＝100일 때, ■＝6＋(100－1)×4＝402이므로 변은 모두 402개입니다.

## 4

접근 ≫ 서울과 두바이 시각 사이의 관계를 식으로 나타내어 봅니다.

| ●－서울의 시각(시) | 오후 1시 | 오후 2시 | 오후 3시 | 오후 4시 | … |
|---|---|---|---|---|---|
| ▲－두바이의 시각(시) | 오전 8시 | 오전 9시 | 오전 10시 | 오전 11시 | … |

**보충 개념**
오후 1시＝13시
하루＝24시간

오후 1시는 13시이므로 두바이는 서울보다 $13-8=5$(시간) 더 느립니다.

➡ $\blacktriangle = \bullet - 5$

오후 10시에서 9시간 지난 시각은 다음 날 오전 7시이므로 승준이가 잠에서 깬 시각은 9월 2일 오전 7시입니다.

$\bullet = 7$일 때, $\blacktriangle = 7-5=2$이므로 두바이는 9월 2일 오전 2시입니다.

## 5

64쪽 5번의 변형 심화 유형

접근 ≫ 식빵의 수와 밀가루의 양 사이의 대응 관계를 표로 나타내어 봅니다.

| 식빵의 수(개) | 5 | 10 | 15 | 20 | 25 | 30 | 35 |
|---|---|---|---|---|---|---|---|
| 밀가루의 양(g) | 700 | 1400 | 2100 | 2800 | 3500 | 4200 | 4900 |

보충 개념
$1\,kg = 1000\,g$

$4.3\,kg = 4300\,g$이고 밀가루 $4300\,g$은 $4200\,g$과 $4900\,g$ 사이에 있으므로 식빵은 최대 30개 만들 수 있습니다.

## 6

접근 ≫ 자른 횟수와 잘린 도막의 수 사이의 대응 관계를 알아봅니다.

| 자른 횟수(번) | 1 | 2 | 3 | 4 | … |
|---|---|---|---|---|---|
| 잘린 도막의 수(개) | 2 | 4 | 8 | 16 | … |

해결 전략
(잘린 도막의 수)
$=$(바로 앞의 도막의 수)$\times 2$

잘린 도막의 수는 바로 앞의 도막의 수의 2배이므로 $1\times2=2$, $2\times2=4$, $4\times2=8$, $8\times2=16$, $16\times2=32$, $32\times2=64$, $64\times2=128$, $128\times2=256$, $256\times2=512$에서 잘린 도막의 수가 512개가 되려면 끈을 9번 잘라야 합니다.

다른 풀이

| 자른 횟수(번) | 1 | 2 | 3 | 4 | … |
|---|---|---|---|---|---|
| 잘린 도막의 수(개) | 2 | 4 | 8 | 16 | … |

잘린 도막의 수는 2를 자른 횟수만큼 곱하면 됩니다.
2를 9번 곱하면 512가 되므로 끈을 9번 잘라야 합니다.

## 7

접근 ≫ 처음 용수철의 길이를 제외하고 ○와 △ 사이의 대응 관계를 알아봅니다.

| ○ | 0 | 1 | 2 | 3 | 4 | … |
|---|---|---|---|---|---|---|
| △ | 5 | 7 | 9 | 11 | 13 | … |

해결 전략
추를 1개 매달면 $2\,cm$씩 늘어나요.

○가 1씩 커질 때마다 △는 2씩 커지므로 ○와 △ 사이의 대응 관계를 식으로 나타내면 $\triangle = 5 + \bigcirc \times 2$입니다.

$\triangle = 5 + \bigcirc \times 2$에서 $\triangle = 19$이면 $19 = 5 + \bigcirc \times 2$, $14 = \bigcirc \times 2$, $\bigcirc = 14 \div 2 = 7$입니다.

따라서 용수철의 전체 길이가 $19\,cm$이면 $100\,g$짜리 추를 7개 매단 것입니다.

**8** 63쪽 4번의 변형 심화 유형

접근 ≫ 사용한 시간과 남아 있는 물의 양 사이의 대응 관계를 알아봅니다.

예

| ■ | 0 | 1 | 2 | 3 | 4 | 5 | … |
|---|---|---|---|---|---|---|---|
| ▲ | 200 | 197 | 194 | 191 | 188 | 185 | … |

■가 1씩 커지면 ▲는 3씩 작아지므로 ■×3과 ▲의 합이 200으로 같아지도록 ■ 와 ▲ 사이의 대응 관계를 식으로 만들면

■×3＋▲＝200 또는 ▲＝200－■×3 또는 ■＝(200－▲)÷3입니다.

| 채점 기준 | 배점 |
|---|---|
| ■와 ▲ 사이의 대응 관계의 규칙을 찾았나요? | 3점 |
| ■와 ▲ 사이의 대응 관계를 식으로 나타냈나요? | 2점 |

해결 전략
사용한 물의 양과 물탱크에 남아 있는 물의 양의 합이 200임을 이용해요.

**9** 접근 ≫ 한 사람당 악수를 몇 번씩 하는지 알아봅니다.

| ♥－악수한 사람 수(명) | 2 | 3 | 4 | 5 | … |
|---|---|---|---|---|---|
| ◆－악수한 횟수(번) | 1 | 3 | 6 | 10 | … |

$2×1÷2=1, 3×2÷2=3, 4×3÷2=6,$ …이므로

♥와 ◆ 사이의 대응 관계를 식으로 나타내면 ◆＝♥×(♥－1)÷2입니다.

유미와 11명의 친구들이 악수를 한 것이므로 모두 12명이 악수를 한 것과 같습니다.

➡ (12명이 악수한 횟수)＝12×(12－1)÷2＝12×11÷2
＝132÷2＝66(번)

주의
㉮와 ㉯가 악수를 하는 것은 ㉯와 ㉮가 악수를 하는 것과 같음에 주의해요.

해결 전략
♥명이 (♥－1)번씩 악수를 하는데 한 번씩 중복되므로 악수한 횟수는 ♥×(♥－1) 을 2로 나눈 것과 같아요.

다른 풀이
유미가 친구 11명과 악수하는 횟수
(12명이 악수한 횟수)＝11＋10＋9＋8＋7＋6＋5＋4＋3＋2＋1＝66(번)
유미를 제외한 친구 1명이 나머지 친구들과 악수하는 횟수

**10** 접근 ≫ 만들어지는 큰 정사각형의 한 변에 작은 정사각형이 몇 개씩 있는지 알아봅니다.

| ⊙－배열 순서 | 1 | 2 | 3 | … |
|---|---|---|---|---|
| ▲－작은 정사각형의 수(개) | 4 | 9 | 16 | … |

$4=2×2, 9=3×3, 16=4×4,$ …이므로 ⊙와 ▲ 사이의 대응 관계를 식으로 나타내면 ▲＝(⊙＋1)×(⊙＋1)입니다.

⊙＝29일 때 ▲＝(29＋1)×(29＋1)＝30×30＝900이므로

스물아홉째에 만들어지는 도형의 넓이는 $(3×3)×900=8100(cm^2)$입니다.

보충 개념
(정사각형의 넓이)
＝(한 변의 길이)
×(한 변의 길이)

## 11 접근 ≫ 나누는 횟수에 따라 각 변의 구역 수와 나누어진 구역 수의 규칙을 찾아봅니다.

| 나누는 횟수(회) | 1 | 2 | 3 | 4 | 5 |
|---|---|---|---|---|---|
| 각 변의 구역 수(개) | $1 \times 2 = 2$ | $2 \times 2 = 4$ | $4 \times 2 = 8$ | $8 \times 2 = 16$ | $16 \times 2 = 32$ |
| 나누어진 구역 수(개) | $2 \times 2 = 4$ | $4 \times 4 = 16$ | $8 \times 8 = 64$ | $16 \times 16 = 256$ | $32 \times 32 = 1024$ |

**해결 전략**
· (나누어진 구역 수)
$=$(각 변의 구역 수)
$\times$(각 변의 구역 수)

따라서 나누는 과정을 5번 반복하면 염전은 모두 1024개의 구역으로 나누어집니다.

## ◢◣◥◤ HIGH LEVEL

71~73쪽

**1** 32     **2** 예 $\triangle = \bigstar \times 550$, 12개     **3** 125     **4** 78개     **5** 2 cm

**6** 스물둘째     **7** 31개

### 1 65쪽 6번의 변형 심화 유형
접근 ≫ 수영이가 말한 수와 준후가 답한 수 사이의 대응 관계를 식으로 나타내어 봅니다.

$3 \rightarrow 3 \times 3 - 1 = 8$, $5 \rightarrow 5 \times 3 - 1 = 14$, $6 \rightarrow 6 \times 3 - 1 = 17$이므로
수영이가 말한 수의 3배보다 1 작은 수를 준후가 답하는 규칙입니다.
└─────── (준후가 답한 수)=(수영이가 말한 수)$\times 3 - 1$
따라서 ■$= 4 \times 3 - 1 = 11$이므로 수영이가 11이라고 말하면 준후는
$11 \times 3 - 1 = 32$라고 답합니다.

**주의**
수영이가 4라고 말할 때 준후가 답한 수를 찾지 않도록 해요.

### 2 63쪽 4번의 변형 심화 유형
접근 ≫ 초콜릿의 무게, 초콜릿의 가격과 초콜릿의 수 사이의 대응 관계를 알아봅니다.

초콜릿 6개의 무게가 363 g이므로 초콜릿 2개의 무게는 $363 \div 3 = 121$(g)입니다.
이 초콜릿의 121 g당 가격은 1100원이므로 초콜릿 2개의 가격은 1100원입니다.
➡ (초콜릿 1개의 가격)$= 1100 \div 2 = 550$(원)
$\triangle$와 $\bigstar$ 사이의 대응 관계를 식으로 나타내면 $\triangle = \bigstar \times 550$입니다.
$\triangle = 6600$일 때, $6600 = \bigstar \times 550$, $\bigstar = 6600 \div 550 = 12$이므로
6600원으로는 초콜릿을 모두 12개 살 수 있습니다.

**해결 전략**
초콜릿 2개의 무게를 찾아 초콜릿 1개의 가격을 구해요.

### 3 60쪽 1번의 변형 심화 유형
접근 ≫ 검은색 바둑돌의 수와 흰색 바둑돌의 수의 규칙을 각각 알아봅니다.

검은색 바둑돌은 $1 \times 1 + 4$, $2 \times 2 + 4$, $3 \times 3 + 4$, $4 \times 4 + 4$, …와 같은 규칙으로 놓
이므로 아홉째에 놓일 검은색 바둑돌의 수는 $9 \times 9 + 4 = 85$(개)입니다. ➡ ■$= 85$
흰색 바둑돌은 $1 \times 4$, $2 \times 4$, $3 \times 4$, $4 \times 4$, …와 같은 규칙으로 놓이므로 열째에 놓
일 흰색 바둑돌의 수는 $10 \times 4 = 40$(개)입니다. ➡ ●$= 40$
따라서 ■$+$●$= 85 + 40 = 125$입니다.

**해결 전략**
검은색 바둑돌의 수는 바깥쪽에 있는 것과 안쪽에 있는 것으로 나누어 규칙을 찾아봐요.

**4** 접근 ≫ 직선의 수와 만나는 점의 수 사이의 대응 관계를 알아봅니다.

예

| 직선의 수(개) | 2 | 3 | 4 | 5 | … |
|---|---|---|---|---|---|
| 만나는 점의 수(개) | 1 | $1+2$ | $1+2+3$ | $1+2+3+4$ | … |

직선의 수가 1개씩 늘어날 때 만나는 점의 수는 2개, 3개, 4개, …씩 늘어납니다.
따라서 직선을 13개 그었을 때 만나는 점의 수는 모두
$1+2+3+\cdots+10+11+12=(1+12)\times12\div2=78$(개)입니다.

| 채점 기준 | 배점 |
|---|---|
| 직선의 수와 만나는 점의 수의 대응 관계의 규칙을 찾았나요? | 3점 |
| 직선을 13개 그었을 때 만나는 점의 수를 모두 구했나요? | 2점 |

해결 전략
직선의 수가 1개씩 늘어날 때 만나는 점의 수를 덧셈식으로 나타내어 봐요.

보충 개념
$1+2+\cdots+\blacksquare$
$=(1+\blacksquare)\times\blacksquare\div2$

**5** 62쪽 3번의 변형 심화 유형
접근 ≫ 배열 순서와 작은 정사각형의 수 사이의 대응 관계를 알아봅니다.

작은 정사각형의 한 변을 ● cm라고 하여 배열 순서, 작은 정사각형의 수, 둘레의 길이 사이의 대응 관계를 표를 이용하여 알아봅니다.

| 배열 순서 | 1 | 2 | 3 | 4 | … |
|---|---|---|---|---|---|
| 작은 정사각형의 수(개) | 1 | $1+2$ | $1+2+3$ | $1+2+3+4$ | … |
| 둘레의 길이(cm) | $(●\times1)\times4$ | $(●\times2)\times4$ | $(●\times3)\times4$ | $(●\times4)\times4$ | … |

$66=1+2+3+\cdots+10+11$이므로 작은 정사각형이 66개인 도형은 11째 도형입니다. 11째 도형의 둘레의 길이는 $((●\times11)\times4)$ cm이므로 $(●\times11)\times4=88$, $●=2$입니다.
따라서 작은 정사각형의 한 변은 2 cm입니다.

해결 전략
작은 정사각형의 한 변을 ● cm라 하여 배열 순서에 따라 둘레의 길이를 나타내 봐요.

보충 개념

● cm
(둘레의 길이)
$=(●\times2)\times4$

**6** 60쪽 1번의 변형 심화 유형
접근 ≫ 배열 순서와 사각형 조각의 수 사이의 대응 관계를 알아봅니다.

배열 순서와 사각형 조각의 수 사이의 대응 관계를 표를 이용하여 알아봅니다.

| 배열 순서 | 1 | 2 | 3 | 4 | … |
|---|---|---|---|---|---|
| 사각형 조각의 수(개) | 2 | 8 | 18 | 32 | … |

첫째: $2\times1=2\times1\times1$
둘째: $2\times1+2\times3=2\times4=2\times2\times2$
셋째: $2\times1+2\times3+2\times5=2\times9=2\times3\times3$
넷째: $2\times1+2\times3+2\times5+2\times7=2\times16=2\times4\times4$
⋮
스물둘째: $2\times22\times22=968$ ➡ $1000-968=32$
스물셋째: $2\times23\times23=1058$ ➡ $1058-1000=58$
따라서 1000과의 차가 가장 작은 것은 스물둘째입니다.

해결 전략
배열 순서를 ●, 사각형 조각의 수를 ■라고 할 때, 두 양 사이의 대응 관계를 식으로 나타내면 $■=2\times●\times●$예요.

보충 개념
분배법칙
$●\times■+●\times▲$
$=●\times(■+▲)$

$2\times●\times●=1000$, $●\times●=500$이므로 같은 수를 곱하여 500에 가까운 수를 예상해 봐요.

# 7

접근 ≫ 파란색과 분홍색 타일이 붙어져 있는 줄의 수를 각각 모두 찾아봅니다.

파란색 타일은 둘째, 여섯째, 열째, 열넷째, …줄에, 분홍색 타일은 넷째, 여덟째, 열둘째, 열여섯째, …줄에 붙여져 있습니다.

900개의 타일을 붙일 수 있고 $30 \times 30 = 900$이므로 붙일 수 있는 줄은 모두 30줄이고, $30 \div 4 = 7 \cdots 2$이므로 각 줄마다 흰색, 파란색, 초록색, 분홍색 타일이 7번 반복되고, 흰색 타일이 스물아홉째에, 파란색 타일이 서른째에 붙여집니다.

즉, 파란색 타일은 8개의 줄에 붙일 수 있고, 분홍색 타일은 7개의 줄에 붙일 수 있습니다.

파란색 타일의 배열 순서와 타일의 수의 대응 관계를 표로 나타내어 봅니다.

| 배열 순서 | 2 | 6 | 10 | 14 | 18 | 22 | 26 | 30 |
|---|---|---|---|---|---|---|---|---|
| 타일의 수(개) | 3 | 11 | 19 | 27 | 35 | 43 | 51 | 59 |

(파란색 타일의 수)
$= 3 + 11 + 19 + \cdots + 51 + 59 = 248$(개)

분홍색 타일의 배열 순서와 타일의 수의 대응 관계를 표로 나타내어 봅니다.

| 배열 순서 | 4 | 8 | 12 | 16 | 20 | 24 | 28 |
|---|---|---|---|---|---|---|---|
| 타일의 수(개) | 7 | 15 | 23 | 31 | 39 | 47 | 55 |

(분홍색 타일의 수)
$= 7 + 15 + 23 + \cdots + 47 + 55 = 217$(개)

➡ (벽에 붙인 파란색 파일과 분홍색 타일의 수의 차)
$= 248 - 217 = 31$(개)

---

**해결 전략**
- 파란색 타일: 둘째에서 시작하여 4번마다 반복돼요.
- 분홍색 타일: 넷째에서 시작하여 4번마다 반복돼요.

**해결 전략**
이 부분은 가로와 세로에서 두 번세므로 한번을 빼요.

(타일의 수)$= 4 \times 2 - 1$
$= 8 - 1 = 7$(개)

**해결 전략**
(■째에 붙인 타일의 수)
$= (■ \times 2 - 1)$개

---

| 연필 없이 생각 톡 ❗ | 74쪽 |
|---|---|

정답: ③

# 4 약분과 통분

## ◎ BASIC TEST

### 1 약분
79쪽

| | | |
|---|---|---|
| **1** $\dfrac{8}{14}$, $\dfrac{4}{7}$ | **2** (1) $\dfrac{3}{4}$ (2) $\dfrac{1}{2}$ | **3** $\dfrac{2}{7}$ |
| **4** 8개 | **5** 19 | **6** $\dfrac{35}{38}$ |

**1** 16과 28의 최대공약수는 4이므로 1이 아닌 공약수 2, 4로 약분하여 나타냅니다.

따라서 $\dfrac{16 \div 2}{28 \div 2} = \dfrac{8}{14}$, $\dfrac{16 \div 4}{28 \div 4} = \dfrac{4}{7}$입니다.

**2** (1) $\dfrac{3+6+9+12}{4+8+12+16} = \dfrac{30}{40} = \dfrac{3}{4}$

(2) $\dfrac{1+2+3+\cdots+20}{2+4+6+\cdots+40} = \dfrac{(1+20)\times 10}{(2+40)\times 10}$

$= \dfrac{210}{420} = \dfrac{1}{2}$

**해결 전략**

$1+2+3+\cdots+18+19+20$

$\underbrace{\phantom{xxxxxxxxxxxxxxxx}}_{21}$
$\underbrace{\phantom{xxxxxxxxxxxx}}_{21}$
$\underbrace{\phantom{xxxxxxxx}}_{21}$

➡ $(1+20) \times 10$

└─ 두 수의 합 21의 개수는 전체 개수인 20의 반

**다른 풀이**

(1) $\dfrac{3}{4} = \dfrac{6}{8} = \dfrac{9}{12} = \dfrac{12}{16}$이므로

$\dfrac{3+6+9+12}{4+8+12+16} = \dfrac{3}{4}$

(2) $\dfrac{1}{2} = \dfrac{2}{4} = \dfrac{3}{6} = \cdots = \dfrac{20}{40}$이므로

$\dfrac{1+2+3+\cdots+20}{2+4+6+\cdots+40} = \dfrac{1}{2}$

**3** 전체 과일은 84개이고 그중 사과는 24개이므로

분수로 나타내면 $\dfrac{24}{84}$입니다.

$\dfrac{24}{84}$의 분모, 분자의 최대공약수는 12이므로

기약분수로 나타내면 $\dfrac{24}{84} = \dfrac{24 \div 12}{84 \div 12} = \dfrac{2}{7}$입니다.

**4** $\dfrac{1}{20}$, $\dfrac{3}{20}$, $\dfrac{7}{20}$, $\dfrac{9}{20}$, $\dfrac{11}{20}$, $\dfrac{13}{20}$, $\dfrac{17}{20}$, $\dfrac{19}{20}$ ➡ 8개

**5** $\dfrac{24}{42} = \dfrac{24 \div 2}{42 \div 2} = \dfrac{\text{㉠}}{21}$ ➡ ㉠ = 12

$\dfrac{24}{42} = \dfrac{24 \div 6}{42 \div 6} = \dfrac{4}{\text{㉡}}$ ➡ ㉡ = 7

따라서 ㉠ + ㉡ = 12 + 7 = 19입니다.

**6** 거꾸로 생각하여 문제를 해결합니다.

· 5로 약분하기 전: $\dfrac{7 \times 5}{8 \times 5} = \dfrac{35}{40}$

· 분모에 2를 더하기 전: 분모에서 2를 빼면

$\dfrac{35}{40-2} = \dfrac{35}{38}$

따라서 어떤 분수는 $\dfrac{35}{38}$입니다.

### 2 통분
81쪽

| | | |
|---|---|---|
| **1** 12개 | **2** 10 | **3** $\dfrac{75}{90}$, $\dfrac{81}{90}$ |
| **4** $\dfrac{5}{8}$, $\dfrac{2}{3}$ | **5** $\dfrac{1}{4}$ | **6** 25, 28 |

**1** $\dfrac{3}{8} = \dfrac{3 \times 4}{8 \times 4} = \dfrac{12}{32}$

➡ $\dfrac{3}{8}$은 $\dfrac{1}{32}$이 12개 모인 수와 같습니다.

**2** $\dfrac{5}{7} = \dfrac{5+\square}{7+14} = \dfrac{5+\square}{21}$이므로 $\dfrac{5+\square}{21}$는 $\dfrac{5}{7}$의

분모와 분자에 각각 3을 곱한 수와 같습니다.

➡ $\dfrac{5 \times 3}{7 \times 3} = \dfrac{5+\square}{21}$, $15 = 5+\square$, $\square = 10$

**3** 6과 10의 최소공배수가 30이므로 공통분모가 될 수 있는 수는 30의 배수입니다.

30의 배수는 30, 60, 90, 120, …이고, 100에 가장 가까운 수는 90입니다.

따라서 90을 공통분모로 하여 통분하면

$\dfrac{5 \times 15}{6 \times 15} = \dfrac{75}{90}$, $\dfrac{9 \times 9}{10 \times 9} = \dfrac{81}{90}$이 됩니다.

**4** 각 분수의 분모, 분자의 최대공약수로 약분합니다.

$$\frac{15}{24}=\frac{15\div 3}{24\div 3}=\frac{5}{8},\ \frac{16}{24}=\frac{16\div 8}{24\div 8}=\frac{2}{3}$$

**5** $\frac{1}{8}$과 $\frac{5}{12}$를 통분하면 $\frac{1}{8}=\frac{1\times 3}{8\times 3}=\frac{3}{24}$,

$\frac{5}{12}=\frac{5\times 2}{12\times 2}=\frac{10}{24}$입니다.

두 분수의 차는 $\frac{10}{24}-\frac{3}{24}=\frac{7}{24}$이고 눈금의 수는

7개이므로 눈금 한 칸의 크기는 $\frac{1}{24}$입니다.

따라서 □는 $\frac{3}{24}$에서 $\frac{1}{24}$만큼 3칸을 더 간 수입니다.

➡ $\square=\frac{3}{24}+\frac{1}{24}+\frac{1}{24}+\frac{1}{24}$

$\qquad =\frac{3+1+1+1}{24}=\frac{6}{24}=\frac{1}{4}$

**해결 전략**
두 분수를 통분한 다음 눈금의 수와 두 분수의 차를 비교해 눈금 한 칸의 크기를 구해요.

**6** 두 분수를 분모가 40인 분수로 통분합니다.

$$\frac{5}{8}=\frac{5\times 5}{8\times 5}=\frac{25}{40},\ \frac{7}{10}=\frac{7\times 4}{10\times 4}=\frac{28}{40}$$

따라서 눈금이 물은 25, 사이다는 28까지 올라옵니다.

**3 분수의 크기 비교** 　　　　　　　83쪽

| | |
|---|---|
| **1** $\frac{3}{8},\ \frac{29}{84}$에 ○표 | **2** (1) < (2) > (3) < |
| **3** $\frac{16}{17},\ \frac{20}{21},\ \frac{24}{25}$ | **4** 3, 4, 5, 6 |
| **5** 시금치 | **6** 7 |

**1** $\frac{1}{2}=\frac{2}{4}=\frac{4}{8}=\frac{42}{84}=\frac{78}{156}$

➡ $\frac{2}{4}<\frac{3}{4},\ \frac{4}{8}>\frac{3}{8},\ \frac{42}{84}>\frac{29}{84},\ \frac{78}{156}<\frac{99}{156}$

**다른 풀이**

$\frac{1}{2}$은 분모가 분자의 2배가 되므로 분자에 2를

곱하여 분모보다 작으면 $\frac{1}{2}$보다 작은 분수입니다.

$3\times 2=6>4$ ➡ $\frac{3}{4}>\frac{1}{2}$

$3\times 2=6<8$ ➡ $\frac{3}{8}<\frac{1}{2}$

$29\times 2=58<84$ ➡ $\frac{29}{84}<\frac{1}{2}$

$99\times 2=198>156$ ➡ $\frac{99}{156}>\frac{1}{2}$

**2** (1) $\frac{2}{3}=\frac{4}{6}$ Ⓒ $\frac{5}{6}$

(2) $\frac{1}{4}=\frac{25}{100}=0.25$

➡ $0.3$ Ⓖ $0.25$

(3) $7\frac{3}{8}=7\frac{15}{40}$ Ⓒ $7\frac{3}{5}=7\frac{24}{40}$

**다른 풀이**

(1) 분모와 분자의 차가 1로 같으므로 분모가 큰 $\frac{5}{6}$가 더 큽니다.

(3) 분자가 같은 분수는 분모가 작을수록 더 크므로

$7\frac{3}{8}<7\frac{3}{5}$입니다.

**3** 분자와 분모의 차가 1로 모두 같으므로 분모가 클수록 큰 수입니다.

$$\frac{16}{17}=1-\frac{1}{17},\ \frac{20}{21}=1-\frac{1}{21},\ \frac{24}{25}=1-\frac{1}{25}$$

에서 $\frac{1}{17}>\frac{1}{21}>\frac{1}{25}$이므로 $\frac{16}{17}<\frac{20}{21}<\frac{24}{25}$입니다.

**4** 4, 10, 3의 최소공배수가 60이므로 분모가 60인

분수로 통분하면 $\frac{15}{60}<\frac{\square\times 6}{60}<\frac{40}{60}$이므로

$15<\square\times 6<40$, $\square=3,\ 4,\ 5,\ 6$입니다.

**5** 분수와 소수의 크기를 비교해야 하므로 소수를 분수로 나타내어 분수끼리 크기를 비교해 봅니다.

$0.7=\dfrac{7}{10}$이므로 $\dfrac{2}{3}$, $\dfrac{7}{10}$, $\dfrac{5}{8}$를 통분합니다.

$$\left(\dfrac{2}{3},\ \dfrac{7}{10},\ \dfrac{5}{8}\right)\Rightarrow\left(\dfrac{80}{120},\ \dfrac{84}{120},\ \dfrac{75}{120}\right)$$

$$\Rightarrow\dfrac{5}{8}<\dfrac{2}{3}<\dfrac{7}{10}$$

따라서 시금치가 가장 무겁습니다.

**보충 개념**

$$
\begin{array}{r}
2)\ \underline{\ 3\quad 10\quad 8\ } \\
3\quad 5\quad 4
\end{array}
$$

최소공배수: $2\times3\times5\times4=120$

**6** 4, 2, 3의 최소공배수가 12이므로 분자가 12인 분수로 만들어 비교하면 $\dfrac{12}{27}<\dfrac{12}{\square\times6}<\dfrac{12}{16}$

➡ $16<\square\times6<27$이므로 $\square=3$, 4입니다.

따라서 $\square$ 안에 알맞은 자연수들의 합은 $3+4=7$입니다.

---

**MATH TOPIC** 84~89쪽

| | | |
|---|---|---|
| 1-1 48개 | 1-2 7개 | 1-3 55 |
| 2-1 $\dfrac{36}{63}$ | 2-2 $\dfrac{16}{24}$ | 2-3 $\dfrac{9}{24}$ |
| 3-1 $\dfrac{11}{18}$ | 3-2 $\dfrac{23}{30}$ | 3-3 6개 |
| 4-1 0.52 | 4-2 $1\dfrac{11}{12}$ | 4-3 $\dfrac{8}{11}$ |
| 5-1 4 | 5-2 24 | 5-3 13 |

심화6 $\dfrac{12}{50}$, $\dfrac{6}{50}$, $\dfrac{5}{50}$, $\dfrac{6}{25}$, $\dfrac{3}{25}$, $\dfrac{1}{10}$, 영남, 호남, 충청 / 영남, 호남, 충청

6-1 청주, 수원, 대구, 광주, 부산

---

**1-1** 약분할 수 있는 분수의 개수를 살펴보면

분모가 $65=5\times13$이므로 약분이 되려면 분자가 5의 배수 또는 13의 배수이어야 합니다.

· 1부터 64까지의 수 중 5의 배수의 개수:

$64\div5=12\cdots4$ ➡ 12개

· 1부터 64까지의 수 중 13의 배수의 개수:

$64\div13=4\cdots12$ ➡ 4개

따라서 약분이 되는 분수가 $12+4=16$(개)이므로 기약분수는 모두 $64-16=48$(개)입니다.

**1-2** 만들 수 있는 진분수는 $\dfrac{10}{11}$, $\dfrac{10}{12}$, $\dfrac{11}{12}$, $\dfrac{10}{13}$, $\dfrac{11}{13}$, $\dfrac{12}{13}$, $\dfrac{10}{14}$, $\dfrac{11}{14}$, $\dfrac{12}{14}$, $\dfrac{13}{14}$입니다.

이 중에서 기약분수는 $\dfrac{10}{11}$, $\dfrac{11}{12}$, $\dfrac{10}{13}$, $\dfrac{11}{13}$, $\dfrac{12}{13}$, $\dfrac{11}{14}$, $\dfrac{13}{14}$으로 모두 7개입니다.

**다른 풀이**

분모가 될 수 있는 수를 모두 고르고, 각 분모마다 기약분수가 되도록 분자를 정합니다.

따라서 만들 수 있는 기약분수는 $\dfrac{10}{11}$, $\dfrac{11}{12}$, $\dfrac{10}{13}$, $\dfrac{11}{13}$, $\dfrac{12}{13}$, $\dfrac{11}{14}$, $\dfrac{13}{14}$으로 모두 7개입니다.

**1-3** (약분하여 자연수가 되는 분수들의 합)

$$=\dfrac{9}{9}+\dfrac{18}{9}+\dfrac{27}{9}+\cdots+\dfrac{90}{9}$$

$$=1+2+3+\cdots+10=55$$

**해결 전략**

분자가 분모 9의 배수가 되는 수들을 모두 찾아요.

**2-1** $\dfrac{4}{7}$의 분모와 분자의 차가 $7-4=3$이므로 27은 $\dfrac{4}{7}$의 분모와 분자의 차의 $27\div3=9$(배)입니다.

27은 $\dfrac{4}{7}$의 분모와 분자의 차인 3의 9배이므로 $\dfrac{4}{7}$의 분모와 분자에 각각 9를 곱하면 구하는 분수는

$$\dfrac{4}{7}=\dfrac{4\times9}{7\times9}=\dfrac{36}{63}$$입니다.

**다른 풀이**

구하는 분수를 $\dfrac{4\times\square}{7\times\square}$라고 하면 분모와 분자의 차가 27이므로 $7\times\square-4\times\square=27$, $3\times\square=27$, $\square=9$입니다.

따라서 구하는 분수는 $\dfrac{4\times9}{7\times9}=\dfrac{36}{63}$입니다.

**2-2** 구하는 분수를 $\dfrac{2\times\square}{3\times\square}$라고 하면

분모와 분자의 최소공배수가 48이므로

$\square\times2\times3=48$, $\square=48\div6=8$입니다.

따라서 구하는 분수는 $\dfrac{2\times8}{3\times8}=\dfrac{16}{24}$입니다.

> **해결 전략**
> $\dfrac{\square)\,(분자)\;(분모)}{2\quad 3}$
> ➡ 분자와 분모의 최소공배수: $\square\times2\times3=48$, $\square=8$

**2-3** 구하는 분수를 $\dfrac{3\times\square}{8\times\square}$라고 하면

$3\times\square\times8\times\square=216$, $24\times\square\times\square=216$,

$\square\times\square=216\div24=9$, $\square=3$입니다.

따라서 구하는 분수는 $\dfrac{3\times3}{8\times3}=\dfrac{9}{24}$입니다.

**3-1** $\dfrac{5}{9}$와 $\dfrac{2}{3}$를 분모가 18인 분수로 통분하면

$\dfrac{5}{9}=\dfrac{5\times2}{9\times2}=\dfrac{10}{18}$, $\dfrac{2}{3}=\dfrac{2\times6}{3\times6}=\dfrac{12}{18}$입니다.

따라서 $\dfrac{10}{18}$보다 크고 $\dfrac{12}{18}$보다 작은 분수 중에서

분모가 18인 분수는 $\dfrac{11}{18}$입니다.

**3-2** 구하는 기약분수를 $\dfrac{\square}{30}$라고 하면

$\dfrac{7}{10}<\dfrac{\square}{30}<\dfrac{11}{12}$에서 세 분모 10, 30, 12의 최

소공배수가 60이므로 $\dfrac{42}{60}<\dfrac{\square\times2}{60}<\dfrac{55}{60}$입니다.

$42<\square\times2<55$

➡ $\square=22,\ 23,\ 24,\ 25,\ 26,\ 27$이고 이 중에서
  30과 공약수가 1뿐인 수는 23입니다.

따라서 구하는 기약분수는 $\dfrac{23}{30}$입니다.

**3-3** 구하는 기약분수를 $\dfrac{6}{\square}$이라고 하면 $\dfrac{2}{9}<\dfrac{6}{\square}<\dfrac{4}{5}$

에서 세 분자 2, 6, 4의 최소공배수가 12이므로

$\dfrac{12}{54}<\dfrac{12}{\square\times2}<\dfrac{12}{15}$

➡ $15<\square\times2<54$입니다.

따라서 $\square$는 8부터 26까지의 자연수이고,

구하는 기약분수 $\dfrac{6}{\square}$은

$\dfrac{6}{11},\ \dfrac{6}{13},\ \dfrac{6}{17},\ \dfrac{6}{19},\ \dfrac{6}{23},\ \dfrac{6}{25}$으로 모두 6개입니다.

**4-1** 먼저 소수를 분수로 나타냅니다.

$0.52=\dfrac{52}{100}=\dfrac{13}{25}$

네 분수를 분모 5, 25, 10, 20의 최소공배수인

100으로 통분하면

$\dfrac{2}{5}=\dfrac{2\times20}{5\times20}=\dfrac{40}{100}$, $\dfrac{13}{25}=\dfrac{13\times4}{25\times4}=\dfrac{52}{100}$,

$\dfrac{7}{10}=\dfrac{7\times10}{10\times10}=\dfrac{70}{100}$, $\dfrac{11}{20}=\dfrac{11\times5}{20\times5}=\dfrac{55}{100}$

입니다.

따라서 $\dfrac{40}{100}$에 가장 가까운 분수는 분자의 차가

$52-40=12$인 $\dfrac{52}{100}(=0.52)$입니다.

**4-2** 세 분수와 2와의 차는 $\dfrac{1}{12}$, $\dfrac{3}{18}$, $\dfrac{3}{16}$이고 $\dfrac{3}{18}$과

$\dfrac{3}{16}$은 분자가 같으므로 분모가 더 큰 $\dfrac{3}{18}$이 $\dfrac{3}{16}$

보다 작습니다.

$\dfrac{1}{12}$과 $\dfrac{3}{18}$의 크기를 비교하면 $\dfrac{1}{12}=\dfrac{3}{36}$,

$\dfrac{3}{18}=\dfrac{6}{36}$이므로 $\dfrac{1}{12}<\dfrac{3}{18}$입니다.

➡ $\dfrac{1}{12}<\dfrac{3}{18}<\dfrac{3}{16}$이므로 2에 가장 가까운 분수

는 $1\dfrac{11}{12}$입니다.

**4-3** $\dfrac{\square}{11}$와 $\dfrac{5}{7}$의 분모를 같게 한 후 분자의 크기를 비

교합니다.

$\dfrac{\square}{11}=\dfrac{\square\times7}{11\times7}=\dfrac{\square\times7}{77}$, $\dfrac{5}{7}=\dfrac{5\times11}{7\times11}=\dfrac{55}{77}$

에서 $\square=7$이면 $\dfrac{49}{77}$이고, $\square=8$이면 $\dfrac{56}{77}$입니다.

따라서 $\dfrac{55}{77}$에 가장 가까운 분수는 $\dfrac{56}{77}$이므로 $\dfrac{5}{7}$

에 가장 가까운 분수는 $\dfrac{8}{11}$입니다.

**5-1** $\dfrac{25}{53}$의 분모와 분자의 차는 $53-25=28$입니다.

$\dfrac{3}{7}$과 크기가 같은 분수를 구하면

$\dfrac{3}{7}=\dfrac{6}{14}=\dfrac{9}{21}=\dfrac{12}{28}=\dfrac{15}{35}=\dfrac{18}{42}=\dfrac{21}{49}=\cdots$

이고 이 중에서 분모와 분자의 차가 28인 분수는

$\dfrac{21}{49}$입니다.

분모와 분자에서 뺀 수를 □라고 하면

$\dfrac{25-□}{53-□}=\dfrac{21}{49}$이므로 □=4입니다.

**5-2** $\dfrac{㉠-4}{㉠+4}$에서 분모와 분자의 차는 8입니다.

$\dfrac{5}{7}$와 크기가 같은 분수를 구하면

$\dfrac{5}{7}=\dfrac{10}{14}=\dfrac{15}{21}=\dfrac{20}{28}=\cdots$이고 이 중에서 분모

와 분자의 차가 8인 분수는 $\dfrac{20}{28}$입니다.

$\dfrac{㉠-4}{㉠+4}=\dfrac{20}{28}$이므로 ㉠=24입니다.

> **다른 풀이**
> $\dfrac{㉠-4}{㉠+4}=\dfrac{5}{7}$에서 $(㉠-4)\times 7=(㉠+4)\times 5$이므로
> $㉠\times 7-28=㉠\times 5+20$,
> $㉠\times 7-㉠\times 5=20+28$,
> $㉠\times 2=48$, $㉠=24$입니다.

**5-3** 분자가 6보다 크고 9보다 작고, 분모가 15인 분수

는 $\dfrac{6}{15}$보다 크고 $\dfrac{9}{15}$보다 작은 $\dfrac{7}{15}$, $\dfrac{8}{15}$입니다.

$\dfrac{19}{47}$의 분모와 분자의 차는 $47-19=28$이므로

기약분수의 분모와 분자의 차가 28인 분수를 찾습니다.

$\dfrac{7}{15}$, $\dfrac{8}{15}$ 중에서 분모와 분자의 차가 28의 약수인

수는 $\dfrac{8}{15}$이므로 기약분수로 나타낸 수는 $\dfrac{8}{15}$입니다.

　$\underbrace{}_{15-8=7}$

$\dfrac{8}{15}$과 크기가 같은 분수를 구하면

$\dfrac{8}{15}=\dfrac{16}{30}=\dfrac{24}{45}=\dfrac{32}{60}=\cdots$이므로 분모와 분자

의 차가 28인 분수는 $\dfrac{32}{60}$입니다.

$\dfrac{19}{47}$의 분모와 분자에 더한 수를 □라고 하면

$\dfrac{19+□}{47+□}=\dfrac{32}{60}$이므로 □=13입니다.

**6-1** 1보다 큰 수 $1\dfrac{1}{15}$, $1\dfrac{3}{5}$을 $1\dfrac{1}{2}$을 기준으로 비교하

면 $1\dfrac{1}{15}<1\dfrac{1}{2}<1\dfrac{3}{5}$이므로 $1\dfrac{1}{15}<1\dfrac{3}{5}$입니다.

1보다 작은 수 $\dfrac{7}{9}$, $\dfrac{5}{16}$, $\dfrac{15}{16}$를 $\dfrac{1}{2}$을 기준으로 비

교하면 $\dfrac{1}{2}$보다 큰 분수는 $\dfrac{7}{9}$과 $\dfrac{15}{16}$인데

$\dfrac{7}{9}\left(=\dfrac{112}{144}\right)<\dfrac{15}{16}\left(=\dfrac{135}{144}\right)$이고, $\dfrac{1}{2}$보다 작은

분수는 $\dfrac{5}{16}$입니다.

따라서 $\dfrac{5}{16}<\dfrac{7}{9}<\dfrac{15}{16}<1\dfrac{1}{15}<1\dfrac{3}{5}$이므로 대

전에서 가까운 도시부터 쓰면 청주, 수원, 대구, 광

주, 부산입니다.

---

### ◆ LEVEL UP TEST

90~94쪽

| | | | | | |
|---|---|---|---|---|---|
| **1** 10개 | **2** $\dfrac{21}{72}$ | **3** 10개 | **4** 14500원 | **5** 지혜 | **6** $\dfrac{4}{9}$, $\dfrac{5}{9}$ |
| **7** 10 | **8** 11 | **9** $\dfrac{4}{5}$ | **10** 7개 | **11** $\dfrac{3}{5}$ | **12** ㉠, ㉢, ㉥, ㉦ |
| **13** 6개 | **14** $\dfrac{5}{17}$ | **15** 20째 | | | |

## 1 접근 》 분모와 분자에 0이 아닌 같은 수를 곱해도 분수의 크기는 변하지 않습니다.

$$\frac{5 \times 2}{9 \times 2} = \frac{10}{18}, \ \frac{5 \times 3}{9 \times 3} = \frac{15}{27}, \ \cdots, \ \frac{5 \times 10}{9 \times 10} = \frac{50}{90}, \ \frac{5 \times 11}{9 \times 11} = \frac{55}{99}$$

따라서 분모가 두 자리 수인 분수는 모두 $11 - 1 = 10$(개)입니다.

## 2 87쪽 4번의 변형 심화 유형
접근 》 분모가 72인 분수로 통분한 다음 $\frac{1}{3}$과의 차가 가장 작은 수를 구합니다.

$\frac{5}{24} = \frac{15}{72}$와 $\frac{11}{36} = \frac{22}{72}$ 사이의 분수 중에서 분모가 72인 분수는

$\frac{16}{72}, \ \frac{17}{72}, \ \frac{18}{72}, \ \frac{19}{72}, \ \frac{20}{72}, \ \frac{21}{72}$입니다.

이 중에서 $\frac{1}{3} = \frac{24}{72}$에 가장 가까운 분수는 $\frac{21}{72}$입니다.

**보충 개념**
■와 ▲ 사이의 수에 ■와 ▲ 는 포함되지 않습니다.

## 3 접근 》 먼저 두 분수를 소수로 나타냅니다.

소수로 나타내면 $\frac{2}{5} = \frac{4}{10} = 0.4$이고, $\frac{13}{25} = \frac{52}{100} = 0.52$입니다.

따라서 $\frac{2}{5}$보다 크고 $\frac{13}{25}$보다 작은 소수 두 자리 수는 0.4보다 크고 0.52보다 작습니다.

0.4보다 크고 0.52보다 작은 소수 두 자리 수는 0.41, 0.42, 0.43, 0.44, 0.45, 0.46, 0.47, 0.48, 0.49, 0.51로 모두 10개입니다.

**주의**
$0.50 = 0.5$로 소수 한 자리 수이므로 세지 않아요.

## 4 접근 》 1갤런=16컵이므로 $\frac{3}{8}$갤런이 몇 컵인지 알아봅니다.

1갤런=16컵이므로 1컵=$\frac{1}{16}$갤런입니다. $\frac{3}{8}$갤런=$\frac{6}{16}$갤런이므로 $\frac{3}{8}$갤런은 6컵에 해당하는 아이스크림의 양입니다.

단위가 클수록 1컵의 아이스크림의 가격이 싸지므로 6컵은 4컵과 2컵으로 나누어 쿼터 1개와 파인트 1개를 사는 것이 가장 쌉니다.

따라서 가장 싸게 살 때의 가격은 $9000 + 5500 = 14500$(원)입니다.

**해결 전략**
단위가 클수록 1컵의 아이스 크림의 가격이 싸요.

## 5 접근 》 전체를 1이라 생각하고 현주가 가지는 구슬은 전체의 얼마인지 구합니다.

$\frac{4}{15}$와 $\frac{7}{18}$의 공통분모를 15와 18의 최소공배수인 90으로 하여 통분하면 $\frac{24}{90}$와 $\frac{35}{90}$입니다.

**해결 전략**
분모의 최소공배수로 통분해요.

따라서 현주는 전체의 $\dfrac{90}{90}-\left(\dfrac{24}{90}+\dfrac{35}{90}\right)=\dfrac{31}{90}$ 을 갖게 되므로 구슬을 가장 많이

갖게 되는 사람은 지혜입니다.

86쪽 3번의 변형 심화 유형

서술형

**6** 접근 》 구하려는 분수를 $\dfrac{\square}{9}$ 라 하여 식을 세워 봅니다.

㈎ 구하는 분수를 $\dfrac{\square}{9}$ 라고 하면 $\dfrac{1}{4}<\dfrac{\square}{9}<\dfrac{3}{4}$ 이고 세 분수를 통분하면

$\dfrac{1\times9}{4\times9}<\dfrac{\square\times4}{9\times4}<\dfrac{3\times9}{4\times9}$ ➡ $\dfrac{9}{36}<\dfrac{\square\times4}{36}<\dfrac{27}{36}$ 이고,

$9<\square\times4<27$ 이므로 $\square$=3, 4, 5, 6입니다.

따라서 분모가 9인 기약분수는 $\dfrac{4}{9}$, $\dfrac{5}{9}$ 입니다.

**보충 개념**
기약분수는 더 이상 약분이 되지 않는 분수입니다.

| 채점 기준 | 배점 |
|---|---|
| 세 분수를 통분했나요? | 3점 |
| 조건을 만족하는 분수 중 분모가 9인 기약분수를 구했나요? | 2점 |

86쪽 3번의 변형 심화 유형

**7** 접근 》 세 분수의 분자를 같게 만든 다음 분모를 비교합니다.

세 분수의 분자 3, 4, 3의 최소공배수가 12이므로

$\dfrac{12}{32}<\dfrac{12}{\square\times3}<\dfrac{12}{28}$ ➡ $28<\square\times3<32$ 입니다.

따라서 $\square\times3=30$, $\square=10$입니다.

**주의**
분자가 같은 분수는 분모가 작을수록 크므로 분모의 크기만 비교하여 나타낼 때에는 부등호의 방향이 바뀌어요.

**8** 접근 》 소수를 기약분수로 나타낸 다음 분자의 크기를 같게 만들어 봅니다.

$1.2=\dfrac{12}{10}=\dfrac{6}{5}$ 이고, $1.8=\dfrac{18}{10}=\dfrac{9}{5}$ 이므로 $\dfrac{8}{\text{㉠}}$ 은 $\dfrac{6}{5}$ 보다 크고 $\dfrac{9}{5}$ 보다 작습니다.

➡ $\dfrac{6}{5}<\dfrac{8}{\text{㉠}}<\dfrac{9}{5}$

세 분수의 분자 6, 8, 9의 최소공배수가 72이므로 분자를 72가 되도록 만들면

$\dfrac{6\times12}{5\times12}<\dfrac{8\times9}{\text{㉠}\times9}<\dfrac{9\times8}{5\times8}$ ➡ $\dfrac{72}{60}<\dfrac{72}{\text{㉠}\times9}<\dfrac{72}{40}$ 이고

$40<\text{㉠}\times9<60$ 이므로 ㉠은 5, 6입니다.

따라서 ㉠이 될 수 있는 수를 모두 더한 값은 $5+6=11$입니다.

**해결 전략**
소수를 기약분수로 나타내 다음 분자의 크기를 같게 만들어 보세요.

**9** 접근 ≫ 최소공배수를 최대공약수와 1이 아닌 가장 자연수의 곱으로 나타내어 봅니다.

최대공약수는 14이고, 최소공배수는 $280=14\times2\times2\times5$이므로

만들 수 있는 진분수는 $\dfrac{14}{14\times2\times2\times5}=\dfrac{14}{280}$, $\dfrac{14\times2\times2}{14\times5}=\dfrac{56}{70}$입니다.

분자와 분모의 차는 $\dfrac{14}{280}$는 $280-14=266$, $\dfrac{56}{70}$은 $70-56=14$이므로

이 중에서 분자와 분모의 차가 가장 작을 때의 분수는 $\dfrac{56}{70}$입니다.

따라서 기약분수로 나타내면 $\dfrac{56\div14}{70\div14}=\dfrac{4}{5}$입니다.

해결 전략
최대공약수가 14이므로 어떤 진분수의 분자와 분모에는 반드시 14가 있어요.

**10** 접근 ≫ 분모가 1, 2, 3, 4, 5, 6인 경우 각각 만들 수 있는 진분수를 생각해 봅니다.

만들 수 있는 진분수는 $\dfrac{1}{2}$, $\dfrac{1}{3}$, $\dfrac{2}{3}$, $\dfrac{1}{4}$, $\dfrac{2}{4}$, $\dfrac{3}{4}$, $\dfrac{1}{5}$, $\dfrac{2}{5}$, $\dfrac{3}{5}$, $\dfrac{4}{5}$, $\dfrac{1}{6}$, $\dfrac{2}{6}$, $\dfrac{3}{6}$, $\dfrac{4}{6}$,

$\dfrac{5}{6}$로 모두 15개입니다.

이 중에서 약분할 수 있는 분수는 $\dfrac{2}{4}$, $\dfrac{2}{6}$, $\dfrac{3}{6}$, $\dfrac{4}{6}$로 4개이므로 기약분수는

$15-4=11$(개)입니다.

따라서 기약분수가 $11-4=7$(개) 더 많습니다.

해결 전략
(기약분수의 개수)
=(전체 분수의 개수)
 −(약분이 되는 분수의 개수)

주의
$\dfrac{3}{2}$, $\dfrac{4}{3}$, $\dfrac{1}{1}$, $\dfrac{2}{2}$, $\dfrac{3}{3}$ 등과 같이 가분수(분자가 분모보다 크거나, 분자와 분모가 같은 분수)를 구하지 않도록 해요.

**11** 접근 ≫ 주어진 수 카드 중에서 2장을 뽑아 $\dfrac{1}{2}$보다 큰 진분수를 만들어 봅니다.

$\dfrac{1}{2}$보다 큰 진분수는 $\dfrac{2}{3}$, $\dfrac{3}{5}$, $\dfrac{5}{6}$, $\dfrac{5}{7}$, $\dfrac{6}{7}$이고 $\dfrac{5}{7}<\dfrac{6}{7}$이므로

$\dfrac{2}{3}$, $\dfrac{3}{5}$, $\dfrac{5}{6}$, $\dfrac{5}{7}$의 크기만 비교합니다.

분모와 분자의 차가 1인 $\dfrac{2}{3}$와 $\dfrac{5}{6}$는 $\dfrac{2}{3}<\dfrac{5}{6}$, 분모와 분자의 차가 2인 $\dfrac{3}{5}$과 $\dfrac{5}{7}$는

$\dfrac{3}{5}<\dfrac{5}{7}$입니다.

$\dfrac{2}{3}$와 $\dfrac{3}{5}$의 크기 비교: $2\times5>3\times3$ ➡ $\dfrac{2}{3}>\dfrac{3}{5}$

따라서 가장 작은 분수는 $\dfrac{3}{5}$입니다.

해결 전략
분모와 분자의 차가 일정할 때 분모가 큰 분수가 더 커요.

**12** 접근 ≫ 분자와 분모에 같은 수를 더하거나 빼면 크기가 어떻게 변하는지 알아봅니다.

진분수의 분자와 분모에 같은 수를 더하면 크기가 커집니다.

$\dfrac{4}{5}$의 분자와 분모에 같은 수가 더해진 것은 ㉠ $\dfrac{4+1}{5+1}$, ㉡ $\dfrac{4+2}{5+2}$,

$0.96 = \dfrac{96}{100}$ 이고, $\dfrac{96 \div 4}{100 \div 4} = \dfrac{24}{25}$ 이므로 ㉯ $0.96 = \dfrac{4+20}{5+20}$ 입니다.

$\dfrac{4}{5} = \dfrac{40}{50}$ 이므로 $\dfrac{40}{50}$ 의 분자와 분모에 같은 수가 더해진 것은 ㉤ $\dfrac{41}{51} = \dfrac{40+1}{50+1}$ 입니다.

㉡ $\dfrac{4-1}{5-1} = \dfrac{3}{4}$ 과 ㉣ $\dfrac{4-2}{5-2} = \dfrac{2}{3}$ 는 모두 $\dfrac{4}{5}$ 보다 작고,

㉯ $\dfrac{4 \times 2}{5 \times 2} = \dfrac{4}{5}$, ㉥ $\dfrac{44}{55} = \dfrac{44 \div 11}{55 \div 11} = \dfrac{4}{5}$ 이므로 $\dfrac{4}{5}$ 와 같습니다.

따라서 $\dfrac{4}{5}$ 보다 큰 것은 ㉠, ㉢, ㉤, ㉾입니다.

86쪽 3번의 변형 심화 유형
## 13 접근 ≫ 구하는 분수를 $\dfrac{3}{\square}$ 이라 하여 식을 세워 봅니다.

해결 전략
분모를 같게 만든 다음 □ 안에 들어갈 수 있는 수를 구해요.

분자가 3인 분수를 $\dfrac{3}{\square}$ 이라고 하면 $\dfrac{1}{4}$, $\dfrac{3}{\square}$, $\dfrac{4}{5}$ 의 분자 1, 3, 4를 최소공배수 12로 같게 만들어 크기를 비교할 수 있습니다.

$\dfrac{1 \times 12}{4 \times 12} < \dfrac{3 \times 4}{\square \times 4} < \dfrac{4 \times 3}{5 \times 3}$ ➡ $\dfrac{12}{48} < \dfrac{12}{\square \times 4} < \dfrac{12}{15}$

$15 < \square \times 4 < 48$ 이므로 □$= 4, 5, 6, 7, 8, 9, 10, 11$입니다.

따라서 $\dfrac{1}{4}$ 보다 크고 $\dfrac{4}{5}$ 보다 작은 분수 중에서 분자가 3인 분수는

$\dfrac{3}{4}$, $\dfrac{3}{5}$, $\dfrac{3}{6}$, $\dfrac{3}{7}$, $\dfrac{3}{8}$, $\dfrac{3}{9}$, $\dfrac{3}{10}$, $\dfrac{3}{11}$ 입니다.

이 중에서 기약분수는 $\dfrac{3}{4}$, $\dfrac{3}{5}$, $\dfrac{3}{7}$, $\dfrac{3}{8}$, $\dfrac{3}{10}$, $\dfrac{3}{11}$ 으로 모두 6개입니다.

## 14 접근 ≫ 약분하기 전의 분수와 크기가 같은 분수를 생각해 봅니다.

해결 전략
$\dfrac{1}{3}$, $\dfrac{1}{4}$ 과 크기가 같은 분수 중에서 분자는 같고 두 분모의 차가 5인 분수를 찾아봐요.

어떤 분수를 $\dfrac{\bullet}{\blacksquare}$ 라고 하면 $\dfrac{\bullet}{\blacksquare - 2} = \dfrac{1}{3} = \dfrac{2}{6} = \dfrac{3}{9} = \dfrac{4}{12} = \dfrac{5}{15} = \cdots$ 이고,

$\dfrac{\bullet}{\blacksquare + 3} = \dfrac{1}{4} = \dfrac{2}{8} = \dfrac{3}{12} = \dfrac{4}{16} = \dfrac{5}{20} = \cdots$ 입니다.

약분하기 전의 분수의 분자는 변함이 없으므로 분자가 같고, 분모에서 2를 빼고 3을 더했으므로 분모의 차가 5인 분수는 $\dfrac{5}{15}$, $\dfrac{5}{20}$ 이므로

$\bullet = 5$, $\blacksquare = 17$입니다. ➡ $\dfrac{\bullet}{\blacksquare} = \dfrac{5}{17}$

**다른 풀이**

$\dfrac{\bullet}{\blacksquare - 2} = \dfrac{1}{3}$ 에서 $\bullet \times 3 = \blacksquare - 2$, $\bullet + \bullet + \bullet = \blacksquare - 2$,

$\dfrac{\bullet}{\blacksquare + 3} = \dfrac{1}{4}$ 에서 $\bullet \times 4 = \blacksquare + 3$, $\bullet + \bullet + \bullet + \bullet = \blacksquare + 3$이므로

오른쪽 그림을 보면 $\bullet = 5$, $\blacksquare = 17$입니다.

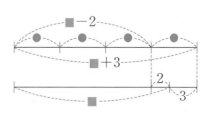

# 15 접근 ≫ 나열되어 있는 분수들의 규칙을 찾아봅니다.

분수의 분모와 분자의 차는 16으로 항상 일정합니다.

구하는 분수를 $\dfrac{3\times\square}{5\times\square}$로 놓으면 $5\times\square-3\times\square=2\times\square=16$, $\square=8$입니다.

따라서 구하는 분수는 $\dfrac{3\times8}{5\times8}=\dfrac{24}{40}$이므로 $24-4=20$(째)입니다.

**해결 전략**

분수의 분모와 분자의 차가 16으로 일정하므로 분수 $\dfrac{3\times\square}{5\times\square}$의 분모와 분자의 차도 16이에요.

**다른 풀이**

$\dfrac{3}{5}$의 분모와 분자의 차는 $5-3=2$이므로

16은 $\dfrac{3}{5}$의 분모와 분자의 차의 $16\div2=8$(배)입니다.

따라서 구하는 분수는 $\dfrac{3\times8}{5\times8}=\dfrac{24}{40}$이므로 $24-4=20$(째)입니다.

## HIGH LEVEL

95~97쪽

| | | | | | |
|---|---|---|---|---|---|
| **1** 24 | **2** $\dfrac{3}{7}$ | **3** 21 | **4** 7개 | **5** $\dfrac{1}{3}$ | **6** $\dfrac{3}{8}$ |
| **7** $\dfrac{1}{2}$ | **8** 90, 30 | **9** 12 | | | |

# 1 접근 ≫ 주어진 식을 이용하여 ㉡을 ㉠을 사용한 덧셈식으로 나타내어 봅니다.

㉡+6은 ㉠의 4배이므로 ㉡+6=㉠+㉠+㉠+㉠이고,

㉡+12는 ㉠의 5배이므로 ㉡+12=(㉠+㉠+㉠+㉠)+㉠=(㉡+6)+㉠에서

㉠=6입니다.

따라서 ㉡+6=24, ㉡=24-6=18이므로 ㉠+㉡=6+18=24입니다.

**보충 개념**

$\dfrac{\blacktriangle}{\blacksquare}=\dfrac{\bigstar}{\bullet}$

➡ $\blacktriangle\times\bullet=\bigstar\times\blacksquare$

# 2 접근 ≫ 먼저 수직선에 주어진 두 분수를 통분합니다.

수직선에 주어진 두 분수 $\dfrac{1}{3}$과 $\dfrac{1}{2}$을 통분하면 $\dfrac{2}{6}$, $\dfrac{3}{6}$이 됩니다.

$\dfrac{2}{6}$와 $\dfrac{3}{6}$의 분자는 1 차이가 나고 수직선에서 $\dfrac{1}{3}\left(=\dfrac{2}{6}\right)$과 $\dfrac{1}{2}\left(=\dfrac{3}{6}\right)$ 사이는 7칸으로 나누어져 있으므로 분모와 분자에 각각 7을 곱하여 크기가 같은 분수를 만듭니다.

➡ $\dfrac{2}{6}=\dfrac{2\times7}{6\times7}=\dfrac{14}{42}$, $\dfrac{3}{6}=\dfrac{3\times7}{6\times7}=\dfrac{21}{42}$

따라서 ㉠에 알맞은 분수는 $\dfrac{18}{42}$이고 기약분수로 나타내면 $\dfrac{3}{7}$입니다.

**해결 전략**

두 분수 사이의 나누어진 칸 수를 분모, 분자에 곱하여 크기가 같은 분수를 만들어 봐요.

## 3
85쪽 2번의 변형 심화 유형
**접근 》 기약분수로 나타내기 전의 분수를 생각해 봅니다.**

$\dfrac{1+2+\cdots+\blacktriangle}{1+2+\cdots+\blacksquare}$ 를 $\dfrac{5\times\bigstar}{6\times\bigstar}$ 이라고 하면 $5\times\bigstar+6\times\bigstar=11\times\bigstar$ 이므로

$(1+2+\cdots+\blacktriangle)+(1+2+\cdots+\blacksquare)$ 는 11의 배수가 됩니다.

110과 130 사이의 11의 배수는 121이므로 $121=11\times\bigstar$, $\bigstar=11$이고,

$5\times\bigstar=5\times11=55$에서 $1+2+\cdots+\blacktriangle=55$, $\blacktriangle=10$,

$6\times\bigstar=6\times11=66$에서 $1+2+\cdots+\blacksquare=66$, $\blacksquare=11$입니다.

따라서 $\blacktriangle+\blacksquare=10+11=21$입니다.

> **보충 개념**
>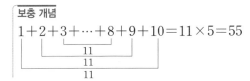
> $1+2+3+\cdots+8+9+10=11\times5=55$

## 4
84쪽 1번의 변형 심화 유형
**서술형**
**접근 》 분자가 128의 약수인 경우를 찾아봅니다.**

예 분자가 128의 약수이면 약분이 되어 분자가 1이 됩니다.

$128=1\times128=2\times64=4\times32=8\times16$

➡ 128의 약수: 1, 2, 4, 8, 16, 32, 64, 128

따라서 기약분수로 나타내었을 때 분자가 1이 되는 분수의 분자는 1, 2, 4, 8, 16, 32, 64이므로

$\dfrac{1}{128}$, $\dfrac{2}{128}\left(=\dfrac{1}{64}\right)$, $\dfrac{4}{128}\left(=\dfrac{1}{32}\right)$, $\dfrac{8}{128}\left(=\dfrac{1}{16}\right)$, $\dfrac{16}{128}\left(=\dfrac{1}{8}\right)$, $\dfrac{32}{128}\left(=\dfrac{1}{4}\right)$,

$\dfrac{64}{128}\left(=\dfrac{1}{2}\right)$로 모두 7개입니다.

| 채점 기준 | 배점 |
|---|---|
| 128의 약수를 구했나요? | 3점 |
| 분자가 1인 분수가 모두 몇 개인지 구했나요? | 2점 |

> **해결 전략**
> 기약분수로 나타내었을 때 분자가 1이 되는 경우는 분자가 분모의 약수일 때에요.

## 5
**접근 》 분모가 같은 분수끼리 나누어 봅니다.**

$\underset{\text{1개}}{\dfrac{1}{2}}$, $\underset{\text{2개}}{\dfrac{1}{3},\ \dfrac{2}{3}}$, $\underset{\text{3개}}{\dfrac{1}{4},\ \dfrac{2}{4},\ \dfrac{3}{4}}$ …이고

$1+2+3+4+5+6+7+8+9+10=55$이므로

56째: $\dfrac{1}{12}$, 57째: $\dfrac{2}{12}\left(=\dfrac{1}{6}\right)$, 58째: $\dfrac{3}{12}\left(=\dfrac{1}{4}\right)$, 59째: $\dfrac{4}{12}\left(=\dfrac{1}{3}\right)$입니다.

따라서 59째 자리에 놓이는 분수를 기약분수로 나타내면 $\dfrac{1}{3}$입니다.

> **해결 전략**
> 분모가 같은 분수끼리 묶어 규칙을 찾아봐요.

**6** 접근≫ $\dfrac{1}{2}$과 $\dfrac{2}{5}$의 크기를 비교한 다음 $\dfrac{1}{2}$보다 작은 진분수를 만들어 봅니다.

$\dfrac{2}{5}<\dfrac{1}{2}$이므로 $\dfrac{1}{2}$보다 작은 수 중에서 찾아봅니다.

수 카드로 만들 수 있는 $\dfrac{1}{2}$보다 작은 진분수는 다음과 같습니다.

• 분모가 1인 경우와 2인 경우: 만들 수 있는 분수가 없습니다.

• 분모가 3인 경우: $\dfrac{1}{3}$

• 분모가 4인 경우: $\dfrac{1}{4}$

• 분모가 5인 경우: $\dfrac{1}{5}$, $\dfrac{2}{5}$

• 분모가 6인 경우: $\dfrac{1}{6}\left(\dfrac{2}{6}=\dfrac{1}{3}$이므로 중복됩니다.$\right)$

• 분모가 7인 경우: $\dfrac{1}{7}$, $\dfrac{2}{7}$, $\dfrac{3}{7}$

• 분모가 8인 경우: $\dfrac{1}{8}$, $\dfrac{3}{8}\left(\dfrac{2}{8}=\dfrac{1}{4}$이므로 중복됩니다.$\right)$

• 분모가 9인 경우: $\dfrac{1}{9}$, $\dfrac{2}{9}$, $\dfrac{4}{9}\left(\dfrac{3}{9}=\dfrac{1}{3}$이므로 중복됩니다.$\right)$

따라서 수 카드로 만들 수 있는 $\dfrac{2}{5}$보다 작은 수는 $\dfrac{1}{3}$, $\dfrac{1}{4}$, $\dfrac{1}{5}$, $\dfrac{1}{6}$, $\dfrac{1}{7}$, $\dfrac{2}{7}$, $\dfrac{1}{8}$, $\dfrac{3}{8}$, $\dfrac{1}{9}$, $\dfrac{2}{9}$이고, 이 중에서 가장 큰 분수는 $\dfrac{3}{8}$입니다.

해결 전략
$\dfrac{1}{2}$을 기준으로 $\dfrac{1}{2}$보다 큰 수와 $\dfrac{1}{2}$보다 작은 수로 분류해 봐요.

**7** 접근≫ 분모, 분자가 7의 배수이고 분모가 분자보다 4 큰 진분수를 찾아봅니다.

분모와 분자가 7로 나누어지므로 분모와 분자는 7의 배수이고,
약분했을 때 분모가 분자보다 4 크므로 진분수입니다.

분모와 분자가 7의 배수이고, 합이 84인 진분수는 $\dfrac{35}{49}$, $\dfrac{28}{56}$, $\dfrac{21}{63}$, $\dfrac{14}{70}$, $\dfrac{7}{77}$입니다.

7로 약분하면 다음과 같습니다.

$\dfrac{35\div7}{49\div7}=\dfrac{5}{7}$, $\dfrac{28\div7}{56\div7}=\dfrac{4}{8}$, $\dfrac{21\div7}{63\div7}=\dfrac{3}{9}$, $\dfrac{14\div7}{70\div7}=\dfrac{2}{10}$, $\dfrac{7\div7}{77\div7}=\dfrac{1}{11}$

이 중에서 분모와 분자의 차가 4인 분수는 $\dfrac{28\div7}{56\div7}=\dfrac{4}{8}$입니다.

따라서 구하는 분수는 $\dfrac{28}{56}$이고, 기약분수로 나타내면 $\dfrac{28\div28}{56\div28}=\dfrac{1}{2}$입니다.

해결 전략
7로 약분이 되므로 분모, 분자가 7의 배수임을 알 수 있어요.

다른 풀이

분모와 분자가 7의 배수이므로 분수를 $\dfrac{7\times\text{ⓛ}}{7\times\text{㉠}}$이라고 하면 분모와 분자의 합이 84이므로
$(7\times\text{㉠})+(7\times\text{ⓛ})=84$, $7\times(\text{㉠}+\text{ⓛ})=84$, $\text{㉠}+\text{ⓛ}=84\div7=12$입니다.
분모가 분자보다 4 크므로 $\text{㉠}=\text{ⓛ}+4$입니다.

㉠＋㉡＝12에서 (㉡＋4)＋㉡＝12,

㉡×2＝8, ㉡＝4이므로 ㉠＝4＋4＝8입니다.

따라서 조건을 모두 만족하는 분수는 $\dfrac{7×㉡}{7×㉠}=\dfrac{7×4}{7×8}=\dfrac{28}{56}$이고, 기약분수로 나타내면

$\dfrac{28÷28}{56÷28}=\dfrac{1}{2}$입니다.

**8** 접근 》 $\dfrac{1}{300}$에서 300을 1과 자기 자신만이 공약수인 자연수의 곱으로 나타내어 봅니다.

$\dfrac{㉮}{㉯×㉯×㉯}=\dfrac{1}{300}$에서 300＝2×2×3×5×5이므로

분모를 ㉯×㉯×㉯와 같이 똑같은 수를 세 번 곱한 수로 나타내기 위해서는 분모와 분자에 (2×3×3×5)를 곱해야 합니다.

➡ $\dfrac{1}{300}=\dfrac{2×3×3×5}{(2×3×5)×(2×3×5)×(2×3×5)}$가 되므로

㉮＝2×3×3×5＝90, ㉯＝2×3×5＝30입니다.

**해결 전략**
분모를 같은 수를 세 번 곱한 수로 나타내기 위해 분모와 분자에 각각 얼마를 곱해야 하는지 생각해 봐요.

**9** 접근 》 먼저 $\dfrac{5}{9}$와 크기가 같은 분수를 생각해 봅니다.

$\dfrac{5}{9}=\dfrac{10}{18}=\dfrac{15}{27}=\cdots$입니다.

$\dfrac{10-■}{18-■}=\dfrac{1}{5}$이므로 (10-■)×5＝18-■, 50-■×5＝18-■,

50-18＝■×5-■, 32＝■×4, ■＝8

➡ 한 자리 수이므로 조건을 만족하지 않습니다.

$\dfrac{15-■}{27-■}=\dfrac{1}{5}$이므로 (15-■)×5＝27-■, 75-■×5＝27-■,

75-27＝■×5-■, 48＝■×4, ■＝12

➡ 따라서 ■가 될 수 있는 가장 작은 값은 12입니다.

**해결 전략**
약분하여 $\dfrac{5}{9}$가 되는 분수의 분모와 분자에서 각각 ■를 뺀 값이 $\dfrac{1}{5}$이 되는 경우를 찾아요.

**연필 없이 생각 톡** 98쪽

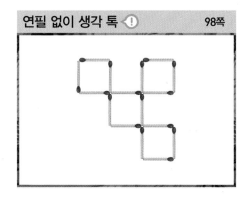

# 5 분수의 덧셈과 뺄셈

## ⊙ BASIC TEST

### 1 진분수의 덧셈과 뺄셈 103쪽

| | | |
|---|---|---|
| **1** (1) $<$ (2) $>$ | **2** $6\dfrac{5}{6}$ | **3** 28, 7, 28, 4 |
| **4** $\dfrac{17}{36}$ | **5** $\dfrac{11}{18}$ | **6** 6, 7 |

**1** (1) $\dfrac{7}{10}+\dfrac{1}{5}=\dfrac{7}{10}+\dfrac{2}{10}=\dfrac{9}{10}$

$\dfrac{5}{6}+\dfrac{1}{2}=\dfrac{5}{6}+\dfrac{3}{6}=\dfrac{8}{6}=1\dfrac{2}{6}=1\dfrac{1}{3}$

➡ $\dfrac{9}{10}<1\dfrac{1}{3}$

(2) $\dfrac{4}{5}-\dfrac{1}{2}=\dfrac{8}{10}-\dfrac{5}{10}=\dfrac{3}{10}\left(=\dfrac{12}{40}\right)$

$\dfrac{7}{8}-\dfrac{3}{5}=\dfrac{35}{40}-\dfrac{24}{40}=\dfrac{11}{40}$

➡ $\dfrac{3}{10}>\dfrac{11}{40}$

**2** $\square-4\dfrac{3}{7}=2\dfrac{17}{42}$

➡ $\square=2\dfrac{17}{42}+4\dfrac{3}{7}$, $\square=2\dfrac{17}{42}+4\dfrac{18}{42}$,

$\square=6\dfrac{35}{42}=6\dfrac{5}{6}$

따라서 $\square$ 안에 알맞은 수는 $6\dfrac{5}{6}$입니다.

**3** $\dfrac{2}{7}=\dfrac{4}{14}=\dfrac{6}{21}=\dfrac{8}{28}=\cdots$에서 분자를 분모의 약수 중 두 수의 합으로 나타낼 수 있는 경우를 찾아 단위분수로 나타냅니다.

$\dfrac{8}{28}$에서 28의 약수 1, 2, 4, 7, 14, 28 중 1과 7의 합은 8로 분자와 같습니다.

➡ $\dfrac{2}{7}=\dfrac{8}{28}=\dfrac{1}{28}+\dfrac{7}{28}=\dfrac{1}{28}+\dfrac{1}{4}$

보충 개념

• $\dfrac{4}{14}$에서 14의 약수 1, 2, 7, 14 중 두 수의 합이 4가 되는 경우는 없습니다.

• $\dfrac{6}{21}$에서 21의 약수 1, 3, 7, 21 중 두 수의 합이 6이 되는 경우는 없습니다.

**4** $\dfrac{8}{9}=\dfrac{160}{180}$, $\dfrac{5}{12}=\dfrac{75}{180}$, $\dfrac{4}{5}=\dfrac{144}{180}$, $\dfrac{7}{10}=\dfrac{126}{180}$

가장 큰 수: $\dfrac{8}{9}$, 가장 작은 수: $\dfrac{5}{12}$

➡ $\dfrac{8}{9}-\dfrac{5}{12}=\dfrac{32}{36}-\dfrac{15}{36}=\dfrac{17}{36}$

**다른 풀이**

$\dfrac{1}{2}$을 기준으로 큰 수와 작은 수를 각각 비교합니다.

• $\dfrac{1}{2}$보다 작은 수: $\underbrace{\dfrac{5}{12}}_{\text{가장 작은 수}}$

• $\dfrac{1}{2}$보다 큰 수: $\underbrace{\dfrac{8}{9}\left(=\dfrac{80}{90}\right)}, \dfrac{4}{5}\left(=\dfrac{72}{90}\right), \dfrac{7}{10}\left(=\dfrac{63}{90}\right)$

➡ $\dfrac{8}{9}-\dfrac{5}{12}=\dfrac{32}{36}-\dfrac{15}{36}=\dfrac{17}{36}$

**5** (오늘까지 읽은 동화책의 양)

=(어제 읽은 동화책의 양)+(오늘 읽은 동화책의 양)

$=\dfrac{4}{9}+\dfrac{1}{6}=\dfrac{8}{18}+\dfrac{3}{18}=\dfrac{11}{18}$

**6** $\dfrac{4}{9}-\dfrac{1}{6}=\dfrac{8}{18}-\dfrac{3}{18}=\dfrac{5}{18}$,

$\dfrac{1}{3}+\dfrac{1}{9}=\dfrac{3}{9}+\dfrac{1}{9}=\dfrac{4}{9}=\dfrac{8}{18}$

$\dfrac{5}{18}<\dfrac{\square}{18}<\dfrac{8}{18}$이므로 $\square$ 안에 들어갈 수 있는 자연수는 6, 7입니다.

### 2 대분수의 덧셈 105쪽

| | | |
|---|---|---|
| **1** 풀이 참조 | **2** $6\dfrac{1}{4}$ m | **3** 113개 |
| **4** $5\dfrac{5}{24}$ | **5** 문구점 | **6** $2\dfrac{17}{30}$시간 |

**1** 방법1 예 자연수는 자연수끼리, 분수는 분수끼리 계산합니다.

$$1\frac{5}{6}+2\frac{5}{8}=1\frac{20}{24}+2\frac{15}{24}$$
$$=(1+2)+\left(\frac{20}{24}+\frac{15}{24}\right)$$
$$=3+\frac{35}{24}=3+1\frac{11}{24}=4\frac{11}{24}$$

방법2 예 대분수를 가분수로 고쳐서 계산합니다.

$$1\frac{5}{6}+2\frac{5}{8}=\frac{11}{6}+\frac{21}{8}=\frac{44}{24}+\frac{63}{24}$$
$$=\frac{107}{24}=4\frac{11}{24}$$

**2** (삼각형의 둘레)$=1\frac{3}{5}+1\frac{3}{4}+2\frac{9}{10}$
$$=\left(1\frac{12}{20}+1\frac{15}{20}\right)+2\frac{9}{10}$$
$$=2\frac{27}{20}+2\frac{18}{20}$$
$$=4\frac{45}{20}=6\frac{5}{20}=6\frac{1}{4}(m)$$

**3** $3\frac{4}{9}+2\frac{5}{6}=3\frac{8}{18}+2\frac{15}{18}=5\frac{23}{18}=\frac{113}{18}$

따라서 $\frac{1}{18}$이 113개 모인 수입니다.

**4** 어떤 수를 □라고 하면 □$-3\frac{5}{8}=1\frac{7}{12}$,

□$=1\frac{7}{12}+3\frac{5}{8}=1\frac{14}{24}+3\frac{15}{24}=4\frac{29}{24}=5\frac{5}{24}$

따라서 어떤 수는 $5\frac{5}{24}$입니다.

해결 전략
■ $-$ ● $=$ ▲ → ■ $=$ ▲ $+$ ●

**5** (집에서 학교를 거쳐 공원에 가는 길)
$$=1\frac{2}{9}+1\frac{5}{12}=1\frac{8}{36}+1\frac{15}{36}=2\frac{23}{36}(km)$$
(집에서 문구점을 거쳐 공원에 가는 길)
$$=1\frac{3}{4}+\frac{5}{6}=1\frac{9}{12}+\frac{10}{12}=1\frac{19}{12}=2\frac{7}{12}(km)$$
$2\frac{7}{12}=2\frac{21}{36}$이므로 $2\frac{23}{36}>2\frac{21}{36}$입니다.

따라서 집에서 문구점을 거쳐 공원에 가는 길이 더 가깝습니다.

**6** 1시간 10분$=1\frac{10}{60}$시간$=1\frac{1}{6}$시간

➡ $1\frac{1}{6}+1\frac{2}{5}=1\frac{5}{30}+1\frac{12}{30}=2\frac{17}{30}$(시간)

해결 전략
몇 시간인지를 구하는 것이므로 1시간 10분을 시간으로 나타내요.

---

**3 대분수의 뺄셈**   107쪽

**1** 풀이 참조    **2** $1\frac{5}{8}, 4\frac{1}{8}$    **3** $\frac{1}{6}$

**4** $1\frac{7}{24}$ L    **5** $3\frac{5}{24}$ km

**6** $5\frac{19}{20}, 5\frac{7}{10}, \frac{1}{4}$

**1** 이유 예 자연수 부분에서 1을 받아내림하였는데 3에서 1을 빼지 않아서 잘못 계산했습니다.

바른 계산 $3\frac{2}{15}-\frac{4}{9}=3\frac{6}{45}-\frac{20}{45}$
$$=2\frac{51}{45}-\frac{20}{45}=2\frac{31}{45}$$

**2** 거꾸로 계산하여 ㉡을 구한 다음 ㉠을 구합니다.

㉡$=7\frac{7}{8}-3\frac{3}{4}=7\frac{7}{8}-3\frac{6}{8}=4\frac{1}{8}$

㉠$=$㉡$-2\frac{1}{2}=4\frac{1}{8}-2\frac{1}{2}=4\frac{1}{8}-2\frac{4}{8}$
$$=3\frac{9}{8}-2\frac{4}{8}=1\frac{5}{8}$$

**3** $\left(2\frac{7}{9}, 2\frac{1}{3}, \frac{5}{18}\right)\rightarrow\left(2\frac{14}{18}, 2\frac{6}{18}, \frac{5}{18}\right)$이므로

$2\frac{7}{9}>2\frac{1}{3}>\frac{5}{18}$입니다.

➡ $2\frac{7}{9}-2\frac{1}{3}-\frac{5}{18}=2\frac{14}{18}-2\frac{6}{18}-\frac{5}{18}$
$$=\frac{8}{18}-\frac{5}{18}=\frac{3}{18}=\frac{1}{6}$$

**4** (남아 있는 물의 양)

= (처음 물의 양) − (마신 물의 양) + (채운 물의 양)

$= 3\frac{1}{3} - 2\frac{5}{6} + \frac{19}{24}$

$= \left(3\frac{2}{6} - 2\frac{5}{6}\right) + \frac{19}{24} = \left(2\frac{8}{6} - 2\frac{5}{6}\right) + \frac{19}{24}$

$= \frac{3}{6} + \frac{19}{24} = \frac{12}{24} + \frac{19}{24} = \frac{31}{24} = 1\frac{7}{24}$ (L)

**5** (ⓒ~ⓔ의 거리)

= (㉠~ⓛ의 거리) + (ⓛ~ⓔ의 거리) − (㉠~ⓒ의 거리)

$= 1\frac{7}{12} + 3\frac{3}{4} - 2\frac{1}{8} = 1\frac{14}{24} + 3\frac{18}{24} - 2\frac{3}{24}$

$= 4\frac{32}{24} - 2\frac{3}{24} = 2\frac{29}{24} = 3\frac{5}{24}$ (km)

**6** 두 분수의 차가 가장 크게 되는 경우는 가장 큰 수에서 가장 작은 수를 빼는 경우입니다.

$5\frac{4}{5} = 5\frac{48}{60}, \; 5\frac{7}{10} = 5\frac{42}{60},$
└─가장 작은 수

$5\frac{11}{15} = 5\frac{44}{60}, \; 5\frac{19}{20} = 5\frac{57}{60}$
└─가장 큰 수

➡ $5\frac{19}{20} - 5\frac{7}{10} = 5\frac{57}{60} - 5\frac{42}{60} = \frac{15}{60} = \frac{1}{4}$

### MATH TOPIC

108~113쪽

**1-1** $7\frac{3}{4}$ m  **1-2** $5\frac{13}{36}$ m  **1-3** $2\frac{1}{20}$ m

**2-1** (1) 예 $\frac{3}{10} = \frac{1}{10} + \frac{1}{5}$  (2) 예 $\frac{4}{7} = \frac{1}{14} + \frac{1}{2}$

**2-2** 예 10, 5, 2  **2-3** 4, 6

**3-1** 1, 2  **3-2** 10개  **3-3** $\frac{2}{5}, \frac{3}{20}$

**4-1** $1\frac{5}{8}$ kg  **4-2** 6일  **4-3** 4일

**5-1** $8\frac{1}{3}$  **5-2** $17\frac{7}{12}$  **5-3** $4\frac{1}{8}$

심화6 $\frac{63}{64}, \frac{63}{64}, \frac{63}{64}, \frac{1}{64}$ / $\frac{1}{64}$

**6-1** $\frac{7}{25}$ L

**1-1** (색 테이프 3장의 길이의 합)

$= 2\frac{5}{6} + 2\frac{5}{6} + 2\frac{5}{6} = 6\frac{15}{6} = 8\frac{3}{6} = 8\frac{1}{2}$ (m)

(겹쳐진 부분의 길이의 합)

$= \frac{3}{8} + \frac{3}{8} = \frac{6}{8} = \frac{3}{4}$ (m)

➡ (이은 색 테이프 전체의 길이)

$= 8\frac{1}{2} - \frac{3}{4} = 8\frac{2}{4} - \frac{3}{4} = 7\frac{6}{4} - \frac{3}{4} = 7\frac{3}{4}$ (m)

**1-2** (색 테이프 3장의 길이의 합)

$= 1\frac{2}{3} + 2\frac{3}{4} + 1\frac{7}{9}$

$= 1\frac{24}{36} + 2\frac{27}{36} + 1\frac{28}{36} = 4\frac{79}{36} = 6\frac{7}{36}$ (m)

(겹쳐진 부분의 길이의 합)

$= \frac{5}{12} + \frac{5}{12} = \frac{10}{12} = \frac{5}{6}$ (m)

➡ (이은 색 테이프 전체의 길이)

$= 6\frac{7}{36} - \frac{5}{6} = 6\frac{7}{36} - \frac{30}{36}$

$= 5\frac{43}{36} - \frac{30}{36} = 5\frac{13}{36}$ (m)

**1-3** (ⓛ~ⓒ의 거리)

= (㉠~ⓒ의 거리) + (ⓛ~ⓔ의 거리) − (㉠~ⓔ의 거리)

$= 3\frac{5}{6} + 5\frac{3}{4} - 7\frac{8}{15} = 3\frac{50}{60} + 5\frac{45}{60} - 7\frac{32}{60}$

$= 8\frac{95}{60} - 7\frac{32}{60} = 1\frac{63}{60} = 2\frac{3}{60} = 2\frac{1}{20}$ (m)

**2-1** (1) $\frac{3}{10} = \frac{6}{20} = \frac{9}{30} = \frac{12}{40} = \cdots$

$\frac{3}{10}$ ➡ 10의 약수: ①, ②, 5, 10

➡ $\frac{3}{10} = \frac{1}{10} + \frac{2}{10} = \frac{1}{10} + \frac{1}{5}$

> **다른 답**
>
> $\frac{6}{20}$ ➡ 20의 약수: ① 2, 4, ⑤ 10, 20
>
> ➡ $\frac{3}{10} = \frac{6}{20} = \frac{1}{20} + \frac{5}{20} = \frac{1}{20} + \frac{1}{4}$

(2) $\dfrac{4}{7}=\dfrac{8}{14}=\cdots$ ➡ 14의 약수: ①, 2, ⑦, 14

➡ $\dfrac{4}{7}=\dfrac{8}{14}=\dfrac{1}{14}+\dfrac{7}{14}=\dfrac{1}{14}+\dfrac{1}{2}$

**2-2** $\dfrac{4}{5}=\dfrac{8}{10}=\dfrac{12}{15}=\dfrac{16}{20}=\cdots$

$\dfrac{8}{10}$ ➡ 10의 약수: ①, ②, ⑤, 10

➡ 1, 2, 5를 더하면 분자 8이 됩니다.

$\dfrac{4}{5}=\dfrac{8}{10}=\dfrac{1}{10}+\dfrac{2}{10}+\dfrac{5}{10}=\dfrac{1}{10}+\dfrac{1}{5}+\dfrac{1}{2}$

> **다른 답**
> $\dfrac{16}{20}$ ➡ 20의 약수: ①, 2, 4, ⑤, ⑩, 20
> $\dfrac{4}{5}=\dfrac{16}{20}=\dfrac{1}{20}+\dfrac{5}{20}+\dfrac{10}{20}=\dfrac{1}{20}+\dfrac{1}{4}+\dfrac{1}{2}$

**2-3** 12의 약수 : ①, ②, ③, ④, 6, 12

➡ 1, 4 또는 2, 3을 더하면 분자 5가 됩니다.

・1, 4를 더한 경우:

$\dfrac{5}{12}=\dfrac{1}{12}+\dfrac{4}{12}=\dfrac{1}{12}+\dfrac{1}{3}$

➡ ㉠, ㉡이 10보다 작다는 조건을 만족하지 못합니다.

・2, 3을 더한 경우: $\dfrac{5}{12}=\dfrac{2}{12}+\dfrac{3}{12}=\dfrac{1}{6}+\dfrac{1}{4}$

에서 ㉠<㉡이므로 ㉠=4, ㉡=6입니다.

**3-1** $\square+\dfrac{11}{20}=2\dfrac{4}{5}$일 때

$\square=2\dfrac{4}{5}-\dfrac{11}{20}=2\dfrac{16}{20}-\dfrac{11}{20}=2\dfrac{5}{20}=2\dfrac{1}{4}$이므로 $\square=2\dfrac{1}{4}$입니다.

➡ $\square=2\dfrac{1}{4}$일 때 $\square+\dfrac{11}{20}=2\dfrac{4}{5}$이므로

$\square+\dfrac{11}{20}$이 $2\dfrac{4}{5}$보다 작으려면 $\square$가 $2\dfrac{1}{4}$보다 작아야 합니다.

따라서 $\square$ 안에 들어갈 수 있는 자연수는 1, 2입니다.

**3-2** $2\dfrac{3}{4}+\dfrac{\square}{12}-1\dfrac{2}{3}=\dfrac{11}{4}+\dfrac{\square}{12}-\dfrac{5}{3}$

$=\dfrac{33+\square-20}{12}$

$=\dfrac{13+\square}{12}$ ➡ $\dfrac{13+\square}{12}<2$

$\dfrac{13+\square}{12}=2$라고 하면 $\dfrac{13+\square}{12}=\dfrac{24}{12}$,

$13+\square=24$, $\square=24-13=11$입니다.

따라서 $\square<11$이므로 $\square$ 안에 들어갈 수 있는 자연수는 1, 2, …, 9, 10으로 모두 10개입니다.

**3-3** (㉮+㉯)+(㉮−㉯)$=\dfrac{11}{20}+\dfrac{1}{4}=\dfrac{11}{20}+\dfrac{5}{20}$

$=\dfrac{16}{20}$

➡ ㉮+㉮$=\dfrac{16}{20}=\dfrac{4}{5}$

$\dfrac{4}{5}=\dfrac{2}{5}+\dfrac{2}{5}$이므로 ㉮$=\dfrac{2}{5}$이고, ㉮+㉯$=\dfrac{11}{20}$

에서 $\dfrac{2}{5}+$㉯$=\dfrac{11}{20}$, ㉯$=\dfrac{11}{20}-\dfrac{8}{20}=\dfrac{3}{20}$

**4-1** (사과 $\dfrac{1}{3}$의 무게)$=19\dfrac{1}{4}-13\dfrac{3}{8}=19\dfrac{2}{8}-13\dfrac{3}{8}$

$=18\dfrac{10}{8}-13\dfrac{3}{8}=5\dfrac{7}{8}$(kg)

(전체 사과의 무게)

$=5\dfrac{7}{8}+5\dfrac{7}{8}+5\dfrac{7}{8}=15\dfrac{21}{8}=17\dfrac{5}{8}$(kg)

➡ (빈 상자의 무게)
$=$(사과와 상자의 무게)$-$(전체 사과의 무게)
$=19\dfrac{1}{4}-17\dfrac{5}{8}=19\dfrac{2}{8}-17\dfrac{5}{8}$
$=18\dfrac{10}{8}-17\dfrac{5}{8}=1\dfrac{5}{8}$(kg)

> **다른 풀이**
> (사과 $\dfrac{1}{3}$의 무게)$=19\dfrac{1}{4}-13\dfrac{3}{8}=19\dfrac{2}{8}-13\dfrac{3}{8}$
> $=18\dfrac{10}{8}-13\dfrac{3}{8}=5\dfrac{7}{8}$(kg)
> ➡ (빈 상자의 무게)
> $=$(사과 $\dfrac{2}{3}$와 상자의 무게)$-$(사과 $\dfrac{2}{3}$의 무게)
> $=13\dfrac{3}{8}-\left(5\dfrac{7}{8}+5\dfrac{7}{8}\right)=12\dfrac{11}{8}-11\dfrac{6}{8}=1\dfrac{5}{8}$(kg)

**4-2** (두 사람이 하루에 하는 일의 양)

$$= \frac{1}{10} + \frac{1}{15} = \frac{3}{30} + \frac{2}{30} = \frac{5}{30} = \frac{1}{6}$$

전체 일의 양은 1이고

$$\frac{1}{6} + \frac{1}{6} + \frac{1}{6} + \frac{1}{6} + \frac{1}{6} + \frac{1}{6} = \frac{6}{6} = 1$$이므로 일을 모두 마치는 데 6일이 걸립니다.

> **지도 가이드**
> 전체 일의 양을 1이라 생각하여 분수의 덧셈식이나 뺄셈식을 만들어 문제를 해결할 수 있도록 지도해 주세요.

**4-3** 전체 일의 양을 1이라고 하면 다온이와 효우가 하루에 하는 일의 양은 각각 $\frac{1}{7}$, $\frac{1}{6}$입니다.

➡ (두 사람이 하루에 하는 일의 양)

$$= \frac{1}{7} + \frac{1}{6} = \frac{6}{42} + \frac{7}{42} = \frac{13}{42}$$

따라서 $\frac{13}{42} + \frac{13}{42} + \frac{13}{42} + \frac{13}{42} = \frac{52}{42} = 1\frac{10}{42}$이므로 일을 모두 마치는 데 4일이 걸립니다.

**5-1** 두 대분수의 차가 가장 크려면 자연수 부분은 가장 큰 수 9와 가장 작은 수 1을 쓰고, 분수 부분의 차가 가장 크게 되도록 해야 합니다.

따라서 차가 가장 클 때

$$9\frac{5}{6} - 1\frac{4}{8} = 9\frac{5}{6} - 1\frac{1}{2} = 9\frac{5}{6} - 1\frac{3}{6}$$
$$= 8\frac{2}{6} = 8\frac{1}{3}$$입니다.

**5-2** 두 대분수의 합이 가장 크려면 자연수 부분에 가장 큰 수 9와 둘째로 큰 수 7을 각각 쓰고, 분수 부분의 합이 가장 크게 되도록 해야 합니다.

나머지 수 카드로 만들 수 있는 두 진분수는

$\frac{5}{6}$와 $\frac{3}{4}$ 또는 $\frac{4}{6}$와 $\frac{3}{5}$ 또는 $\frac{3}{6}$과 $\frac{4}{5}$입니다.

$$\frac{5}{6} + \frac{3}{4} = \frac{10}{12} + \frac{9}{12} = \frac{19}{12} = 1\frac{7}{12},$$
$$\frac{4}{6} + \frac{3}{5} = \frac{20}{30} + \frac{18}{30} = \frac{38}{30} = 1\frac{8}{30} = 1\frac{4}{15},$$
$$\frac{3}{6} + \frac{4}{5} = \frac{15}{30} + \frac{24}{30} = \frac{39}{30} = 1\frac{9}{30} = 1\frac{3}{10}$$

두 진분수의 합은 $1\frac{7}{12}$이 가장 크므로 두 진분수는 $\frac{5}{6}$와 $\frac{3}{4}$입니다. 따라서 두 대분수는 $9\frac{5}{6}$, $7\frac{3}{4}$이므로 합은 $9\frac{5}{6} + 7\frac{3}{4} = 16 + 1\frac{7}{12} = 17\frac{7}{12}$입니다.

> **보충 개념**
> 만들 수 있는 두 대분수는 $9\frac{5}{6}$와 $7\frac{3}{4}$ 외에 $9\frac{3}{4}$과 $7\frac{5}{6}$가 될 수 있지만 합은 같습니다.

> **해결 전략**
> 두 대분수의 합이 가장 크려면 가장 큰 수와 둘째로 큰 수를 만들어 더해야 해요.

**5-3** 두 대분수의 합이 가장 작으려면 자연수 부분에 가장 작은 수 1과 두 번째로 작은 수 2를 각각 쓰고, 분수 부분의 합이 가장 작게 되도록 해야 합니다.

나머지 수로 만들 수 있는 두 진분수는 $\frac{3}{5}$과 $\frac{6}{8}$, $\frac{3}{6}$과 $\frac{5}{8}$, $\frac{3}{8}$과 $\frac{5}{6}$입니다.

$$\frac{3}{5} + \frac{6}{8} = \frac{24}{40} + \frac{30}{40} = \frac{54}{40} = 1\frac{14}{40} = 1\frac{7}{20},$$
$$\frac{3}{6} + \frac{5}{8} = \frac{12}{24} + \frac{15}{24} = \frac{27}{24} = 1\frac{3}{24} = 1\frac{1}{8},$$
$$\frac{3}{8} + \frac{5}{6} = \frac{9}{24} + \frac{20}{24} = \frac{29}{24} = 1\frac{5}{24}$$

두 진분수의 합은 $1\frac{1}{8}$이 가장 작으므로 두 진분수는 $\frac{3}{6}$과 $\frac{5}{8}$입니다. ⎫ $1\frac{5}{8}$와 $1\frac{3}{6}$도 될 수 있지만 합은 같습니다.

따라서 두 대분수는 $1\frac{3}{6}$과 $2\frac{5}{8}$이므로 합은

$$1\frac{3}{6} + 2\frac{5}{8} = 3 + 1\frac{1}{8} = 4\frac{1}{8}$$입니다.

> **해결 전략**
> 두 대분수의 합이 가장 작으려면 가장 작은 수와 둘째로 작은 수를 만들어 더해야 해요.

**6-1** BTB용액을 산성 용액에 넣으면 노란색으로 변하므로 산성 용액은 식초와 우유입니다.

(식초의 양)＋(우유의 양)

$$= \frac{13}{100} + \frac{3}{20} = \frac{13}{100} + \frac{15}{100} = \frac{28}{100} = \frac{7}{25}\text{(L)}$$

**1** $12\dfrac{1}{3}$ 　　**2** 1시간 28분 　　**3** $3\dfrac{2}{3}$ cm 　　**4** ㉡ 구간, $1\dfrac{32}{125}$ km 　　**5** 5개

**6** ⑩ $2\dfrac{7}{12}$, $1\dfrac{5}{9}$, $2\dfrac{9}{20}$ / $3\dfrac{43}{90}$ 　　**7** $\dfrac{31}{84}$ 　　**8** $5\dfrac{1}{9}$ 　　**9** $2\dfrac{1}{2}$, $1\dfrac{1}{8}$ 　　**10** $4\dfrac{8}{15}$ L

**11** ⑩ 6, 12, 32 　　**12** 10시간 　　**13** $2\dfrac{2}{3}$ 　　**14** 640 kg 　　**15** $\dfrac{4}{21}$

## 1 접근 ≫ 어떤 수를 □로 하여 잘못 계산한 식을 세워 봅니다.

어떤 수를 □라고 하면 $\square - 2\dfrac{1}{4} = 7\dfrac{5}{6}$,

$\square = 7\dfrac{5}{6} + 2\dfrac{1}{4} = 7\dfrac{10}{12} + 2\dfrac{3}{12} = 9\dfrac{13}{12} = 10\dfrac{1}{12}$

따라서 바르게 계산하면

$10\dfrac{1}{12} + 2\dfrac{1}{4} = 10\dfrac{1}{12} + 2\dfrac{3}{12} = 12\dfrac{4}{12} = 12\dfrac{1}{3}$ 입니다.

해결 전략
잘못 계산한 식을 이용하여 어떤 수를 구한 다음 바르게 계산한 값을 구해요.

## 2 접근 ≫ 그저께 동화책을 읽은 시간을 분수로 나타내어 봅니다.

⑩ $30$분$=\dfrac{30}{60}$시간$=\dfrac{1}{2}$시간

(오늘 동화책을 읽은 시간)

$=\dfrac{1}{2} + \dfrac{1}{6} + \dfrac{4}{5} = \dfrac{15}{30} + \dfrac{5}{30} + \dfrac{24}{30} = \dfrac{44}{30} = 1\dfrac{14}{30} = 1\dfrac{7}{15}$(시간)

$1\dfrac{7}{15}$시간$=1\dfrac{28}{60}$시간 ➡ 1시간 28분

| 채점 기준 | 배점 |
| --- | --- |
| 그저께 동화책을 읽은 시간을 분수로 나타냈나요? | 1짐 |
| 오늘 동화책을 읽은 시간을 구했나요? | 2점 |
| 오늘 동화책을 읽은 시간을 몇 시간 몇 분으로 나타냈나요? | 2점 |

보충 개념
1시간은 60분이므로 시간을 분으로 고칠 때에는 분모를 60으로 하여 분자를 읽도록 합니다.
⑩ $1\dfrac{1}{4}$시간$=1\dfrac{15}{60}$시간
➡ 1시간 15분

## 3 108쪽 1번의 변형 심화 유형
접근 ≫ 색칠한 부분의 가로 길이를 먼저 구합니다.

(색칠한 부분의 가로)$=\left(8\dfrac{1}{6} + 9\dfrac{1}{12}\right) - 16\dfrac{3}{4} = 17\dfrac{3}{12} - 16\dfrac{3}{4}$

$\qquad = 17\dfrac{1}{4} - 16\dfrac{3}{4} = 16\dfrac{5}{4} - 16\dfrac{3}{4} = \dfrac{2}{4} = \dfrac{1}{2}$(cm)

➡ (색칠한 부분의 둘레)$=\left(\dfrac{1}{2} + \dfrac{1}{2}\right) + \left(1\dfrac{1}{3} + 1\dfrac{1}{3}\right)$

$\qquad = 1 + 2\dfrac{2}{3} = 3\dfrac{2}{3}$(cm)

해결 전략
(전체 길이)
$=$(두 길이의 합)
$\quad -$(겹쳐진 부분의 길이)

**4** 접근 ≫ ⊙ 구간의 거리, ⓒ 구간의 거리를 먼저 각각 구합니다.

$$(\text{⊙ 구간의 거리}) = 1\frac{19}{50} - \frac{52}{125} = 1\frac{95}{250} - \frac{104}{250}$$

$$= \frac{345}{250} - \frac{104}{250} = \frac{241}{250}(\text{km})$$

$$(\text{ⓒ 구간의 거리}) = 3\frac{3}{5} - 1\frac{19}{50} = 3\frac{30}{50} - 1\frac{19}{50} = 2\frac{11}{50}(\text{km})$$

$\frac{241}{250} < 2\frac{11}{50}$ 이므로 ⓒ 구간의 거리가

$$2\frac{11}{50} - \frac{241}{250} = 2\frac{55}{250} - \frac{241}{250} = 1\frac{305}{250} - \frac{241}{250} = 1\frac{64}{250} = 1\frac{32}{125}(\text{km}) \text{ 더 깁}$$
니다.

해결 전략
⊙과 ⓒ 구간의 거리를 각각 구한 후 두 거리의 크기를 비교하고 차를 구해요.

**5** 110쪽 3번의 변형 심화 유형
접근 ≫ 분수를 분모의 최소공배수로 통분하여 크기를 비교합니다.

분모를 24로 통분하여 분자의 크기를 비교합니다.
$$1\frac{1}{2} = \frac{3}{2} = \frac{36}{24}, \quad 1\frac{3}{8} + \frac{\square}{6} = \frac{11}{8} + \frac{\square}{6} = \frac{33}{24} + \frac{\square \times 4}{24} = \frac{33 + \square \times 4}{24},$$

$$2\frac{1}{3} = \frac{7}{3} = \frac{56}{24} \Rightarrow \frac{36}{24} < \frac{33 + \square \times 4}{24} < \frac{56}{24} \Rightarrow 36 < 33 + \square \times 4 < 56,$$

$$36 - 33 < \square \times 4 < 56 - 33, \quad 3 < \square \times 4 < 23$$

따라서 $\square$ 안에 들어갈 수 있는 자연수는 1, 2, 3, 4, 5로 모두 5개입니다.

**다른 풀이**

$$1\frac{1}{2} < 1\frac{3}{8} + \frac{\square}{6} < 2\frac{1}{3} \Rightarrow 1\frac{1}{2} - 1\frac{3}{8} < \frac{\square}{6} < 2\frac{1}{3} - 1\frac{3}{8} \Rightarrow \frac{1}{8} < \frac{\square}{6} < \frac{23}{24}$$

세 분수를 통분하면 $\frac{3}{24} < \frac{\square \times 4}{24} < \frac{23}{24}$ 이므로 $3 < \square \times 4 < 23$입니다.

따라서 $\square$ 안에 들어갈 수 있는 자연수는 1, 2, 3, 4, 5로 모두 5개입니다.

해결 전략
$\square$ 안에 들어갈 수 있는 수를 구하려면 분모를 통분하여 분자의 크기를 비교해요.

보충 개념
⊙ > ⓒ이면
⊙ + ⓒ > ⓒ + ⓒ,
⊙ − ⓒ > ⓒ − ⓒ입니다.

**6** 접근 ≫ 계산 결과가 가장 크게 되려면 $\square$ 안에 어떤 수가 들어가야 되는지 생각해 봅니다.

⊙ − ⓒ + ⓒ의 계산 결과가 가장 크려면 ⓒ에 가장 작은 수를 쓰고, ⊙과 ⓒ에 가장 큰 수와 둘째로 큰 수를 써야 합니다.
⊙ − ⓒ + ⓒ과 ⓒ − ⓒ + ⊙은 계산 결과가 같습니다.
$2\frac{7}{12} > 2\frac{9}{20} > 1\frac{7}{10} > 1\frac{5}{9}$ 이므로 계산해야 할 식은
$2\frac{7}{12} - 1\frac{5}{9} + 2\frac{9}{20}$ 입니다.

$$\Rightarrow 2\frac{7}{12} - 1\frac{5}{9} + 2\frac{9}{20} = 2\frac{105}{180} - 1\frac{100}{180} + 2\frac{81}{180}$$

$$= 1\frac{5}{180} + 2\frac{81}{180} = 3\frac{86}{180} = 3\frac{43}{90}$$

해결 전략
⊙ − ⓒ + ⓒ의 계산 결과가 가장 크게 되려면 ⊙과 ⓒ은 가장 큰 수와 둘째로 큰 수여야 하고, ⓒ은 가장 작아야 해요.

**7** 접근 ≫ ⓒ은 가로에도 들어가고 세로에도 들어갑니다.

가로와 세로에 ⓒ이 중복되므로 ⓒ을 제외한 나머지 두 수끼리의 합이 같으므로

$$3\frac{5}{12}+\bigcirc=2\frac{2}{7}+1\frac{1}{2},$$

$$\bigcirc=2\frac{2}{7}+1\frac{1}{2}-3\frac{5}{12}=\left(2\frac{4}{14}+1\frac{7}{14}\right)-3\frac{5}{12}$$

$$=3\frac{11}{14}-3\frac{5}{12}=3\frac{66}{84}-3\frac{35}{84}=\frac{31}{84}$$

**다른 풀이**

가로와 세로의 세 수의 합이 같으므로 $3\frac{5}{12}+\bigcirc+\bigcirc=2\frac{2}{7}+\bigcirc+1\frac{1}{2}$입니다.

양쪽에서 각각 ⓒ을 빼면 $3\frac{5}{12}+\bigcirc=2\frac{2}{7}+1\frac{1}{2}$이므로

$$\bigcirc=2\frac{2}{7}+1\frac{1}{2}-3\frac{5}{12}=\left(2\frac{4}{14}+1\frac{7}{14}\right)-3\frac{5}{12}$$

$$=3\frac{11}{14}-3\frac{5}{12}=3\frac{66}{84}-3\frac{35}{84}=\frac{31}{84}$$입니다.

**해결 전략**

가로와 세로에 있는 세 수의 합이 같고, 겹쳐지는 수가 있을 때 그 수를 제외한 나머지 두 수의 합은 같아요.

➡ ■＋▲＝●＋◆

---

**서술형 8** 접근 ≫ 주어진 식을 보기 와 같이 나타내 봅니다.

(예) 기호◈은 앞의 수와 뒤의 수의 합에서 앞의 수와 뒤의 수의 차를 빼는 것입니다.

$$5\frac{8}{15}◈2\frac{5}{9}=\left(5\frac{8}{15}+2\frac{5}{9}\right)-\left(5\frac{8}{15}-2\frac{5}{9}\right)$$

$$=\left(5\frac{24}{45}+2\frac{25}{45}\right)-\left(5\frac{24}{45}-2\frac{25}{45}\right)=7\frac{49}{45}-2\frac{44}{45}=5\frac{5}{45}=5\frac{1}{9}$$

$$\quad\quad\quad\quad\quad\quad\quad 4\frac{69}{45}-2\frac{25}{45}=2\frac{44}{45}$$

| 채점 기준 | 배점 |
|---|---|
| 주어진 식을 보기 와 같이 나타냈나요? | 3점 |
| $5\frac{8}{15}◈2\frac{5}{9}$의 값을 구했나요? | 2점 |

---

**9** 접근 ≫ 두 기약분수를 각각 ⊙, ⓒ이라고 하여 식을 세워 봅니다.

두 기약분수를 ⊙, ⓒ(⊙＞ⓒ)이라고 하면 $\bigcirc+\bigcirc=3\frac{5}{8}$, $\bigcirc-\bigcirc=1\frac{3}{8}$

$$(\bigcirc+\bigcirc)+(\bigcirc-\bigcirc)=3\frac{5}{8}+1\frac{3}{8}=4\frac{8}{8}=5$$

➡ $\bigcirc+\bigcirc=5$, $5=2\frac{1}{2}+2\frac{1}{2}$이므로 $\bigcirc=2\frac{1}{2}$

$\bigcirc+\bigcirc=3\frac{5}{8}$에서 $2\frac{1}{2}+\bigcirc=3\frac{5}{8}$, $\bigcirc=3\frac{5}{8}-2\frac{1}{2}=3\frac{5}{8}-2\frac{4}{8}=1\frac{1}{8}$

**해결 전략**

$(\bigcirc+\bigcirc)+(\bigcirc-\bigcirc)$
$=\bigcirc+\bigcirc$
이 되는 것을 이용해요.

## 10 접근 ≫ 구하려는 음료수의 양을 □L라고 하여 식을 세웁니다.

처음 ⓝ 병에 들어 있던 음료수의 양을 □L라고 하면

$$7\frac{1}{3}-1\frac{2}{5}=□+1\frac{2}{5}$$이므로

$$□=7\frac{1}{3}-1\frac{2}{5}-1\frac{2}{5}=\left(7\frac{5}{15}-1\frac{6}{15}\right)-1\frac{2}{5}$$

$$=\left(6\frac{20}{15}-1\frac{6}{15}\right)-1\frac{2}{5}=5\frac{14}{15}-1\frac{6}{15}=4\frac{8}{15}\text{(L)입니다.}$$

> **해결 전략**
> 음료수를 옮겨 담은 후 ㉮ 병과 ⓝ 병에 담긴 음료수의 양이 같아져요.

## 11 109쪽 2번의 변형 심화 유형
**접근 ≫ 분모인 32의 약수부터 알아봅니다.**

$$\frac{9}{32}=\frac{1}{32}+\frac{8}{32}=\frac{1}{32}+\frac{1}{4}=\frac{1}{32}+\frac{3}{12}=\frac{1}{32}+\frac{1}{12}+\frac{2}{12}$$

└── 32의 약수: ①, 2, 4, ⑧, 16, 32        └── 12의 ②, 3, 4, 6, 12

$$=\frac{1}{32}+\frac{1}{12}+\frac{1}{6}$$이므로 분수의 분모는 6, 12, 32입니다.

따라서 ㉠<㉡<㉢이므로 ㉠=6, ㉡=12, ㉢=32입니다.

> **다른 답**
> $$\frac{9}{32}=\frac{1}{32}+\frac{8}{32}=\frac{1}{32}+\frac{1}{4}=\frac{1}{32}+\frac{5}{20}=\frac{1}{32}+\frac{1}{20}+\frac{4}{20}=\frac{1}{32}+\frac{1}{20}+\frac{1}{5}$$
> ➡ 5, 20, 32         └── 20의 약수: ①, 2, ④, 5, 10, 20
> 따라서 ㉠<㉡<㉢이므로 ㉠=5, ㉡=20, ㉢=32입니다.
> 이외에도 여러 답이 나올 수 있습니다.

> **해결 전략**
> 분모의 약수 중 세 수의 합이 분자가 되는 경우를 찾아봐요.

## 12 접근 ≫ 물탱크에 한 시간에 채울 수 있는 물의 양이 전체의 몇 분의 몇인지 알아봅니다.

물탱크에 가득 채운 물의 양을 1이라고 할 때 한 시간에 채울 수 있는 물의 양은

㉮ 수도꼭지로 $\frac{1}{24}$, ⓝ 수도꼭지로 $\frac{1}{12}$이고, ⓒ 배수구로 1시간 동안 빠져나가는 물의 양은 $\frac{1}{40}$입니다.

㉮, ⓝ 수도꼭지와 ⓒ 배수구를 열어 한 시간 동안 채울 수 있는 물의 양은

$$\frac{1}{24}+\frac{1}{12}-\frac{1}{40}=\frac{5}{120}+\frac{10}{120}-\frac{3}{120}=\frac{12}{120}=\frac{1}{10}$$입니다.

따라서 물탱크에 물을 가득 채우는 데 10시간이 걸립니다.

> **해결 전략**
> • 물을 가득 채우는 데 ●시간이 걸리는 수도꼭지로는 한 시간에 전체의 $\frac{1}{●}$만큼 채울 수 있어요.
>
> • 수도꼭지로 채우는 물의 양은 더하고, 배수구로 빠져나가는 물의 양은 빼요.

## 13

접근 ≫ **남은 도형의 둘레와 처음 직사각형의 둘레를 비교해 봅니다.**

남은 도형의 둘레는 처음 직사각형의 둘레보다 $(\square+\square)$ cm 더 깁니다.

$$(\text{처음 직사각형의 둘레})=\left(8\frac{5}{12}+8\frac{5}{12}\right)+\left(6\frac{7}{10}+6\frac{7}{10}\right)=16\frac{10}{12}+12\frac{14}{10}$$

$$=16\frac{5}{6}+13\frac{4}{10}=16\frac{5}{6}+13\frac{2}{5}$$

$$=16\frac{25}{30}+13\frac{12}{30}=29\frac{37}{30}=30\frac{7}{30}(\text{cm})$$

$$(\text{남은 도형의 둘레})=30\frac{7}{30}+\square+\square=35\frac{17}{30}$$

➡ $\square+\square=35\dfrac{17}{30}-30\dfrac{7}{30}=5\dfrac{10}{30}=5\dfrac{1}{3}$이고 $5\dfrac{1}{3}=4\dfrac{4}{3}=2\dfrac{2}{3}+2\dfrac{2}{3}$이므로

$\square=2\dfrac{2}{3}$입니다.

**해결 전략**

남은 도형의 둘레는
처음 직사각형의 둘레보다
$(\square+\square)$ cm 더 길어요.

## 14

접근 ≫ **판 콩의 양은 전체의 몇 분의 몇인지 먼저 구합니다.**

판 콩의 양은 전체의

$$\frac{1}{5}+\frac{1}{8}+\frac{3}{16}+\frac{1}{20}=\frac{16}{80}+\frac{10}{80}+\frac{15}{80}+\frac{4}{80}=\frac{45}{80}=\frac{9}{16}$$입니다.

팔고 남은 콩은 전체의 $1-\dfrac{9}{16}=\dfrac{7}{16}$이고 $280\,\text{kg}$이므로

전체 콩의 $\dfrac{1}{16}$은 $280\div7=40(\text{kg})$입니다.

따라서 처음 창고에 있던 콩은 $40\times16=640(\text{kg})$입니다.

**해결 전략**

남은 콩의 양이 전체의 얼마
인지 알면 처음에 창고에 있
던 콩의 무게를 알 수 있어요.

## 15

접근 ≫ **보기 와 같이 분모를 차가 1인 두 수의 곱이 되도록 만들어 봅니다.**

$$\frac{1}{12}+\frac{1}{20}+\frac{1}{30}+\frac{1}{42}$$

$$=\frac{1}{3\times4}+\frac{1}{4\times5}+\frac{1}{5\times6}+\frac{1}{6\times7}$$

$$=\frac{1}{3}-\frac{1}{4}+\frac{1}{4}-\frac{1}{5}+\frac{1}{5}-\frac{1}{6}+\frac{1}{6}-\frac{1}{7}$$

$$=\frac{1}{3}-\frac{1}{7}=\frac{7}{21}-\frac{3}{21}=\frac{4}{21}$$

**해결 전략**

보기 의 계산 원리를 생각해
봐요.

> **지도 가이드**
>
> $$\frac{1}{⑦}-\frac{1}{⑦+1}=\frac{⑦+1}{⑦\times(⑦+1)}-\frac{⑦}{⑦\times(⑦+1)}=\frac{⑦+1-⑦}{⑦\times(⑦+1)}=\frac{1}{⑦\times(⑦+1)}$$

## △△△ HIGH LEVEL

**1** 8분 32초    **2** $\frac{41}{42}$    **3** $22\frac{1}{2}$    **4** 7일    **5** 84살    **6** $3\frac{27}{40}$ m

**7** 6개    **8** 200, 199

---

**1** 접근 ≫ 나무토막을 몇 번 자르고 몇 번 쉬어야 하는지 생각해 봅니다.

(3번 자르는 데 걸리는 시간)$=2\frac{2}{5}+2\frac{2}{5}+2\frac{2}{5}=6\frac{6}{5}=7\frac{1}{5}$(분)

(2번 쉬는 시간)$=\frac{2}{3}+\frac{2}{3}=\frac{4}{3}=1\frac{1}{3}$(분)

(4도막으로 자르는 데 걸리는 시간)$=7\frac{1}{5}+1\frac{1}{3}=7\frac{3}{15}+1\frac{5}{15}=8\frac{8}{15}$(분)

따라서 나무토막을 모두 자르는 데 걸리는 시간은

$8\frac{8}{15}$분$=8\frac{32}{60}$분 ➡ 8분 32초입니다.

> **해결 전략**
>
>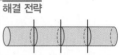
>
> 4도막이 되려면 3번 잘라야 하므로 3번 자르는 사이에 2번 쉬어요.
>
> **주의**
>
> 마지막에 나무토막을 자른 후에는 쉬는 시간이 없어요.

---

**2** 접근 ≫ 먼저 $\frac{5}{6}$, $\frac{10}{21}$, $\frac{9}{14}$를 각각 서로 다른 두 단위분수로 나타내어 봅니다.

㉠$+$㉡$=\dfrac{5}{6}=\dfrac{3}{6}+\dfrac{2}{6}=\dfrac{1}{2}+\dfrac{1}{3}$, ㉡$+$㉢$=\dfrac{10}{21}=\dfrac{7}{21}+\dfrac{3}{21}=\dfrac{1}{3}+\dfrac{1}{7}$,
    └6의 약수: 1,②③ 6        └21의 약수: 1,③⑦ 21

㉢$+$㉠$=\dfrac{9}{14}=\dfrac{2}{14}+\dfrac{7}{14}=\dfrac{1}{7}+\dfrac{1}{2}$이므로 세 단위분수 ㉠, ㉡, ㉢은 각각
    └14의 약수: 1,②⑦ 14

$\dfrac{1}{2}$, $\dfrac{1}{3}$, $\dfrac{1}{7}$입니다.

➡ ㉠$+$㉡$+$㉢$=\dfrac{1}{2}+\dfrac{1}{3}+\dfrac{1}{7}=\dfrac{21}{42}+\dfrac{14}{42}+\dfrac{6}{42}=\dfrac{41}{42}$

> **해결 전략**
>
> 분모의 약수 중 두 수의 합이 분자가 되는 경우를 찾아 단위분수로 나타내요.
>
> **보충 개념**
>
> 덧셈으로만 된 식에서는 계산 순서를 바꾸어도 계산 결과가 같아요.
> ㉠$+$㉡$+$㉡$+$㉢$+$㉢$+$㉠
> $=$(㉠$+$㉡$+$㉢)$+$(㉠$+$㉡$+$㉢)

**다른 풀이**

㉠$+$㉡$+$㉡$+$㉢$+$㉢$+$㉠$=\dfrac{5}{6}+\dfrac{10}{21}+\dfrac{9}{14}=\dfrac{35}{42}+\dfrac{20}{42}+\dfrac{27}{42}=\dfrac{82}{42}=\dfrac{41}{42}+\dfrac{41}{42}$

➡ ㉠$+$㉡$+$㉢$=\dfrac{41}{42}$

---

**3** 접근 ≫ 분모가 같은 분수끼리 묶어서 먼저 계산합니다.

㉞ $\dfrac{1}{2}+\left(\dfrac{1}{3}+\dfrac{2}{3}\right)+\left(\dfrac{1}{4}+\dfrac{2}{4}+\dfrac{3}{4}\right)+\left(\dfrac{1}{5}+\cdots+\dfrac{4}{5}\right)+\cdots+\left(\dfrac{1}{10}+\cdots+\dfrac{9}{10}\right)$

와 같이 묶어서 생각할 수 있습니다. 분모가 같은 분수끼리 더하면

$\dfrac{1}{2}+1+1\dfrac{1}{2}+2+\cdots+4\dfrac{1}{2}$로 $\dfrac{1}{2}$씩 커집니다.

> **해결 전략**
>
> 분모가 같은 수끼리 묶어서 더하면 각 묶음의 합에서 몇씩 커지는 규칙을 찾을 수 있어요.

따라서 $\frac{1}{2}+1+1\frac{1}{2}+2+2\frac{1}{2}+3+3\frac{1}{2}+4+4\frac{1}{2}=22\frac{1}{2}$입니다.

보충 개념
$1+2+3+\cdots+\blacksquare$
$=(1+\blacksquare)\times\blacksquare\div2$

| 채점 기준 | 배점 |
|---|---|
| 주어진 식의 규칙을 찾았나요? | 3점 |
| 식을 간단히 만들어 답을 구했나요? | 2점 |

**4** 111쪽 4번의 변형 심화 유형
접근 ≫ 이틀 동안 동화책을 읽은 양은 전체의 얼마인지 알아봅니다.

이틀 동안 읽는 동화책은 전체의 $\frac{1}{6}+\frac{1}{9}=\frac{3}{18}+\frac{2}{18}=\frac{5}{18}$이고,

$\frac{5}{18}+\frac{5}{18}+\frac{5}{18}=\frac{15}{18}=\frac{5}{6}$이므로 6일 동안 전체의 $\frac{5}{6}$를 읽게 됩니다.

6일 동안 읽으면 전체의 $1-\frac{5}{6}=\frac{6}{6}-\frac{5}{6}=\frac{1}{6}$이 남고,

전체의 $\frac{1}{6}$을 그다음 날 읽으면 동화책을 다 읽는 데 $6+1=7$(일)이 걸립니다.

해결 전략
동화책을 이틀에 전체의 $\blacksquare$씩 규칙적으로 읽고 있어요.

**5** 접근 ≫ 5년이 디오판토스 일생의 몇 분의 몇인지 먼저 알아봅니다.

5년이 디오판토스 일생의 $\square$라 하고 일생의 $\frac{19}{42}$를 그림으로 나타내어 봅니다.

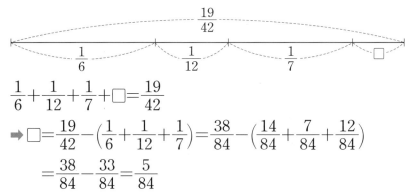

$\frac{1}{6}+\frac{1}{12}+\frac{1}{7}+\square=\frac{19}{42}$

➡ $\square=\frac{19}{42}-\left(\frac{1}{6}+\frac{1}{12}+\frac{1}{7}\right)=\frac{38}{84}-\left(\frac{14}{84}+\frac{7}{84}+\frac{12}{84}\right)$

$=\frac{38}{84}-\frac{33}{84}=\frac{5}{84}$

따라서 일생의 $\frac{5}{84}$가 5년이므로 일생의 $\frac{1}{84}$은 1년이고, 디오판토스는 84살까지 살았습니다.

해결 전략
5년이 일생의 $\square$라고 하여 그림을 그리거나 식으로 나타내어 $\square$를 구해요.

**6** 접근 ≫ 주어진 조건에 맞게 네 사람의 위치를 먼저 그림으로 나타내어 봅니다.

직선을 그려 생각해 봅니다.

① 형우는 준호보다 $3\frac{3}{10}$ m 앞에 있습니다.

형우 ⌒ $3\frac{3}{10}$ m ⌒ 준호

해결 전략
네 사람의 위치를 주어진 조건에 맞게 한 줄로 그리고 그 사이의 거리를 나타내요.

② 소윤이는 준호보다 $1\dfrac{1}{4}$ m 앞에 있습니다.

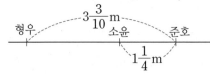

③ 지우는 소윤이보다 $1\dfrac{5}{8}$ m 뒤에 있습니다.

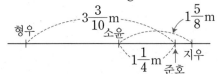

따라서 형우와 지우 사이의 거리는 형우와 준호 사이의 거리와 소윤이와 지우 사이의 거리의 합에서 소윤이와 준호 사이의 거리를 **뺀** 거리입니다.

$$\Rightarrow 3\dfrac{3}{10}+1\dfrac{5}{8}-1\dfrac{1}{4}=3\dfrac{12}{40}+1\dfrac{25}{40}-1\dfrac{10}{40}=4\dfrac{37}{40}-1\dfrac{10}{40}=3\dfrac{27}{40}\text{(m)}$$

> **다른 풀이**
>
> (준호와 지우 사이의 거리)$=1\dfrac{5}{8}-1\dfrac{1}{4}=1\dfrac{5}{8}-1\dfrac{2}{8}=\dfrac{3}{8}$(m)
>
> $\Rightarrow$ (형우와 지우 사이의 거리)$=3\dfrac{3}{10}+\dfrac{3}{8}=3\dfrac{12}{40}+\dfrac{15}{40}=3\dfrac{27}{40}$(m)


**7** 접근 》 ㉠ > ㉡일 때, $\dfrac{㉡}{㉠}$의 값이 1보다 큰지 작은지 생각해 봅니다.

㉠ > ㉡이므로 $\dfrac{㉡}{㉠}$ < 1입니다.

$\dfrac{㉠}{㉡}$과 $\dfrac{㉡}{㉠}$의 합이 3보다 커야 하므로 $\dfrac{㉠}{㉡}$은 2보다는 커야 합니다.

분수 $\dfrac{㉠}{㉡}$이 2보다 큰 것은 $\dfrac{5}{2}$, $\dfrac{6}{2}$, $\dfrac{7}{2}$, $\dfrac{8}{2}$, $\dfrac{9}{2}$, $\dfrac{7}{3}$, $\dfrac{8}{3}$, $\dfrac{9}{3}$, $\dfrac{9}{4}$입니다.

이 중에서 $\dfrac{6}{2}$, $\dfrac{7}{2}$, $\dfrac{8}{2}$, $\dfrac{9}{2}$, $\dfrac{9}{3}$는 3 이상이므로 항상 $\dfrac{㉠}{㉡}+\dfrac{㉡}{㉠}$이 3보다 큽니다.

이 다섯 개 분수를 제외한 다른 분수들은 조건을 만족하는지 알아봅니다.

· $\dfrac{㉠}{㉡}=\dfrac{5}{2}$ $\Rightarrow$ $\dfrac{5}{2}+\dfrac{2}{5}=\dfrac{25}{10}+\dfrac{4}{10}=\dfrac{29}{10}=2\dfrac{9}{10}$ < 3 $\Rightarrow$ 합이 3보다 작습니다.

· $\dfrac{㉠}{㉡}=\dfrac{7}{3}$ $\Rightarrow$ $\dfrac{7}{3}+\dfrac{3}{7}=\dfrac{49}{21}+\dfrac{9}{21}=\dfrac{58}{21}=2\dfrac{16}{21}$ < 3 $\Rightarrow$ 합이 3보다 작습니다.

· $\dfrac{㉠}{㉡}=\dfrac{8}{3}$ $\Rightarrow$ $\dfrac{8}{3}+\dfrac{3}{8}=\dfrac{64}{24}+\dfrac{9}{24}=\dfrac{73}{24}=3\dfrac{1}{24}$ > 3 $\Rightarrow$ 합이 3보다 큽니다.

· $\dfrac{㉠}{㉡}=\dfrac{9}{4}$ $\Rightarrow$ $\dfrac{9}{4}+\dfrac{4}{9}=\dfrac{81}{36}+\dfrac{16}{36}=\dfrac{97}{36}=2\dfrac{25}{36}$ < 3 $\Rightarrow$ 합이 3보다 작습니다.

따라서 $\dfrac{㉠}{㉡}$이 될 수 있는 분수는 $\dfrac{6}{2}$, $\dfrac{7}{2}$, $\dfrac{8}{2}$, $\dfrac{9}{2}$, $\dfrac{8}{3}$, $\dfrac{9}{3}$로 모두 6개입니다.

> **해결 전략**
>
> $\dfrac{㉠}{㉡}$의 값이 2보다 큰 경우 중 조건을 만족하는 경우를 찾아 봐요.

**8** 접근 》 계산 결과가 가장 크게 되려면 분모와 분자에 어떤 수를 놓아야 하는지 생각해 봅니다.

계산 결과가 가장 크게 되려면 두 분수의 분모는 가장 작고, 분자는 가장 커야 하므로 ●=200, ▲=1 또는 ●=200, ▲=199입니다.

· ●=200, ▲=1이면

$$\frac{●}{●+▲}+\frac{●}{●-▲}=\frac{200}{200+1}+\frac{200}{200-1}$$
$$=\frac{200}{201}+\frac{200}{199}=\frac{200}{201}+1\frac{1}{199}$$

· ●=200, ▲=199이면

$$\frac{●}{●+▲}+\frac{●}{●-▲}=\frac{200}{200+199}+\frac{200}{200-199}$$
$$=\frac{200}{399}+200=200\frac{200}{399}$$

따라서 $\frac{200}{201}+1\frac{1}{199}<200\frac{200}{399}$이므로 ●=200, ▲=199입니다.

해결 전략
계산 결과가 가장 크게 되려면 ●은 가장 큰 수이어야 해요.

보충 개념
$\frac{200}{201}$은 1보다 $\frac{1}{201}$만큼 작고, $1\frac{1}{199}$은 1보다 $\frac{1}{199}$만큼 크므로 $\frac{200}{201}+1\frac{1}{199}$은 2에 가까운 수예요.

**연필 없이 생각 톡** ❗  122쪽

정답: ②

# 6 다각형의 둘레와 넓이

## ⊙ BASIC TEST

### 1 정다각형과 사각형의 둘레
127쪽

**1** ©, ©, ⊙    **2** 14 cm    **3** 5 cm
**4** 74 cm    **5** 102 cm    **6** 20 cm

**1** ⊙ 마름모는 네 변의 길이가 같으므로
(마름모의 둘레)$=11×4=44$(cm)입니다.
© 직사각형은 마주 보는 두 변의 길이가 같으므로
(직사각형의 둘레)$=(13+10)×2$
$=23×2=46$(cm)입니다.
© 정다각형은 모든 변의 길이가 같으므로
(정육각형의 둘레)$=8×6=48$(cm)입니다.
$48>46>44$이므로 ©, ©, ⊙ 순으로 둘레가
깁니다.

**2** (평행사변형의 둘레)$=(18+10)×2=56$(cm)
입니다.
정사각형의 한 변의 길이를 □ cm라 하면
(정사각형의 둘레)$=(□+□+□+□)$ cm이고,
평행사변형과 정사각형의 둘레가 같으므로
$□+□+□+□=□×4=56$,
$□=56÷4=14$(cm)입니다.
따라서 정사각형의 한 변의 길이는 14 cm입니다.

**3** 직사각형의 세로를 □ cm라 하면
둘레가 26 cm이므로 $(8+□)×2=26$,
$8+□=13$, $□=5$(cm)입니다.

**4** 도형의 둘레를 직사각형으로 바꾸어 생각합니다.

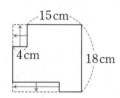

(도형의 둘레)$=$(직사각형의 둘레)
$=(19+18)×2$
$=37×2=74$(cm)

**5** 도형의 둘레는 정오각형의 한 변의 길이의 17배
입니다. 정오각형의 한 변의 길이가 6 cm이므로
이어 붙인 도형의 둘레는 $6×17=102$(cm)입니다.

**6** 도형의 둘레를 직사각형으로 바꾸어 생각합니다.

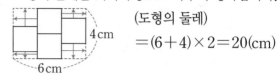

(도형의 둘레)
$=(6+4)×2=20$(cm)

### 2 평면도형의 넓이
129쪽

**1** 가    **2** (1) 104  (2) 81
**3** 192 cm²    **4** 500 m²
**5** 256 cm²    **6** 1210 m²

**1** 가: 6000 m$=6$ km, 4000 m$=4$ km이므로
1 km²가 $6×4=24$(개)이므로 24 km²입니다.
나: 1 km²가 $8×2=16$(개)이므로 16 km²입니다.
$24>16$이므로 가의 넓이가 더 넓습니다.

**2** (1) 13000 m$=13$ km이므로
$8×13=104$(km²)입니다.
(2) 900 cm$=9$ m이므로 $9×9=81$(m²)입니다.

> **주의**
> 넓이를 구할 때에는 같은 단위로 바꾸어 구해야 해요.

**3** 세로를 □ cm라 하면 $(12+□)×2=56$,
$12+□=28$, $□=28-12=16$입니다.
➡ (직사각형의 넓이)$=12×16=192$(cm²)

**4** 꽃을 심은 부분만 모아서 생각합니다.

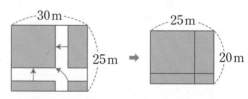

➡ (꽃을 심은 부분의 넓이)$=25×20=500$(m²)

**5** (처음 직사각형의 넓이)$=$(가로)$×$(세로)이므로
처음 직사각형의 가로를 구하면
(가로)$=64÷16=4$(cm)입니다.
따라서 가로를 4배로 늘인 직사각형의 넓이는
$(4×4)×16=256$(cm²)입니다.

**다른 풀이**

가로를 4배로 늘이면 직사각형의 넓이도 4배로 늘어나므로 넓이는 $64 \times 4 = 256(cm^2)$입니다.

**6**

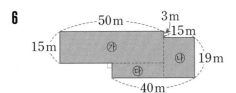

($㉮$의 넓이)$= 50 \times 15 = 750(m^2)$

($㉯$의 넓이)$= 15 \times 19 = 285(m^2)$

($㉰$의 넓이)$= (40-15) \times (19+3-15)$
$\qquad\qquad = 25 \times 7 = 175(m^2)$

➡ (도형의 넓이)$= 750 + 285 + 175 = 1210(m^2)$

**다른 풀이**

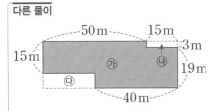

($㉮+㉯+㉰$의 넓이)$= (50+15) \times (3+19)$
$\qquad\qquad\qquad = 65 \times 22 = 1430(m^2)$

($㉯$의 넓이)$= 15 \times 3 = 45(m^2)$

($㉰$의 넓이)$= (50+15-40) \times (3+19-15)$
$\qquad\qquad = 25 \times 7 = 175(m^2)$

➡ (도형의 넓이)$= 1430 - 45 - 175 = 1210(m^2)$

---

## 3 평행사변형과 삼각형의 넓이   131쪽

**1** $8\ cm^2$

**2** 예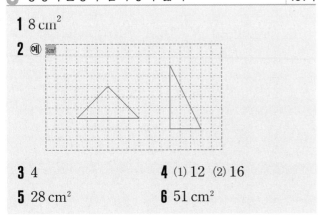

**3** 4   **4** (1) 12  (2) 16

**5** $28\ cm^2$   **6** $51\ cm^2$

---

**1** 삼각형 2개를 붙이면 사각형 1개와 같으므로 $1\ cm^2$와 같은 사각형이 모두 8개입니다.
따라서 색칠한 도형의 넓이는 $1\ cm^2$의 8배인 $8\ cm^2$입니다.

**다른 풀이**

색칠한 도형은 밑변의 길이가 $4\ cm$, 높이가 $2\ cm$인 평행사변형이므로 넓이는 $4 \times 2 = 8(cm^2)$입니다.

**2** 모눈 한 칸의 넓이가 $1\ cm^2$이므로 모눈 9칸이 되도록 삼각형을 그립니다.

**3** (가의 넓이)$= 3 \times 8 = 24(cm^2)$이므로
(나의 넓이)$= 6 \times \square = 24(cm^2)$입니다.
따라서 $\square = 24 \div 6$이므로 $\square = 4$입니다.

**4** (1) (평행사변형의 넓이)
$\qquad =$ (밑변의 길이)$\times$ (높이)
$\qquad = 15 \times 8 = 120(cm^2)$입니다.
밑변의 길이가 $10\ cm$일 때 높이는 $\square cm$이므로
$10 \times \square = 120$, $\square = 120 \div 10 = 12$입니다.

(2) (삼각형의 넓이)
$\qquad =$ (밑변의 길이)$\times$ (높이)$\div 2$이므로
$\qquad = 26 \times 8 \div 2 = 104(cm^2)$입니다.
밑변의 길이가 $13\ cm$일 때 높이는 $\square cm$이므로
$13 \times \square \div 2 = 104$, $\square = 104 \times 2 \div 13 = 16$
입니다.

**5** 가의 밑변의 길이가 $\square cm$일 때
$\square =$ (넓이)$\times 2 \div$ (높이)$= 21 \times 2 \div 6 = 7(cm)$입니다.
가와 나는 밑변의 길이가 같으므로
(나의 넓이)$=$ (밑변의 길이)$\times$ (높이)$\div 2$
$\qquad\qquad = 7 \times 8 \div 2 = 28(cm^2)$입니다.

**6**

(삼각형 $㉮$의 넓이)$+$ (삼각형 $㉯$의 넓이)
$= (6 \times ㉠ \div 2) + (6 \times ㉡ \div 2)$
$= (㉠ \times 6 \div 2) + (㉡ \times 6 \div 2)$
$= (㉠ \times 3) + (㉡ \times 3) = (㉠ + ㉡) \times 3$
$㉠ + ㉡ = 17$이므로 색칠한 부분의 넓이는
$17 \times 3 = 51(cm^2)$입니다.

**다른 풀이**

색칠하지 않은 작은 삼각형의 높이를 □ cm라 하여 전체 삼각형의 넓이에서 ㉯의 넓이를 빼서 구합니다.

(색칠한 부분의 넓이)
$= 17 \times (6 + □) \div 2 - 17 \times □ \div 2$
$= 17 \times (6 + □ - □) \div 2$
$= 17 \times 6 \div 2 = 51 (cm^2)$

## 4 마름모와 사다리꼴의 넓이
133쪽

| **1** $88\,cm^2$ | **2** $12\,cm$ | **3** $15\,cm$ |
|---|---|---|
| **4** $42\,cm^2$ | **5** $252\,cm^2$ | **6** $320\,cm^2$ |

**1** (사다리꼴의 넓이)
$= ((윗변의 길이) + (아랫변의 길이)) \times (높이) \div 2$
$= (6 + 16) \times 8 \div 2 = 88 (cm^2)$

**다른 풀이**

(사다리꼴의 넓이)
$=$ (삼각형 2개의 넓이)
$= (16 \times 8 \div 2) + (6 \times 8 \div 2)$
$= 64 + 24 = 88 (cm^2)$

**2** 사다리꼴의 높이를 □ cm라 하면
$(3 + 5) \times □ \div 2 = 48$, $8 \times □ \div 2 = 48$,
$□ = 48 \times 2 \div 8 = 96 \div 8 = 12 (cm)$입니다.
따라서 사다리꼴의 높이는 12 cm입니다.

**3** 대각선 ㄱㄷ의 길이를 □ cm라 하면
$(8 \times 2) \times □ \div 2 = 120$, $16 \times □ \div 2 = 120$,
$□ = 120 \times 2 \div 16 = 15 (cm)$입니다.
따라서 대각선 ㄱㄷ의 길이는 15 cm입니다.

**보충 개념**
(마름모의 넓이)
$=$ (한 대각선의 길이) $\times$ (다른 대각선의 길이) $\div 2$

**4**

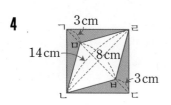

정사각형 ㄱㄴㄷㄹ의 넓이는 마름모 ㄱㄴㄷㄹ의 넓이와 같습니다.

(정사각형 ㄱㄴㄷㄹ의 대각선의 길이)
$= 3 + 8 + 3 = 14 (cm)$이므로
(마름모 ㄱㄴㄷㄹ의 넓이)
$= 14 \times 14 \div 2 = 98 (cm^2)$입니다.
마름모 ㅁㄴㅂㄹ의 두 대각선의 길이는 14 cm, 8 cm이므로
(마름모 ㅁㄴㅂㄹ의 넓이)
$= 14 \times 8 \div 2 = 56 (cm^2)$입니다.
따라서 색칠한 부분의 넓이는 $98 - 56 = 42 (cm^2)$입니다.

**5**

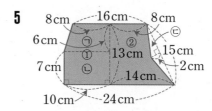

(다각형의 넓이) = (①의 넓이) + (②의 넓이)이므로
(①의 넓이) = (㉠의 넓이) + (㉡의 넓이)
$= (8 + 10) \times 6 \div 2 + (10 \times 7)$
$= 124 (cm^2)$입니다.
(②의 넓이) = (② + ㉢의 넓이) - (㉢의 넓이)로 생각하면
(② + ㉢의 넓이) $= (8 + 14) \times 13 \div 2$
$= 143 (cm^2)$이고,
(㉢의 넓이) $= 15 \times 2 \div 2 = 15 (cm^2)$이므로
(②의 넓이) $= 143 - 15 = 128 (cm^2)$입니다.
따라서 다각형의 넓이는 $124 + 128 = 252 (cm^2)$입니다.

**6** 대각선의 길이를 각각 □ cm, △ cm라 하면
$□ \times △ \div 2 = 80$, $□ \times △ = 160$입니다.
대각선의 길이를 2배로 늘인 마름모의 넓이는
$(□ \times 2) \times (△ \times 2) \div 2$
$= □ \times △ \times 4 \div 2$
$= 160 \times 4 \div 2 = 320 (cm^2)$입니다.

**해결 전략**
마름모의 두 대각선의 길이를 각각 2배로 늘이면 넓이는 4배가 돼요.

**1-1** 세로를 □cm라 하면 가로는 (□−8) cm입니다.

가로와 세로의 합은 (□−8)+□=64÷2=32

이므로 □+□=32+8=40,

□=40÷2=20(cm)입니다.

따라서 가로는 20−8=12(cm)이고 직사각형의

넓이는 12×20=240(cm²)입니다.

**1-2** 짧은 변의 길이를 □m라 하면 긴 변의 길이는

(□×3) m입니다.

직사각형의 가로와 세로의 합은

□+(□×3)=□×4=48÷2=24이므로

□=24÷4=6(m)입니다.

따라서 긴 변의 길이는 6×3=18(m)이고 직사각

형의 넓이는 6×18=108(m²)입니다.

> **다른 풀이**
>
> 왼쪽과 같이 그림으로 나타내어 보면
> 직사각형의 둘레는 짧은 변의 길이의
> 8배이므로 짧은 변의 길이는 48÷8=6(m)이고, 긴 변
> 의 길이는 6×3=18(m)입니다.
> 따라서 넓이는 6×18=108(m²)입니다.

**1-3** 직사각형의 짧은 변의 길이를 □m라 하면 긴 변의

길이는 (□×4) m입니다.

(직사각형의 둘레)=(□+□×4)×2=30이므

로 □×5=30÷2=15, □=15÷5=3입니

다.

따라서 처음 정사각형의 한 변의 길이는

□×4=3×4=12(m)이고

넓이는 12×12=144(m²)입니다.

**2-1** 이어 붙인 도형의 둘레는 140 cm이고 작은 정사

각형의 한 변의 길이의 20배이므로 작은 정사각형

의 한 변의 길이는 140÷20=7(cm)입니다

따라서 도형의 넓이는 작은 정사각형 13개의 넓이

와 같으므로 7×7×13=637(cm²)입니다.

**2-2** 이어 붙인 도형의 둘레는 180 cm이

고 작은 정사각형의 한 변의 길이의

20배이므로 작은 정사각형의 한 변

의 길이는 180÷20=9(cm)입니다.

따라서 도형의 넓이는 작은 정사각형 15개의 넓이

와 같으므로 9×9×15=1215(cm²)입니다.

**2-3** 이어 붙인 도형의 넓이는 240 cm²이고 작은 정사

각형의 넓이의 15배이므로

(작은 정사각형 한 개의 넓이)

=240÷15=16(cm²)입니다.

4×4=16이므로 작은 정사각형의 한 변의 길이

는 4 cm입니다.

따라서 도형의 둘레는 작은 정사각형의 한 변의 길

이의 32배이므로 4×32=128(cm)입니다.

**3-1** (겹쳐진 부분의 넓이)

=(20−15)×(20−5)=5×15=75(cm²)

➡ (색칠한 부분의 넓이)

=((정사각형 1개의 넓이)−(겹쳐진 부분의 넓이))

　　×2

=((20×20)−75)×2

=(400−75)×2=650(cm²)

**3-2** (겹쳐진 정사각형의 한 변의 길이)

=36−22=14(cm)이므로

(겹쳐진 부분의 넓이)=14×14=196(cm²)입니

다.

➡ (도형 전체의 넓이)

　＝(큰 정사각형의 넓이)＋(작은 정사각형의 넓이)

　　－(겹쳐진 부분의 넓이)

　＝$(40 \times 40)+(36 \times 36)-196$

　＝$1600+1296-196=2700(cm^2)$

**3-3**

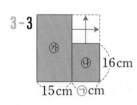

(㉮의 세로)

＝$420 \div 15=28(cm)$입니다.

도형 전체의 둘레는 가로가

$(15+㉠)$ cm, 세로가 28 cm

인 직사각형의 둘레와 같고 110 cm이므로

$(15+㉠)+28=110 \div 2$,

㉠$=55-43=12(cm)$입니다.

➡ (㉯의 넓이)$=12 \times 16=192(cm^2)$

**4-1** 색상지 6장을 한 줄로 겹치게 이어 붙이면 겹쳐진 부분은 $6-1=5$(군데)이므로 이어 붙인 색상지의 가로는 $30 \times 6-7 \times 5=145(cm)$이고 세로는 30 cm입니다.

따라서 이어 붙인 색상지의 넓이는

$145 \times 30=4350(cm^2)$입니다.

**해결 전략**
겹치는 부분이 있는 길이를 구할 때에는 각 부분의 길이의 합에서 겹치는 부분의 길이를 빼서 전체 길이를 구해요.

**4-2** (도화지의 세로)$=(50 \div 2)-14=11(cm)$이고, 도화지를 가로로 겹쳐서 놓았으므로 이어 붙인 도화지의 가로는

$14 \times 4-6 \times 3=38(cm)$입니다.

따라서 이어 붙인 도화지의 넓이는

$38 \times 11=418(cm^2)$입니다.

**4-3** 정사각형의 한 변의 길이는 $36 \div 4=9(cm)$이므로 이어 붙인 색종이의 세로는 9 cm이고, 가로는

$(120 \div 2)-9=60-9=51(cm)$입니다.

겹쳐진 부분의 가로의 합을 □cm라 하면

$9 \times 7-$□$=51$, □$=63-51=12(cm)$입니다.

겹쳐진 부분은 $7-1=6$(군데)이므로 색종이를

$12 \div 6=2(cm)$씩 겹쳐서 이은 것입니다.

**5-1**

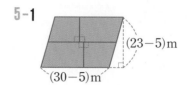

색칠한 부분을 이어 붙이면 밑변의 길이가

$30-5=25(m)$

이고, 높이가

$23-5=18(m)$인 평행사변형이 됩니다.

➡ (색칠한 부분의 넓이)$=25 \times 18=450(m^2)$

**5-2** (평행사변형 ㄱㄴㄷㄹ의 넓이)

　＝$16 \times 12=192(m^2)$,

(변 ㄱㅁ)＝(변 ㄴㄷ)$\div 2=16 \div 2=8(m)$이므로

(삼각형 ㄱㄴㅁ의 넓이)$=8 \times 12 \div 2=48(m^2)$,

(사각형 ㅁㄴㄷㄹ의 넓이)$=192-48=144(m^2)$

입니다.

➡ (사각형 ㅁㄴㄷㄹ의 넓이)÷(삼각형 ㄱㄴㅁ의

넓이)$=144 \div 48=3$(배)

**다른 풀이**

보조선을 그어서 모양과 크기가 같은 삼각형 4개로 나눌 수 있습니다.

➡ 사각형 ㅁㄴㄷㄹ의 넓이는 삼각형 ㄱㄴㅁ의 넓이의 3배입니다.

**5-3** 삼각형 ㄱㄴㅇ과 삼각형 ㄴㄷㅇ에서 변 ㄴㅇ을 밑변이라고 하면 높이인 선분 ㄱㅅ과 선분 ㄷㅂ은 길이가 같으므로 삼각형 ㄱㄴㅇ과 삼각형 ㄴㄷㅇ의 넓이는 같습니다.

삼각형 ㄱㄴㅇ의 넓이를 □cm²라 하면

평행사변형 ㄱㄴㄷㄹ의 넓이는 (□$\times 6$) cm²,

삼각형 ㄴㄷㄹ의 넓이는

(평행사변형 ㄱㄴㄷㄹ의 넓이)$\div 2=($□$\times 6) \div 2$

이므로 (□$\times 3$) cm²입니다.

(삼각형 ㄴㄷㄹ의 넓이)

＝(삼각형 ㄴㄷㅇ의 넓이)＋(삼각형 ㄷㄹㅇ의 넓이)

이므로

(삼각형의 ㄷㄹㅇ의 넓이)$=$□$\times 3-$□$=$□$\times 2$

입니다.

따라서 평행사변형의 넓이는

□$\times 6=24 \times 12=288$,

□$=288 \div 6=48(cm^2)$이므로

삼각형 ㄷㄹㅇ의 넓이는

$2 \times$□$=2 \times 48=96(cm^2)$입니다.

**6-1** 처음 삼각형의 밑변의 길이를 △ cm,
높이를 ☆ cm라 하면 처음 삼각형의 넓이는
$(\triangle \times \text{☆} \div 2)$ cm²입니다.
밑변의 길이를 2배로 늘이면 $(\triangle \times 2)$ cm가 되고,
높이를 3배로 늘이면 $(\text{☆} \times 3)$ cm가 됩니다.
새로 만든 삼각형의 넓이는
$(\triangle \times 2) \times (\text{☆} \times 3) \div 2 = (\triangle \times \text{☆} \div 2 \times 6)$ cm²
이므로 새로 만든 삼각형의 넓이는 처음 삼각형의
넓이의 6배입니다.

> **보충 개념**
> 어떤 삼각형의 밑변을 □배로 늘리면 넓이는 □배가 되고,
> 높이를 △배로 늘이면 넓이는 △배가 되며 밑변을 □배,
> 높이를 △배로 늘이면 넓이는 $(\square \times \triangle)$배가 됩니다.

**6-2** 삼각형 ㄱㄴㄹ의 넓이를 1이라 하면 사각형 ㄱㄴㄷㄹ
의 넓이는 4, 삼각형 ㄹㄴㄷ의 넓이는 3이므로 삼
각형 ㄹㄴㄷ의 넓이는 삼각형 ㄱㄴㄹ의 넓이의 3배
입니다.
색칠한 삼각형의 밑변의 길이는 삼각형 ㄹㄴㄷ의
밑변의 길이의 $\dfrac{1}{5}$이므로 색칠한 삼각형의 넓이는
삼각형 ㄹㄴㄷ의 넓이의 $\dfrac{1}{5}$입니다.
(삼각형 ㄹㄴㄷ의 넓이)$=45 \times 3 = 135$ (cm²)이므
로
(색칠한 부분의 넓이)
$=$(삼각형 ㄹㄴㄷ의 넓이의 $\dfrac{1}{5}$)
$=135 \div 5 = 27$ (cm²)입니다.

**6-3** 삼각형 ㄹㄴㅁ에서 선분 ㄹㄴ을 밑변으로 할 때
(높이)$=$(넓이)$\times 2 \div$(밑변의 길이)
$\qquad = 9 \times 2 \div 3 = 6$ (m)이고,
삼각형 ㄱㄴㅁ에서 변 ㄱㄴ을 밑변으로 하면 높이
가 6 m이므로 넓이는
$(3+5) \times 6 \div 2 = 24$ (m²)입니다.
또한, 삼각형 ㄱㄴㅁ에서 변 ㄴㅁ을 밑변으로 할 때
(높이)$=24 \times 2 \div 8 = 6$ (m)가 됩니다.

삼각형 ㄱㄴㅁ의 높이와 삼각형 ㄱㅁㄷ의 높이는
같으므로 삼각형 ㄱㅁㄷ의 넓이는
$3 \times 6 \div 2 = 9$ (m²)입니다.

> **해결 전략**
> 삼각형 ㄹㄴㅁ의 넓이는 9 m²이므로 삼각형 ㄹㄴㅁ의 높
> 이를 구한 다음 이 높이를 이용하여 삼각형 ㄱㄴㅁ의 넓
> 이를 구해요.
> 또 삼각형 ㄱㄴㅁ의 넓이를 이용하여 높이가 같은 삼각형
> ㄱㅁㄷ의 넓이를 구해요.

**7-1** 두 마름모가 겹쳐진 부분의 넓이는 한 마름모의 넓
이의 $\dfrac{1}{4}$입니다.
(네 마름모의 넓이의 합)
$=(8 \times 8 \div 2) \times 4 = 32 \times 4 = 128$ (cm²)이고
(겹쳐진 부분의 넓이의 합)$=32 \div 4 \times 3 = 24$ (cm²)
입니다.
➡ (도형 전체의 넓이)
$=$(네 마름모의 넓이의 합)$-$(겹쳐진 부분의 넓
이의 합)
$=128 - 24 = 104$ (cm²)

> **다른 풀이**
> 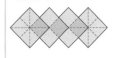 보조선을 그어 보면 색칠한 부분
> 은 마름모를 똑같이 4개로 나누었
> 을 때 작은 마름모 13개의 넓이와
> 같습니다.
> ➡ (도형 전체의 넓이)$=(8 \times 8 \div 2) \div 4 \times 13$
> $\qquad\qquad\qquad\qquad = 32 \div 4 \times 13 = 104$ (cm²)

**7-2** 삼각형 ㄹㄷㅁ의 넓이는 30 cm²이므로 직사각형
ㅂㄷㅁㄹ에서 삼각형 ㅂㄷㄹ의 넓이도 30 cm²입니
다.
마름모 ㄱㄴㄷㄹ의 넓이는
(삼각형 ㅂㄷㄹ의 넓이)$\times 4 = 30 \times 4 = 120$ (cm²)
입니다.
따라서 마름모 ㄱㄴㄷㄹ의 다른 대각선의 길이를
□ cm라 하면
(마름모 ㄱㄴㄷㄹ의 넓이)$=16 \times \square \div 2 = 120$,
$\square = 120 \times 2 \div 16 = 15$ (cm)입니다.
따라서 다른 대각선의 길이는 15 cm입니다.

**8-1** 사다리꼴의 높이를 $\square$ m라 하면

삼각형 ㄱㄷㄹ의 넓이에서

$15 \times \square \div 2 = 20 \times 9 \div 2$, $15 \times \square \div 2 = 90$,

$\square = 90 \times 2 \div 15 = 12$(m)입니다.

➡ (사다리꼴 ㄱㄴㄷㄹ의 넓이)

$\quad = (15 + 36) \times 12 \div 2 = 306$(m²)

**8-2** 변 ㄱㄴ의 길이를 $\square$ cm라 하면

(변 ㄴㅂ) = (변 ㄱㄹ) − (변 ㅂㄷ)

$\qquad = 6 + 16 - 10 = 12$(cm)입니다.

(색칠한 부분의 넓이)

$= ($삼각형 ㅁㄴㅂ의 넓이$) + ($삼각형 ㅅㅂㄷ의 넓이$)$

$= (12 \times \square \div 2) + (10 \times \square \div 2) = 132$,

$(6 \times \square) + (5 \times \square) = 132$, $11 \times \square = 132$,

$\square = 12$(cm)입니다.

따라서 사다리꼴 ㅁㄴㄷㄹ의 높이가 12 cm이므로

넓이는 $(16 + 22) \times 12 \div 2 = 228$(cm²)입니다.

> **다른 풀이**
>
>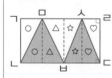
>
> 보조선을 그어 보면 색칠한 부분의 넓이는 직사각형 ㄱㄴㄷㄹ의 넓이의 반이므로 직사각형 ㄱㄴㄷㄹ의 넓이는
>
> $132 \times 2 = 264$(cm²)이고,
>
> 변 ㄱㄴ의 길이는 $264 \div 22 = 12$(cm)입니다.
>
> ➡ (사다리꼴 ㅁㄴㄷㄹ의 넓이)
>
> $\quad = (16 + 22) \times 12 \div 2 = 228$(cm²)

**8-3** 가와 나의 넓이가 같으므로 나의 넓이의 2배는 사다리꼴 ㄱㄴㄷㄹ의 넓이가 됩니다.

선분 ㄷㅁ의 길이를 $\square$ m라 하면

사다리꼴 ㄱㄴㄷㄹ의 높이는 $(\square + 6)$ m이므로

(사다리꼴 ㄱㄴㄷㄹ의 넓이)

$= (4 + 8) \times (\square + 6) \div 2 = (6 \times \underset{\text{나의 넓이}}{\underline{8 \div 2}}) \times 2$,

$12 \times (\square + 6) \div 2 = 48$, $12 \times (\square + 6) = 96$,

$\square + 6 = 8$, $\square = 2$(m)입니다.

따라서 선분 ㄷㅁ의 길이는 2 m입니다.

**9-1** 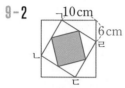 그림과 같이 보조선을 그어 평행사변형을 반으로 나누면 평행사변형 ㅅㅁㄷㄹ의 넓이는

$192 \div 2 = 96$(cm²)이고, 삼각형 ㄹㅁㄷ의 넓이는 평행사변형 ㅅㅁㄷㄹ의 넓이의 반이므로

$96 \div 2 = 48$(cm²)입니다.

➡ (삼각형 ㄹㅁㅂ의 넓이)

$\quad = ($삼각형 ㄹㅁㄷ의 넓이$) \div 2$

$\quad = 48 \div 2 = 24$(cm²)

**9-2**

(정사각형 ㄱㄴㄷㄹ의 넓이)

$= ($큰 정사각형의 넓이$) - ($직각삼각형 4개의 넓이$)$

$= (16 \times 16) - (10 \times 6 \div 2 \times 4)$

$= 256 - 120 = 136$(cm²)

➡ (색칠한 부분의 넓이)

$\quad = ($정사각형 ㄱㄴㄷㄹ의 넓이$) \div 2$

$\quad = 136 \div 2 = 68$(cm²)

**10-1** (삼각형 ㄹㅁㄷ의 넓이) $= 15 \times 16 \div 2 = 120$(m²)

이고 삼각형 ㄹㅁㄷ에서 밑변이 변 ㅁㄷ일 때

(높이) = (넓이) × 2 ÷ (밑변의 길이)

$\qquad = 120 \times 2 \div 20 = 12$(m)이므로

사다리꼴의 높이는 12 m입니다.

따라서 농부가 얻은 사다리꼴 모양 땅의 넓이는

$(10 + 8 + 20) \times 12 \div 2 = 38 \times 12 \div 2$

$\qquad\qquad\qquad\qquad\quad = 228$(m²)

입니다.

## LEVEL UP TEST

| | | | | | |
|---|---|---|---|---|---|
| **1** 16 cm² | **2** 40 cm | **3** 30 cm | **4** 434 cm² | **5** 60 m² | **6** 18 km² |
| **7** 130 cm | **8** 둘레: 3배, 넓이: 9배 | | **9** 52 m² | **10** 99 cm² | **11** 54 cm |
| **12** 108 cm² | **13** 135 cm² | **14** 96 cm² | **15** 382 m² | **16** 45 cm² | **17** 11장 |
| **18** 758 cm² | **19** 72 cm² | **20** 46 cm² | **21** 84 cm² | **22** 24 cm | **23** 12 m |
| **24** 198 cm² | **25** 63 cm² | | | | |

**1** 접근 ≫ 색칠한 부분은 작은 사각형 몇 개인지 알아봅니다.

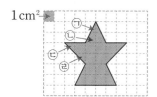

**해결 전략**
삼각형 2개를 붙여 넓이가 1 cm²가 되게 만들어 색칠한 도형의 넓이가 1 cm²의 몇 배인지 구해요.

• ㉠과 ㉡을 붙이면 작은 사각형 1개와 같습니다.

같은 부분이 4군데이므로 작은 사각형 4개와 같습니다.
• ㉢과 ㉣을 붙이면 작은 사각형 1개와 같습니다.

같은 부분이 2군데이므로 작은 사각형 2개와 같습니다.
따라서 작은 사각형이 $10+4+2=16$(개)이므로 색칠한 도형의 넓이는 1 cm²의 16배인 16 cm²입니다.

**2** 접근 ≫ 직사각형의 가로를 ☐ cm라 하여 넓이 구하는 식을 세웁니다.

가로를 ☐ cm라 하면 세로는 (☐×3) cm입니다.
직사각형의 넓이는 ☐×(☐×3)=75, ☐×☐=75÷3=25이므로 5×5=25 에서 ☐=5(cm)입니다.
따라서 세로는 5×3=15(cm)이므로 직사각형의 둘레는 (5+15)×2=40(cm) 입니다.

**해결 전략**
세로가 가로의 3배인 직사각형 모양을 그려 봐요.

**3** 접근 ≫ 정사각형의 둘레를 이용하여 정사각형의 한 변의 길이를 구합니다.

(정사각형의 한 변의 길이)=72÷4=18(cm)이므로
(작은 직사각형의 가로)=18÷2=9(cm),
(작은 직사각형의 세로)=18÷3=6(cm)입니다.
따라서 작은 직사각형 한 개의 둘레는 (9+6)×2=30(cm)입니다.

**해결 전략**
정사각형의 가로를 2등분, 세로를 3등분하면 작은 직사각형의 가로, 세로가 돼요.

## 4 접근 ≫ 먼저 겹쳐진 부분의 한 변의 길이를 구합니다.

겹쳐진 정사각형은 한 변의 길이가 $15-11=4$ (cm)입니다.
➡ (도형 전체의 넓이)=(두 정사각형의 넓이의 합)-(겹쳐진 정사각형의 넓이)
$$=(15\times15\times2)-(4\times4)=450-16=434(\text{cm}^2)$$

**해결 전략**
도형 전체의 넓이는 정사각형 2개의 넓이의 합에서 겹쳐진 부분의 넓이를 빼서 구해요.

## 5 접근 ≫ 먼저 주어진 도형을 넓이를 구할 수 있는 모양을 바꾸어 봅니다.

다음과 같이 도형을 반으로 나누어 도형의 반을 옮겨 붙이면 직사각형이 됩니다.

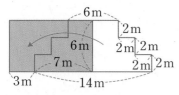

**보충 개념**
도형의 일부분을 옮겨 붙여도 넓이는 변하지 않아요.

따라서 도형의 넓이는 $(3+7)\times6=60(\text{m}^2)$입니다.

---

**다른 풀이**
여러 개의 직사각형으로 나누어 넓이를 구합니다.

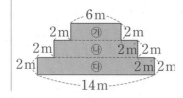

(㉮의 넓이)=$6\times2=12(\text{m}^2)$
(㉯의 넓이)=$10\times2=20(\text{m}^2)$
(㉰의 넓이)=$14\times2=28(\text{m}^2)$
➡ (도형의 넓이)=$12+20+28=60(\text{m}^2)$

## 6 접근 ≫ 먼저 놀이공원의 실제 가로와 실제 세로를 각각 구합니다.

지도상에서 놀이공원은 가로가 $1$ cm, 세로가 $2$ cm인 직사각형 모양입니다.
주어진 지도의 축척이 $1:300000$이므로 $1$ cm는 실제로는 $300000$ cm라는 것을 의미합니다.
놀이공원의 실제 가로: $1$ cm ➡ $300000$ cm=$3$ km,
놀이공원의 실제 세로: $2$ cm ➡ $600000$ cm=$6$ km입니다.
따라서 놀이공원의 실제 넓이는 $3\times6=18(\text{km}^2)$입니다.

**해결 전략**
놀이공원의 실제 가로, 실제 세로를 구해서 실제 넓이를 구해요.

**보충 개념**
축척이 $1:$■일 때
(실제 길이)
=(지도상의 길이)×■

## 7 135쪽 2번의 변형 심화 유형
접근 ≫ 먼저 도형의 넓이를 이용하여 정사각형의 한 변의 길이를 구합니다.

정사각형을 오른쪽과 같이 옮겨도 둘레는 같습니다.
(정사각형 1개의 넓이)=$375\div15=25(\text{cm}^2)$이고
$5\times5=25$이므로 정사각형의 한 변의 길이는 $5$ cm입니다.
도형의 둘레는 $5$ cm인 변의 길이의 26배이므로 $5\times26=130$ (cm)입니다.

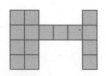

**해결 전략**
정사각형의 변끼리 꼭 맞닿도록 옮겨도 도형의 둘레는 변하지 않아요.

다른 풀이
오른쪽과 같이 생각하면 도형의 둘레는
(가장 큰 직사각형의 둘레)+(정사각형의 한 변의 길이)×6입니다.
➡ (도형의 둘레)=(6+4+6+4)×5+(5×6)
= 100+30=130(cm)

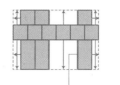

빨간색 선은 가장 큰 직사각형의
둘레에 포함되지 않습니다.

해결 전략
주어진 도형의 변을 옮겨 직
사각형을 만든 다음, 만든 직
사각형의 둘레와 이 둘레에
포함되지 않은 변의 길이를
더해서 구해요.

**8** 접근 》 먼저 정사각형의 넓이를 이용하여 한 변의 길이를 구합니다.

예 넓이가 81 cm²인 정사각형의 한 변의 길이는 9 cm이므로 정사각형의 둘레는
9×4=36(cm)입니다.
또한 각 변의 길이를 각각 3배씩 늘이면 한 변의 길이가 9×3=27(cm)인 정사각
형이 됩니다.
(늘인 정사각형의 둘레)=27×4=108(cm),
(늘인 정사각형의 넓이)=27×27=729(cm²)입니다.
따라서 108÷36=3이므로 둘레는 3배로 늘어나고, 729÷81=9이므로 넓이는
9배로 늘어납니다.

| 채점 기준 | 배점 |
|---|---|
| 늘인 정사각형의 둘레가 몇 배로 늘어나는지 구했나요? | 2점 |
| 늘인 정사각형의 넓이가 몇 배로 늘어나는지 구했나요? | 3점 |

보충 개념
한 변의 길이가 ■ cm인 정
사각형의 각 변을 3배로 늘이
면
• 둘레: (■×3)×4
= (■×4)×3
➡ (■×4)의 3배
• 넓이: (■×3)×(■×3)
= ■×■×9
➡ (■×■)의 9배

**9** 접근 》 먼저 삼각형 ㄱㅁㄹ의 넓이를 구합니다.

(삼각형 ㅁㄴㄷ의 넓이)=(삼각형 ㄱㅁㄹ의 넓이)=6×8÷2=24(m²)이고,
선분 ㅁㄴ의 길이는 10-6=4(m)이므로
(선분 ㄴㄷ의 길이)=(삼각형 ㅁㄴㄷ의 넓이)×2÷(선분 ㅁㄴ의 길이)
=24×2÷4=12(m)입니다.
➡ (삼각형 ㄹㅁㄷ의 넓이)
=(사다리꼴 ㄱㄴㄷㄹ의 넓이)-(삼각형 ㄱㅁㄹ의 넓이)-(삼각형 ㅁㄴㄷ의 넓이)
=((8+12)×10÷2)-24-24=100-24-24=52(m²)

해결 전략
삼각형 ㄹㅁㄷ의 넓이는 사
다리꼴 ㄱㄴㄷㄹ의 넓이에서
삼각형 ㄱㅁㄹ의 넓이와 삼각
형 ㅁㄴㄷ의 넓이를 빼서 구
해요.

**10** 접근 》 직사각형의 가로를 □cm라 하여 둘레를 구하는 식을 세웁니다.

직사각형의 가로를 □cm라 하면 세로는 (□+7) cm입니다.
직사각형의 둘레가 58 cm이므로 □+(□+7)+□+(□+7)=58,
□+□+□+□+14=58, □+□+□+□=44, □=11(cm)입니다.
직사각형의 가로는 11 cm, 세로는 11+7=18(cm)이고, 마름모의 두 대각선의 길
이는 각각 직사각형의 가로, 세로와 같으므로
(마름모의 넓이)=11×18÷2=99(cm²)입니다.

**해결 전략**
직사각형의 네 변의 가운데 점을 이어 그린 마름모의 넓이는 직사각형의 넓이의 반이에요.

## 11 접근 » 변 ㄷㄹ의 길이를 □cm라 하여 직사각형의 둘레를 구하는 식을 세웁니다.

변 ㄷㄹ의 길이는 사각형 ㅁㅂㅅㅇ의 한 변의 길이와 같습니다.

변 ㄷㄹ의 길이를 □cm라 하면

(변 ㄱㄴ)=(변 ㅁㅇ)=(변 ㅂㅅ)=□cm, (변 ㅅㄷ)=(변 ㅇㄹ)=(15-□)cm,

(변 ㄱㅁ)=(변 ㄴㅂ)=(12-□)cm입니다.

사각형 ㄱㄴㄷㄹ의 가로는 12+(15-□)=(27-□)cm

또는 (12-□)+15=(27-□)cm이므로

가로는 (27-□)cm이고, 세로는 □cm입니다.

➡ (사각형 ㄱㄴㄷㄹ의 둘레)=(27-□)+□+(27-□)+□

=54-□-□+□+□=54(cm)

**해결 전략**
직사각형의 세로와 정사각형의 한 변의 길이가 같음을 이용해요.

**다른 풀이**
(변 ㄱㄴ)=(변 ㅁㅂ)=(변 ㅂㅅ)이고 (선분 ㄱㅁ)=(선분 ㄴㅂ)이므로
(변 ㄱㄴ)+(선분 ㄱㅁ)=(선분 ㄴㅂ)+(선분 ㅂㅅ)=(선분 ㄴㅅ)=12 cm입니다.
➡ (사각형의 ㄱㄴㄷㄹ의 둘레)
= ((변 ㄱㄴ)+(선분 ㄱㅁ)+(선분 ㅁㄹ))×2=(12+15)×2=27×2=54(cm)

## 12 접근 » 먼저 색칠하지 않은 부분의 넓이의 합을 구합니다.

색칠하지 않은 삼각형은 모두 한 각이 직각인 이등변삼각형이므로 색칠하지 않은 삼각형 4개의 넓이의 합은 한 변이 6 cm인 정사각형의 넓이와 같습니다.

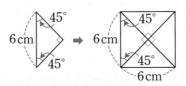

➡ (색칠한 부분의 넓이)=(정사각형의 넓이)-(색칠하지 않은 부분의 넓이)

=(12×12)-(6×6)=144-36=108(cm²)

**해결 전략**
정사각형의 넓이에서 색칠하지 않은 부분의 넓이를 빼서 색칠한 부분의 넓이를 구해요.

**주의**
색칠한 부분을 여러 도형으로 나누어 넓이를 구하지 않도록 해요.

## 13 접근 » 색칠한 부분의 넓이를 이용하여 선분 ㄱㅁ의 길이를 구합니다.

선분 ㄱㅁ의 길이를 □cm라 하면

(삼각형 ㄱㄴㅁ의 넓이)+(삼각형 ㄹㅁㄷ의 넓이)

=(12×□÷2)+(6×□÷2)=9×□=81, □=81÷9=9(cm)입니다.

사각형 ㄱㄴㅁㄹ은 평행사변형이므로 (선분 ㄱㄹ)=(선분 ㄴㅁ)=12 cm이고,

사각형 ㄱㄴㄷㄹ은 사다리꼴입니다.

따라서 사각형 ㄱㄴㄷㄹ의 넓이는 (12+12+6)×9÷2=135(cm²)입니다.

**해결 전략**
선분 ㄱㅁ의 길이는 사다리꼴 ㄱㄴㄷㄹ의 높이예요.

## 14
137쪽 4번의 변형 심화 유형

**접근 ≫ 정사각형의 한 대각선의 길이를 □cm라 하여 넓이 구하는 식을 세웁니다.**

정사각형 ㄱㄴㄷㄹ의 넓이가 $288\,cm^2$이므로 정사각형의 한 대각선의 길이를 □cm
라고 하면 □×□÷2=288, □×□=576, □=24(cm)입니다.
마름모 ㄴㅁㄹㅂ에서 두 대각선의 길이가 16 cm와 24 cm이므로
넓이는 $16×24÷2=192(cm^2)$입니다.

➡ (색칠한 부분의 넓이)
　=(정사각형 ㄱㄴㄷㄹ의 넓이)－(마름모 ㄴㅁㄹㅂ의 넓이)
　$=288-192=96(cm^2)$입니다.

**해결 전략**
정사각형은 마름모라고 할 수
있으므로 마름모의 넓이 구하
는 식을 이용하여 정사각형의
한 대각선의 길이를 구해요.

## 15
**접근 ≫ 가장 작은 정사각형의 한 변의 길이를 □m라 하여 식을 세웁니다.**

가장 작은 정사각형의 한 변의 길이를 □cm라 하면
□+(□+3)+(□+3+2)+(□+3+2+1)=38,
□×4+14=38, □×4=24, □=6(m)입니다.

➡ (도형의 넓이)$=(6×6)+(9×9)+(11×11)+(12×12)$
　　　　　　　$=36+81+121+144$
　　　　　　　$=382(m^2)$

**해결 전략**
둘째로 작은 정사각형의 한
변은 (□+3) m이고, 셋째로
작은 정사각형의 한 변은
(□+3+2) m이고, 가장 큰
정사각형의 한 변은
(□+3+2+1) m예요.

## 16
136쪽 3번의 변형 심화 유형

**접근 ≫ 색칠한 부분의 넓이와 넓이가 같은 부분이 있는지 찾아봅니다.**

사다리꼴 ㄱㄴㄷㄹ과 삼각형 ㅁㅂㅅ의 넓이가 같고 똑같은 부분이 겹쳐졌으므로
사다리꼴 ㄱㄴㅇㅁ과 색칠한 부분의 넓이는 같습니다.
(선분 ㄱㅁ)+(선분 ㄴㅇ)=(선분 ㄴㄷ)=15 cm이므로
(색칠한 부분의 넓이)=(사다리꼴 ㄱㄴㅇㅁ의 넓이)
　　　　　　　　　　$=15×6÷2=45(cm^2)$입니다.

**해결 전략**
넓이가 같은 두 도형에서 겹
치는 부분을 빼면 나머지 부
분끼리 넓이가 같아요.

## 17
**접근 ≫ 정사각형 모양의 종이 수와 둘레 사이의 관계를 찾아봅니다.**

정사각형 모양 종이의 둘레는 $3×4=12(cm)$이고, 겹쳐진 부분의 둘레는
$1×4=4(cm)$이므로
정사각형이 1개일 때의 둘레: $3×4=12(cm)$,
정사각형이 2개일 때의 둘레: $12×2-4=20(cm)$,
정사각형이 3개일 때의 둘레: $12×3-4×2=28(cm)$입니다.
따라서 정사각형 모양의 종이를 □장 붙이면 겹쳐진 부분은 (□-1)군데입니다.
$12×□-4×(□-1)=12×□-4×□+4=92$, $8×□=88$, □=11(장)
이므로 정사각형 모양의 종이를 11장 붙인 것입니다.

**해결 전략**
정사각형 모양의 종이가 □
개 겹쳐져 있을 때의 둘레는
(12×□-4×(□-1)) cm
예요.

## 18

접근 ≫ 색칠한 부분의 넓이를 사다리꼴 2개와 삼각형 1개로 나누어 봅니다.

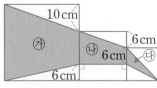

가운데 정사각형의 한 변의 길이는
$6+6+6=18$(cm)이므로 가장 큰 정사각형의 한 변의 길이는 $18+10=28$(cm)이고, 가장 작은 정사각형의 한 변의 길이는 $18-6=12$(cm)입니다.

(사다리꼴 ㉮의 넓이)$=(28+28-16)\times28\div2=40\times28\div2=560$(cm²),
(사다리꼴 ㉯의 넓이)$=(18-6+6)\times18\div2=18\times18\div2=162$(cm²),
(삼각형 ㉰의 넓이)$=6\times12\div2=36$(cm²)입니다.
따라서 색칠한 부분의 넓이는 $560+162+36=758$(cm²)입니다.

**다른 풀이**
(삼각형 ㉮의 넓이)$=28\times28\div2=392$(cm²)
(삼각형 ㉯의 넓이)$=(28-10-6)\times28\div2$
$\qquad=12\times28\div2=168$(cm²)
(삼각형 ㉰의 넓이)$=(18-6)\times18\div2$
$\qquad=12\times18\div2=108$(cm²)
(삼각형 ㉱의 넓이)$=6\times18\div2=54$(cm²)
(삼각형 ㉲의 넓이)$=6\times12\div2=36$(cm²)
➡ (색칠한 부분의 넓이)$=392+168+108+54+36=758$(cm²)

## 19

접근 ≫ 사다리꼴 ㄱㄴㄷㄹ의 넓이는 색칠한 부분의 넓이의 몇 배인지 알아봅니다.

삼각형은 밑변의 길이와 높이가 같으면 넓이가 같습니다.
(삼각형 ㄹㄱㅁ의 넓이)=(삼각형 ㄹㅁㅂ의 넓이)=(삼각형 ㄹㅂㄷ의 넓이)이고,
(삼각형 ㄱㄴㅁ의 넓이)=(삼각형 ㅁㄴㅂ의 넓이)=(삼각형 ㅂㄴㄷ의 넓이)입니다.
따라서 사다리꼴 ㄱㄴㄷㄹ의 넓이는 색칠한 부분의 넓이의 3배이므로
$24\times3=72$(cm²)입니다.

## 20

접근 ≫ 삼각형 ㄱㄴㄷ의 넓이에서 삼각형 ㄹㅁㄷ의 넓이를 빼서 구합니다.

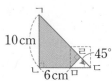

삼각형 ㄱㄴㄷ은 이등변삼각형이므로 변 ㅁㄷ의 길이는
$10-6=4$(cm)이고,
삼각형 ㄹㅁㄷ은 한 각이 직각인 이등변삼각형이고 넓이는
선분 ㅁㄷ이 한 변인 정사각형의 넓이의 $\dfrac{1}{4}$이므로 삼각형 ㄹㅁㄷ의 넓이는
$4\times4\div4=4$(cm²)입니다.
➡ (사각형 ㄱㄴㅁㄹ의 넓이)=(삼각형 ㄱㄴㄷ의 넓이)−(삼각형 ㄹㅁㄷ의 넓이)
$\qquad=(10\times10\div2)-4=50-4=46$(cm²)

## 21
접근 ≫ 먼저 삼각형 ㄱㄴㄷ을 넓이가 같은 삼각형 3개로 나누어 봅니다.

다음과 같이 선분 ㄱㅂ을 그어 줍니다.

선분 ㄱㄹ과 선분 ㄹㄴ의 길이가 같으므로
(삼각형 ㄱㄹㅅ의 넓이)=(삼각형 ㄹㄴㅅ의 넓이)이고,
(삼각형 ㄱㄹㄷ의 넓이)=(삼각형 ㄹㄴㄷ의 넓이)
➡ (삼각형 ㄱㅅㄷ의 넓이)=(삼각형 ㅅㄴㄷ의 넓이)

선분 ㄱㅁ과 선분 ㅁㄷ의 길이가 같으므로
(삼각형 ㄱㅅㅁ의 넓이)=(삼각형 ㅁㅅㄷ의 넓이)이고,
(삼각형 ㄱㄴㅁ의 넓이)=(삼각형 ㅁㄴㄷ의 넓이)
➡ (삼각형 ㄱㄴㅅ의 넓이)=(삼각형 ㅅㄴㄷ의 넓이)

(삼각형 ㄱㄴㅅ의 넓이)=(삼각형 ㅅㄴㄷ의 넓이)=(삼각형 ㄱㅅㄷ의 넓이)
$$=126 \div 3 = 42(cm^2)이고,$$

(삼각형 ㄱㄹㅅ의 넓이)=(삼각형 ㄹㄴㅅ의 넓이)=(삼각형 ㄱㅅㅁ의 넓이)
$$=(삼각형 ㅁㅅㄷ의 넓이)=42 \div 2 = 21(cm^2)입니다.$$

➡ (색칠한 부분의 넓이)
= (삼각형 ㄱㄹㅅ의 넓이)+(삼각형 ㄱㅅㅁ의 넓이)+(삼각형 ㅅㄴㄷ의 넓이)
$$=21+21+42=84(cm^2)$$

해결 전략
색칠한 부분은 넓이가 같은 삼각형 6개로 나눈 것 중 4개와 같아요.

보충 개념
밑변의 길이와 높이가 같은 삼각형은 넓이가 같습니다.

## 서술형 22
접근 ≫ 먼저 사다리꼴의 넓이를 구해 겹쳐진 부분의 넓이를 구합니다.

예 사다리꼴의 넓이는 $(16+24) \times 16 \div 2 = 320(cm^2)$입니다.

겹쳐진 부분의 넓이가 사다리꼴의 넓이의 $\frac{2}{5}$이므로 겹쳐진 부분의 넓이는
$320 \div 5 \times 2 = 128(cm^2)$입니다.

겹쳐진 부분의 넓이는 마름모의 넓이의 $\frac{1}{3}$이므로 마름모는 겹쳐진 부분의 넓이의
3배입니다.
따라서 마름모의 넓이는 $128 \times 3 = 384(cm^2)$이고,
(한 대각선의 길이)×(다른 대각선의 길이)÷2=384이므로
$32 \times$ (다른 대각선의 길이)$=384 \times 2$,
(다른 대각선의 길이)$=768 \div 32 = 24(cm)$입니다.

| 채점 기준 | 배점 |
| --- | --- |
| 사다리꼴의 넓이를 구했나요? | 1점 |
| 마름모의 넓이를 구했나요? | 2점 |
| 마름모의 다른 대각선의 길이를 구했나요? | 2점 |

해결 전략
사다리꼴의 넓이를 이용하여 겹쳐진 부분의 넓이를 구하고, 다시 마름모의 넓이를 구해요.

**다른 풀이**

겹쳐진 부분의 넓이를 2라고 하면 사다리꼴의 넓이는 5이고 마름모의 넓이는 6입니다.

(마름모의 넓이)＝(사다리꼴의 넓이)÷5×2×3

＝((16＋24)×16÷2)÷5×2×3＝320÷5×2×3＝384(cm²)입니다.

따라서 마름모의 다른 대각선의 길이를 □cm라 하면

32×□÷2＝384, □＝384×2÷32＝24(cm)이므로 24 cm입니다.

## 23 접근 》 색칠한 부분을 평행사변형과 사다리꼴로 나누어 생각합니다.

(평행사변형 ㄱㄴㄷㅁ의 넓이)＝8×20＝160(m²)이므로

(사다리꼴 ㄹㅂㅅㅁ의 넓이)

＝(색칠한 부분의 넓이)－(평행사변형 ㄱㄴㄷㅁ의 넓이)

＝288－160＝128(m²)입니다.

선분 ㄹㅂ의 길이를 □m라 하면 (□＋20)×8÷2＝128, □＋20＝32,

□＝12(m)입니다.

따라서 선분 ㄹㅂ의 길이는 12 m입니다.

**해결 전략**

평행사변형의 넓이를 구한 다음, 사다리꼴의 넓이를 구해 선분 ㄹㅂ의 길이를 구해요.

## 24 142쪽 9번의 변형 심화 유형
접근 》 가장 큰 정사각형의 넓이를 구한 다음 나머지 정사각형의 넓이를 구합니다.

(사각형 ㄱㄴㄷㄹ의 넓이)＝24×24＝576(cm²)이고

(둘째로 큰 정사각형의 넓이)＝576÷2＝288(cm²),

(셋째로 큰 정사각형의 넓이)＝288÷2＝144(cm²),

(넷째로 큰 정사각형의 넓이)＝144÷2＝72(cm²),

(다섯째로 큰 정사각형의 넓이)＝72÷2＝36(cm²),

(여섯째로 큰 정사각형의 넓이)＝36÷2＝18(cm²)입니다.

따라서 색칠한 부분의 넓이는 288－144＋72－36＋18＝198(cm²)입니다.

**해결 전략**

정사각형의 네 변의 가운데 점을 이어 만든 정사각형의 넓이는 처음 정사각형 넓이의 $\frac{1}{2}$이에요.

## 25 접근 》 두 도형의 겹쳐지는 부분이 가장 클 때의 모양을 찾아봅니다.

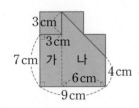

겹쳐지는 부분의 넓이가 가장 클 때 겹쳐지는 부분은 왼쪽과 같습니다.

➡ (겹쳐진 부분의 넓이)＝(가의 넓이)＋(나의 넓이)

＝(3×7)＋((4＋10)×6÷2)

＝21＋42＝63(cm²)

**해결 전략**

겹쳐지는 부분을 그려 보면 직사각형과 사다리꼴을 붙여 놓은 모양이 돼요.

## HIGH LEVEL

152~154쪽

| | | | | | |
|---|---|---|---|---|---|
| **1** 50 cm | **2** 1176 $cm^2$ | **3** 48 $cm^2$ | **4** 12 $m^2$ | **5** 160 cm | **6** 36 $cm^2$ |
| **7** 42 $cm^2$ | **8** 304 $cm^2$ | | | | |

### 1 접근 » 16의 약수를 이용하여 넓이가 16 $cm^2$인 직사각형을 모두 찾아봅니다.

16의 약수는 1, 2, 4, 8, 16이므로 넓이가 16 $cm^2$인 직사각형의 가로와 세로는 다음과 같습니다.

| 가로(cm) | 1 | 2 | 4 | 8 | 16 |
|---|---|---|---|---|---|
| 세로(cm) | 16 | 8 | 4 | 2 | 1 |

각각의 경우의 직사각형의 둘레를 구해 보면
가로와 세로가 1 cm, 16 cm일 때 (직사각형의 둘레)$=(1+16)\times2=34$(cm),
가로와 세로가 2 cm, 8 cm일 때 (직사각형의 둘레)$=(2+8)\times2=20$(cm),
가로와 세로가 4 cm, 4 cm일 때 (직사각형의 둘레)$=(4+4)\times2=16$(cm)입니다.
따라서 그릴 수 있는 직사각형 중 둘레가 가장 긴 것은 34 cm, 가장 짧은 것은 16 cm이므로 합은 $34+16=50$(cm)입니다.

해결 전략
가로와 세로가 (2, 8), (8, 2)인 경우와 (16, 1), (1, 16)인 경우는 각각 둘레가 같아요.

서술형

### 2 접근 » 먼저 6등분하면 정사각형 모양이 6개 만들어지는 직사각형 모양을 찾습니다.

예 인 경우: 작은 정사각형의 한 변의 길이를 □cm라 하면 직사각형의 둘레는 □의 14배입니다. $14\times□=140$, $□=140\div14=10$(cm)이므로 직사각형의 넓이는 $(10\times6)\times10=600$($cm^2$)입니다.

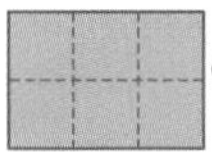인 경우: 작은 정사각형의 한 변의 길이를 □cm라 하면 직사각형의 둘레는 □의 10배입니다. $10\times□=140$, $□=140\div10=14$(cm)이므로 직사각형의 넓이는 $(14\times3)\times(14\times2)=1176$($cm^2$)입니다.
따라서 넓이가 가장 넓은 직사각형의 넓이는 1176 $cm^2$입니다.

| 채점 기준 | 배점 |
|---|---|
| 직사각형을 6등분했을 때 만들어지는 경우를 찾았나요? | 2점 |
| 넓이가 가장 넓은 직사각형의 넓이를 구했나요? | 3점 |

해결 전략
정사각형의 한 변의 길이를 구한 다음 직사각형의 가로와 세로를 구해 그 넓이를 비교해요.

보충 개념
직사각형 모양의 종이를 등분한 정사각형의 한 변의 길이가 길수록 직사각형의 넓이는 더 넓어요.

### 3 접근 » 각각의 색칠한 삼각형과 넓이가 같고 모양이 다른 삼각형를 찾아 봅니다.

보조선을 그어 정육각형을 모양과 크기가 같은 정삼각형 6개로 나누어 봅니다.

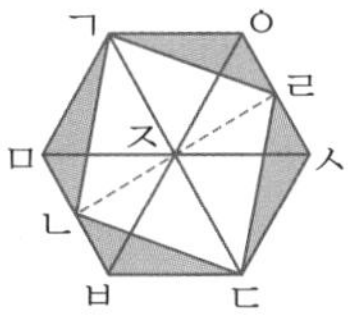


삼각형 ㄱㅁㄴ과 삼각형 ㅈㅁㄴ은 밑변이 선분 ㅁㄴ이라고 했을 때 높이가 같으므로 넓이도 같습니다. 마찬가지로 삼각형 ㄷㄴㅂ과 삼각형 ㅈㄴㅂ의 넓이가 같으므로 삼각형 ㄱㅁㄴ과 삼각형 ㄷㄴㅂ의 넓이의 합은 정삼각형 ㅈㅁㅂ의 넓이와 같습니다.

해결 전략
밑변의 길이와 높이가 같은 삼각형은 넓이가 같아요.

삼각형 ㄱㄹㅇ과 삼각형 ㅈㄹㅇ, 삼각형 ㄷㄹㅅ과 삼각형 ㅈㄹㅅ의 넓이도 같으므로 색칠한 부분의 넓이는 정삼각형 2개의 넓이와 같고, 정육각형의 넓이는 색칠한 부분의 넓이의 3배이므로 $24 \times 3 = 72 (\text{cm}^2)$입니다.

➡ (마름모 ㄱㄴㄷㄹ의 넓이)

= (정육각형의 넓이) − (색칠한 부분의 넓이) = $72 - 24 = 48 (\text{cm}^2)$

> **다른 풀이**
> 색칠한 부분의 넓이는 정삼각형 6개 중 2개의 넓이와 같으므로 마름모 ㄱㄴㄷㄹ의 넓이는 정삼각형 4개의 넓이와 같습니다.
> ➡ (마름모 ㄱㄴㄷㄹ의 넓이) = $24 \times 2 = 48 (\text{cm}^2)$

**4** 142쪽 9번의 변형 심화 유형

**접근 ≫ 삼각형 ㄷㅂㄴ의 넓이와 삼각형 ㄷㄴㅁ의 넓이를 각각 구해 더합니다.**

정사각형의 한 변은 $8 \times 8 = 64$에서 8 m입니다.

색칠한 부분의 넓이는 삼각형 ㄷㅂㄴ의 넓이와 삼각형 ㄷㄴㅁ의 넓이의 합입니다.

선분 ㄴㄹ의 길이는 선분 ㄹㅁ의 길이의 반이므로 삼각형 ㄷㄹㄴ의 넓이는 삼각형 ㄷㄴㅁ의 넓이와 같고, 선분 ㄷㅂ의 길이는 선분 ㄷㄹ의 길이의 반이므로

삼각형 ㄷㅂㄴ의 넓이는 삼각형 ㄷㄹㄴ의 넓이의 $\frac{1}{2}$입니다.

선분 ㄹㅁ의 길이가 8 m이므로 (선분 ㄹㄴ) = (선분 ㅁㄴ) = $8 \div 2 = 4 (\text{m})$입니다.

(삼각형 ㄷㄴㅁ의 넓이) = $4 \times 4 \div 2 = 8 (\text{m}^2)$이고,

(삼각형 ㄷㅂㄴ의 넓이) = (삼각형 ㄷㄹㄴ의 넓이) ÷ 2 = (삼각형 ㄷㄴㅁ의 넓이) ÷ 2

= $8 \div 2 = 4 (\text{m}^2)$입니다.

따라서 색칠한 부분의 넓이는 $8 + 4 = 12 (\text{m}^2)$입니다.

> **다른 풀이**
> 정사각형을 넓이가 같은 삼각형 16개로 나누면 다음과 같습니다.
>
> 색칠한 부분의 넓이는 정사각형의 넓이의 $\frac{3}{16}$이므로
> $64 \div 16 \times 3 = 12 (\text{m}^2)$입니다.

**해결 전략**
선분 ㄴㅁ의 길이를 구해 삼각형 ㄷㄴㅁ의 넓이를 구하고, 선분 ㄷㅂ과 선분 ㄷㄹ의 길이 관계를 이용해 삼각형 ㄷㅂㄴ의 넓이를 구해요.

**5** 접근 ≫ 먼저 겹쳐진 부분의 모양을 그림으로 나타내어 봅니다.

정사각형 3장이 겹쳐진 부분을 점선으로 나타내고, 3장이 모두 겹쳐진 직사각형을 색칠하면 다음과 같습니다.

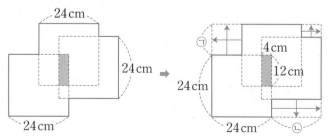

**해결 전략**
정사각형 3개가 모두 겹쳐진 부분의 가로, 세로를 이용하여 각 부분의 길이를 구해요.

오목한 부분의 변을 각각 평행하게 옮기면 색칠된 직사각형의 가로가 4 cm, 세로가 12 cm이므로 ㉠과 ㉡의 길이를 구할 수 있습니다.

㉠＝(정사각형의 한 변의 길이)－(색칠된 직사각형의 세로)＝24－12＝12(cm),

㉡＝(정사각형의 한 변의 길이)－(색칠된 직사각형의 가로)＝24－4＝20(cm)입니다.

따라서 정사각형 3개를 겹쳐 놓은 그림의 둘레는 가로가 24＋20＝44(cm),

세로가 24＋12＝36(cm)이므로 (44＋36)×2＝160(cm)입니다.

**해결 전략**
오목한 부분의 변을 각각 평행하게 옮겨서 직사각형 모양을 만들어 둘레를 구해요.

## 6  접근 ≫ 주어진 그림을 넓이가 같은 삼각형 6개로 나누어 봅니다.

(삼각형 ㄱㄴㅁ의 넓이)＝6×(5＋10)÷2＝45(cm²)이고,

(삼각형 ㄹㄴㄷ의 넓이)＝(6＋3)×10÷2＝45(cm²)입니다.

(삼각형 ㄱㄴㅁ의 넓이)＝(삼각형 ㄹㄴㄷ의 넓이)이고, 사각형 ㄹㄴㅁㅂ이 공통 부분이므로 (삼각형 ㄱㄹㅂ의 넓이)＝(삼각형 ㅂㅁㄷ의 넓이)입니다.

오른쪽 그림과 같이 선분 ㄴㅂ을 그어 보면 삼각형 ㄱㄹㅂ과 삼각형 ㄹㄴㅂ의 높이는 같고, 삼각형 ㄹㄴㅂ의 밑변의 길이가 삼각형 ㄱㄹㅂ의 밑변의 길이의 2배이므로 삼각형 ㄹㄴㅂ의 넓이는 삼각형 ㄱㄹㅂ의 2배입니다.

또, 삼각형 ㅂㅁㄷ과 삼각형 ㅂㄴㅁ을 비교하면 삼각형 ㅂㄴㅁ의 넓이는 삼각형 ㅂㅁㄷ의 넓이의 2배입니다.

따라서 색칠한 부분의 넓이는 삼각형 ㄱㄹㅂ의 넓이의 4배이므로

(색칠한 부분의 넓이)＝(삼각형 ㄱㄹㅂ의 넓이)×4＝(삼각형 ㄱㄴㅁ의 넓이)÷5×4

＝45÷5×4＝36(cm²)입니다.

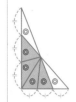

**보충 개념**

밑변의 길이와 높이가 같은 삼각형은 서로 넓이가 같으므로 전체 도형을 넓이가 같은 삼각형 6개로 나눌 수 있어요.

> **지도 가이드**
> 삼각형은 밑변의 길이와 높이가 같으면 모양이 달라도 넓이가 같습니다. 이와 같은 성질을 이용하여 주어진 도형에서 색칠한 부분을 넓이가 같은 삼각형 여러 개로 나누어 보면 쉽게 넓이를 구할 수 있음을 알 수 있도록 지도해 주세요.

## 7  접근 ≫ 먼저 겹쳐진 직사각형의 가로와 세로의 합을 구합니다.

한 변이 15 cm인 정사각형의 둘레는 15×4＝60(cm)이고, 정사각형 2개의 둘레의 합은 60×2＝120(cm)입니다.

굵은 선의 길이의 합이 94 cm이므로 겹쳐진 직사각형의 둘레는 120－94＝26(cm)이고, 가로와 세로의 합은 26÷2＝13(cm)입니다.

직사각형의 가로와 세로가 자연수이므로 가로, 세로로 가능한 경우는

(1 cm, 12 cm), (2 cm, 11 cm), (3 cm, 10 cm), (4 cm, 9 cm), (5 cm, 8 cm), (6 cm, 7 cm)입니다.

(1 cm, 12 cm)일 때 직사각형의 넓이: 1×12＝12(cm²)

**해결 전략**
굵은 선의 길이는 정사각형 2개의 둘레의 합에서 겹쳐진 부분의 둘레를 빼서 구해요.

(2 cm, 11 cm)일 때 직사각형의 넓이: $2 \times 11 = 22$(cm²)

(3 cm, 10 cm)일 때 직사각형의 넓이: $3 \times 10 = 30$(cm²)

(4 cm, 9 cm)일 때 직사각형의 넓이: $4 \times 9 = 36$(cm²)

(5 cm, 8 cm)일 때 직사각형의 넓이: $5 \times 8 = 40$(cm²)

(6 cm, 7 cm)일 때 직사각형의 넓이: $6 \times 7 = 42$(cm²)

따라서 겹쳐진 직사각형의 넓이가 될 수 있는 경우 중 넓이가 가장 큰 값은 42 cm²
입니다.

**8** 접근 ≫ 먼저 삼각형 ㉮, ㉯, ㉰, ㉱의 밑변의 길이와 높이를 찾습니다.

삼각형 ㉮와 ㉱, ㉯와 ㉰는 서로 밑변의 길이가 $54 \div 3 = 18$(cm)로 같고,
높이의 합이 54 cm입니다.

(삼각형 ㉮+㉱의 넓이)=(삼각형 ㉯+㉰의 넓이)=$18 \times 54 \div 2 = 486$(cm²)이
므로

$$\begin{aligned}
\text{(사각형 ㉠의 넓이)} &= \text{(정사각형의 넓이)} - \text{(사각형 ㉡, ㉢, ㉣의 넓이의 합)} \\
&\quad - \text{(삼각형 ㉮, ㉯, ㉰, ㉱의 넓이의 합)} \\
&= (54 \times 54) - 1640 - (486 \times 2) \\
&= 2916 - 1640 - 972 = 304 \text{(cm}^2\text{)입니다.}
\end{aligned}$$

**해결 전략**

사각형 ㉠의 넓이는 정사각형의 넓이에서 각 부분의 넓이의 합을 빼서 구해요.

**보충 개념**

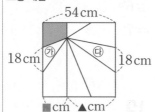

➡ (㉮의 넓이)+(㉯의 넓이)
  $= (18 \times \blacksquare \div 2)$
  $\quad + (18 \times \blacktriangle \div 2)$
  $= 18 \times (\blacksquare + \blacktriangle) \div 2$

| | | | | |
|---|---|---|---|---|
| **01** 63, 57 / 다릅니다에 ○표 | **02** 20 | **03** ③ | **04** 411 | **05** > |
| **06** (16÷8+12)×3=42 | **07** 例 −, ×, + | **08** 8 | **09** 84÷(4×3)+6−12÷4=10 | |
| **10** 11쪽 | **11** 1728 cm | **12** ㉠ | **13** 5120원 | **14** 100자루 | **15** 463 cm |
| **16** 110 | **17** 승우 | **18** (73−3)÷2+1=36 / 36개 | **19** 250원 | **20** 38 |

## 01

접근 ≫ ( )가 있는 식과 없는 식을 계산해 보고 크기를 비교합니다.

㉮ 72−(18+9)÷3=72−27÷3=72−9=63

㉯ 72−18+9÷3=72−18+3=57

**해결 전략**
( )가 있는 식과 없는 식은 계산 순서가 달라요.

## 02

접근 ≫ ( ) 안을 먼저 계산하고, ×→÷→×→+→−의 순서대로 계산합니다.

6×(25−13)+48÷(5+7)×9−88
=6×12+48÷12×9−88=72+48÷12×9−88=72+4×9−88
=72+36−88=108−88=20

**보충 개념**
( )가 있는 식이 2개일 때는 앞에서부터 차례대로 계산해요.

## 03

접근 ≫ ( )가 있을 때와 없을 때, 계산 순서가 똑같은 식을 찾아봅니다.

③ 76−(13×5)=76−65=11
　76−13×5=76−65=11

**해결 전략**
계산 순서가 똑같을 때 계산 결과도 같아요.

## 04

접근 ≫ 가 대신에 42를, 나 대신에 9를 넣어 식을 써 봅니다.

42★9=(42×9)+(42−9)=378+33=411

**주의**
가와 나에 수의 위치를 바꾸어 넣지 않도록 주의해요.

## 05

접근 ≫ 두 식을 계산해 보고 계산한 값의 크기를 비교합니다.

24−56÷8+14×6=24−7+14×6=24−7+84
　　　　　　　=17+84=101

13×(32−18)÷7+8=13×14÷7+8=182÷7+8
　　　　　　　　=26+8=34

➡ 101>34

**해결 전략**
( ) 안의 식 → × 또는 ÷
→ + 또는 −의 순서대로 계산해요.

## 06 접근 ≫ 첫째 식과 둘째 식에서 공통으로 있는 수를 찾습니다.

두 식에서 공통인 수가 14이므로 $16 \div 8 + 12$를 둘째 식의 14 대신 ( )를 사용하여 써넣습니다.

$\underline{16 \div 8 + 12} = 14$

$14 \times 3 = 42 \Rightarrow (16 \div 8 + 12) \times 3 = 42$

> **주의**
> ( )를 사용하지 않으면
> $16 \div 8 + 12 \times 3 = 2 + 36$
> $\qquad\qquad\qquad = 38$
> 이 되어 다른 결과가 나와요.
> 따라서 계산 순서가 바뀌지 않도록 ( )를 사용해요.

## 07 접근 ≫ 계산 결과가 21에 가까워지도록 × 또는 ÷를 넣고 +, −를 넣어 봅니다.

직접 기호를 넣어 여러 가지로 계산하여 보고 답을 찾습니다.

예 $45 - 3 \times 9 + 3 = 21$

> **해결 전략**
> $45 > 21$이므로 45에서 빼어 21이 되는 경우를 생각해 봐요.

## 08 접근 ≫ 오른쪽 식을 먼저 간단히 하고 왼쪽 식의 ( ) 안의 식의 값을 구합니다.

거꾸로 생각하여 구합니다.

$49 - (9 \times 6 - 13) = 49 - (54 - 13) = 49 - 41 = 8$

$(56 + 4 \times \square) \div 11 = 8$

$56 + 4 \times \square = 88, \ 4 \times \square = 32, \ \square = 32 \div 4 = 8$

> **해결 전략**
> 거꾸로 생각하여 구해 봐요.

## 09 접근 ≫ ( ) 없이 계산한 결과와 비교하여 ( )의 위치를 생각해 봅니다.

$84 \div (4 \times 3) + 6 - 12 \div 4$
$= 84 \div 12 + 6 - 12 \div 4$
$= 7 + 6 - 3 = 10$

> **보충 개념**
> $84 \div 4 \times 3 + 6 - 12 \div 4$
> $= 21 \times 3 + 6 - 12 \div 4$
> $= 63 + 6 - 12 \div 4$
> $= 63 + 6 - 3$
> $= 66$

## 10 접근 ≫ 하루에 읽을 쪽수를 구하는 식을 하나의 식으로 나타냅니다.

(하루에 읽을 쪽수) = (6일 동안 읽을 전체 쪽수) $\div 6$
$\qquad\qquad = (160 - 7 \times 7 - 5 \times 9) \div 6$
$\qquad\qquad = (160 - 49 - 45) \div 6$
$\qquad\qquad = 66 \div 6 = 11$(쪽)

> **해결 전략**
> 6일 동안 읽을 쪽수는 전체에서 읽고 남은 쪽수예요.

## 11

접근 ≫ 색 테이프 82장의 길이에서 겹쳐진 부분의 길이를 빼어 구하는 식을 만듭니다.

(이어 붙일 색 테이프의 전체 길이)=(리본 82장의 길이)−(겹친 부분의 길이)
$$=27×82−6×(82−1)$$
$$=27×82−6×81=2214−6×81$$
$$=2214−486=1728(cm)$$

해결 전략
겹친 부분은 모두 몇 군데인지 먼저 생각해 봐요.

## 12

접근 ≫ ( )의 위치에 주의하여 계산하고 계산 결과를 비교합니다.

㉠ $96÷8+(4+8)×2=96÷8+12×2=12+24=36$
㉡ $96÷(8+4)+8×2=96÷12+8×2=8+16=24$
㉢ $96÷8+4+8×2=12+4+8×2=12+4+16=32$
따라서 계산 결과가 가장 큰 것은 ㉠입니다.

해결 전략
곱하는 수가 클수록 계산 결과가 커진다는 것을 이용하여 ( )의 위치를 생각해 봐요.

## 13

접근 ≫ 5000원에서 지우개 값을 빼고 아버지께 받은 용돈을 합한 식을 만듭니다.

(성규가 지금 가지고 있는 돈)=5000−(지우개 값)+(아버지께 받은 용돈)
$$=5000−270×4+1200$$
$$=5000−1080+1200=3920+1200$$
$$=5120(원)$$

해결 전략
지우개를 사고 남은 돈과 받은 용돈의 합을 구해 봐요.

## 14

접근 ≫ 전체 연필 수에서 학생들에게 준 연필 수를 빼는 식을 만듭니다.

(남은 연필 수)=(12타의 연필 수)−(학생들에게 준 연필 수)
$$=12×12−28÷7×11=144−44=100(자루)$$

해결 전략
(학생들에게 준 연필 수)
=(모둠 수)×11

## 15

접근 ≫ 더 긴 만큼의 길이를 빼고 남은 길이에서 나누는 경우를 생각합니다.

8 m 30 cm=830 cm이므로 긴 막대의 길이는
$(830−96)÷2+96=734÷2+96=367+96=463(cm)$입니다.

보충 개념

96 cm

긴 막대가 96 cm 더 길므로 전체 막대의 길이에서 96 cm 만큼 빼고 반으로 나눈 다음 96 cm를 더하면 긴 막대의 길이가 돼요.

## 16

접근 ≫ 주어진 식에서 가×나의 식이 나오도록 만들어 봅니다.

가×(나−다)=79 → 나−다=79÷가 → 다=나−79÷가
위 식에 각각 가를 곱하면
가×다=가×나−79÷가×가, 가×다=가×나−79
31=가×나−79 → 가×나=79+31=110

**다른 풀이**
가×(나−다)=가×나−가×다이므로 가×나−31=79에서
가×나=79+31=110입니다.

해결 전략
가×(나−다)
=가×나−가×다임을 이용할 수도 있어요.

## 17 접근 ≫ 식의 값을 각각 구해서 비교합니다.

승우: $72◎38=(72+38)×38-72$
$\qquad =110×38-72=4180-72=4108$
지예: $94◎29=(94+29)×29-94=123×29-94$
$\qquad =3567-94=3473$

주의
수의 순서를 바꾸어 넣지 않도록 주의해요.

## 18 접근 ≫ 삼각형의 수를 □, 성냥개비의 수를 △라고 하여 □와 △의 관계를 알아봅니다.

삼각형이 □개일 때 놓이는 성냥개비 수를 △개라고 하면
$△=3+(□-1)×2$입니다.
$△=3+(□-1)×2 ➡ (□-1)×2=△-3, □-1=(△-3)÷2,$
$□=(△-3)÷2+1$
따라서 성냥개비가 73개일 때 $△=73$이므로 삼각형은
$□=(73-3)÷2+1=70÷2+1=35+1=36$(개)입니다.

해결 전략
필요한 성냥개비는 처음에 3개이고 그 다음부터 2개씩 늘어나요.

## 19 접근 ≫ 접근 | 오이, 호박, 당근의 5개 값을 구하는 식을 먼저 알아봅니다.

⑩ (거스름 돈)
$\quad =11000-(오이\ 5개\ 값+호박\ 5개\ 값+당근\ 5개\ 값)$
$\quad =11000-(2400÷3×5+3000+750×5)$
$\quad =11000-(4000+3000+750×5)$
$\quad =11000-(4000+3000+3750)$
$\quad =11000-10750=250$(원)

주의
각 채소의 가격이 1개씩의 가격이 아님에 주의해요.

| 채점 기준 | 배점 |
| --- | --- |
| 거스름 돈을 구하는 식을 나타내었나요? | 3점 |
| 거스름 돈을 구했나요? | 2점 |

## 20 접근 ≫ 오른쪽 식을 정리하여 □ 안에 들어갈 수 있는 수를 알아봅니다.

⑩ $25+72×8÷(2×18)=25+72×8÷36$
$\qquad =25+576÷36=25+16=41$
이므로 $90-(12+□)=41$이라고 하면 $90-41=12+□, □=37$입니다.
$90-(12+□)<41$이므로 $37<□$입니다.
따라서 □ 안에 들어갈 수 있는 가장 작은 자연수는 38입니다.

해결 전략
왼쪽 식과 오른쪽 식의 결과가 같다고 생각하여 □의 값을 구해 봐요.

| 채점 기준 | 배점 |
| --- | --- |
| $25+72×8÷(2×18)$을 바르게 계산했나요? | 2점 |
| □ 안에 들어갈 수 있는 가장 작은 자연수를 구했나요? | 3점 |

| | | | | | |
|---|---|---|---|---|---|
| **01** 78 | **02** 4가지 | **03** 497 | **04** 6개 | **05** 8901 | **06** 14명 |
| **07** 4개 | **08** 992 | **09** 18 cm | **10** 오전 8시 30분 | **11** 24 | **12** 64 |
| **13** 9 | **14** 8개 | **15** 45, 63 | **16** 56 | **17** 21 m | **18** 48일 후 |
| **19** 720 | **20** 12장 | | | | |

**01** 접근 ≫ 왼쪽 수가 오른쪽 수의 배수일 때 오른쪽 수는 왼쪽 수의 어떤 수인지 알아봅니다.

45는 □의 배수이므로 □는 45의 약수입니다.
따라서 □ 안에 들어갈 수 있는 수는 45의 약수인 1, 3, 5, 9, 15, 45이고,
이 수들의 합은 $1+3+5+9+15+45=78$입니다.

해결 전략
왼쪽 수가 오른쪽 수의 배수이므로 오른쪽 수는 왼쪽 수의 약수예요.

**02** 접근 ≫ 직사각형이므로 가로로 몇줄, 세로로 몇줄씩 놓는 것인지 식으로 나타냅니다.

정사각형을 한 줄에 □개씩 △줄을 놓으면 $□ × △ = 30$입니다.
30을 두 수의 곱으로 나타내면 $1 × 30$, $2 × 15$, $3 × 10$, $5 × 6$입니다.
따라서 직사각형을 모두 4가지 만들 수 있습니다.

해결 전략
한 줄에 □개씩 △줄을 놓을 때 정사각형의 개수는 $□ × △$이므로 $□ × △ = 30$이 되는 □, △를 알아봐요.

**03** 접근 ≫ 7에 몇십을 곱하여 500에 가까운 7의 배수를 어림해 봅니다.

$7 × 70 = 490$, $7 × 80 = 560$이므로 500에 가까운 7의 배수는 7에 71부터 차례대로 곱해서 찾을 수 있습니다.
7의 배수이므로 490보다 7씩 커지는 수를 알아보면 497, 504, 511……입니다.
따라서 500에 가장 가까운 7의 배수는 497입니다.

주의
500보다 큰 수와 500보다 작은 수 모두 찾아 비교해 봐요.

**04** 접근 ≫ 두 수의 공약수와 최대공약수의 관계를 이용합니다.

```
2) 126   162
3)  63    81
3)  21    27
     7     9      126과 162의 최대공약수: 2×3×3=18
```
18의 약수는 1, 2, 3, 6, 9, 18이므로
126과 162의 공약수는 모두 6개입니다.

해결 전략
두 수의 공약수는 최대공약수의 약수와 같아요.

## 05 접근 ≫ 4의 배수, 5의 배수가 되는 조건을 생각해 봅니다.

- 4는 짝수이므로 4의 배수도 짝수입니다.
  → 짝수인 네 자리 수를 큰 수부터 차례로 쓰면
    6534, 6354, 5634, 5436, 5364……입니다.
  이중에서 4의 배수는 5436, 5364……이므로 가장 큰 4의 배수는 5436입니다.
- 5의 배수는 일의 자리에 5를 놓아야 합니다.
  일의 자리 숫자가 5인 가장 작은 5의 배수는 3465입니다.
➡ $5436 + 3465 = 8901$

해결 전략
4는 짝수이므로 4의 배수도 짝수이고, 5의 배수는 일의 자리 숫자가 0 또는 5임을 이용하여 찾아봐요.

## 06 접근 ≫ 빵 수와 쿠키 수는 학생 수와 어떤 관계인지 알아봅니다.

$$
\begin{array}{r|rr}
2) & 42 & 70 \\
7) & 21 & 35 \\
\hline
 & 3 & 5
\end{array}
$$

42와 70의 최대공약수는 $2 \times 7 = 14$이므로
최대 14명에게 나누어 줄 수 있습니다.

해결 전략
학생 수는 빵 수와 쿠키 수의 최대공약수임을 이용해요.

## 07 접근 ≫ 공배수와 최소공배수의 관계를 이용합니다.

4와 6의 최소공배수는 12이므로 공배수는 12의 배수입니다.
$100 \div 12 = 8 \cdots 4$이므로 1에서 100까지의 수 중에서 12의 배수는 8개입니다.
$50 \div 12 = 4 \cdots 2$이므로 50보다 작은 수 중에서 12의 배수는 4개입니다.
따라서 50에서 100까지의 수 중에서 12의 배수는 모두 $8 - 4 = 4$(개)이므로
4와 6의 공배수는 4개입니다.

해결 전략
1에서 100까지의 수 중 4와 6의 공배수의 수에서 50보다 작은 4와 6의 공배수의 수를 빼어 구해 봐요.

## 08 접근 ≫ 공배수와 최소공배수의 관계를 알아봅니다.

어떤 두 수의 공배수는 최소공배수 32의 배수와 같습니다.
$1000 \div 32 = 31 \cdots 8$
➡ 공배수 중 가장 큰 세 자리 수는 $32 \times 31 = 992$입니다.

해결 전략
두 수의 공배수는 최소공배수의 배수와 같음을 이용해요

## 09 접근 ≫ 정사각형의 한 변의 길이와 타일의 가로, 세로는 어떤 관계인지 알아봅니다.

$$
\begin{array}{r|rr}
3) & 6 & 9 \\
\hline
 & 2 & 3
\end{array}
$$

6과 9의 최소공배수는 $3 \times 2 \times 3 = 18$이므로
정사각형 모양의 한 변을 18 cm로 해야 합니다.

해결 전략
가장 작은 정사각형 모양의 한 변의 길이는 타일의 가로와 세로의 최소공배수임을 이용해요.

**10** 접근 ≫ 동시에 출발하는 시각의 간격은 9분, 15분과 어떤 관계인지 알아봅니다.

두 버스가 동시에 출발하는 시각의 간격은 9분과 15분의 공배수입니다.

9와 15의 최소공배수는 $3 \times 3 \times 5 = 45$이므로 두 버스는 45분마 $\quad 3) \underline{\begin{array}{cc} 9 & 15 \end{array}}$

다 동시에 출발합니다. $\qquad\qquad\qquad\qquad\qquad\qquad\qquad 3 \quad\ 5$

따라서 두 버스가 두 번째로 동시에 출발하는 시각은 오전 7시 45분이고, 세 번째로 동시에 출발하는 시각은 오전 8시 30분입니다.

해결 전략
두 버스가 동시에 출발하는 시각의 간격을 먼저 구해 봐요.

**11** 접근 ≫ 최대공약수가 ☆인 두 수가 ㉠×☆, ㉡×☆일 때 최소공배수를 알아봅니다.

최대공약수는 6이고 어떤 수를 $6 \times \square$라고 하면, $42 = 6 \times 7$이므로

$6) \underline{\begin{array}{cc} 6 \times 7 & 6 \times \square \end{array}}$
$\qquad\ \ 7 \qquad\ \ \square$

42와 어떤 수의 최소공배수는 $6 \times 7 \times \square = 168$입니다.

$6 \times 7 \times \square = 168 \Rightarrow \square = 168 \div 7 \div 6 = 4$

따라서 어떤 수는 $6 \times \square = 6 \times 4 = 24$입니다

해결 전략
최대공약수가 ☆인 두 수 ㉠×☆, ㉡×☆에서 ㉠과 ㉡의 공약수는 1뿐이에요.

**12** 접근 ≫ 어떤 수에서 4를 뺀 수와 12와 15의 관계를 알아봅니다.

(어떤 수)$\div 12 = \square \cdots 4$, (어떤 수)$\div 15 = \triangle \cdots 4$라고 하면

(어떤 수)$= 12 \times \square + 4$, (어떤 수)$= 15 \times \triangle + 4$이므로

어떤 수는 12와 15의 공배수보다 4 큰 수입니다.

➡ 어떤 수에서 4 뺀 수는 12와 15의 공배수입니다.

12와 15의 최소공배수는 60입니다.

따라서 어떤 수 중에서 가장 작은 수는 12와 15의 최소공배수인 60보다 4 큰 수인 64입니다.

해결 전략
(어떤 수)$-4 = 12 \times \square$,
(어떤 수)$-4 = 15 \times \triangle$
➡ 12와 15의 공배수

**13** 접근 ≫ 나머지만큼 뺀 수는 어떤 수와 어떤 관계인지 알아봅니다.

$50 - 5 = 45$, $85 - 4 = 81$을 어떤 수로 나누면 나누어떨어지므로 어떤 수는 45와 81의 공약수입니다.

45와 81의 공약수는 1, 3, 9이므로 어떤 수는 나머지 5보다 큰 수인 9입니다.

주의
어떤 수를 나누었을 때 나머지가 5, 4이므로 어떤 수는 5보다 큰 수예요.

## 14 접근 ≫ 321을 7로 나누었을 때 나머지를 알아봅니다.

321÷7＝45…6이므로 나머지는 6이고 ☐ 안에 1을 넣으면 321＋1＝322는 7의 배수가 됩니다.

322에서 7씩 커지는 수 329, 336, 343……는 모두 7의 배수가 됩니다.

이때 ☐ 안에 들어갈 수 있는 수는 1, 8, 15, 22……50으로 모두 8개입니다.

**해결 전략**
321에 어떤 수를 더해야 7의 배수가 되는지 알아봐요.

## 15 접근 ≫ 최대공약수를 이용한 곱셈으로 두 수를 나타내고, 최소공배수를 알아봅니다.

어떤 두 수의 최대공약수가 9이므로 두 수를 9×☐, 9×△라고 하면 두 수의 최소공배수는 9×☐×△＝315입니다.

➡ ☐×△＝315÷9＝35

☐×△＝35인 두 수는 (1, 35), (5, 7)이고 이 중에서 9×☐, 9×△는 모두 두 자리 수이어야 하므로 (☐, △)는 (5, 7)입니다.

따라서 조건을 만족하는 두 수는 9×5＝45, 9×7＝63입니다.

**보충 개념**
최대공약수가 ㉠인 두 수가 ㉠×☐, ㉠×△일 때, ☐와 △의 공약수 1뿐이에요.

## 16 접근 ≫ 최대공약수가 8이므로 96과 ☐는 8의 배수임을 이용합니다.

96＝8×3×2×2이고, 96과 ☐의 최대공약수는 8이므로 ☐는 8의 배수이지만 3의 배수나 16의 배수는 아닌 수입니다.

50과 70 사이의 8의 배수는 56, 64이고, 이 중에서 3의 배수도 16의 배수도 아닌 수는 56입니다.

따라서 ☐ 안에 공통으로 들어갈 수는 56입니다.

**보충 개념**

$9=8\times\boxed{3\times2\times2}$
$\square=8\times\boxed{\triangle}$

공약수가 1이에요.
➡ ☐는 8×2＝16의 배수가 아니에요.

## 17 접근 ≫ 두 나무 사이의 간격은 세 변의 길이의 공약수입니다.

나무의 수를 되도록 적게 하려면 간격은 최대가 되어야 하므로 세 변의 길이의 최대공약수를 구합니다.

63과 84의 최대공약수는 21이고, 21과 105의 최대공약수도 21입니다.

따라서 63, 84, 105의 최대공약수는 21입니다.

➡ 21 m 간격으로 심어야 합니다.

**해결 전략**
나무 수를 되도록 적게 하려면 나무 사이 간격을 되도록 넓게 해야 함을 이용해요.

**다른 풀이**

```
3) 63  84  105
7) 21  28   35   ➡ 최대공약수: 7×3＝21
    3   4    5
```

21 m 간격으로 심으면 됩니다.

## 18

접근 ≫ 세 기계를 같은 날에 청소하는 날은 6일, 8일, 12일의 공배수임을 이용합니다.

6과 8의 최소공배수는 24이고, 24와 12의 최소공배수는 24입니다.
따라서 세 수 6, 8, 12의 최소공배수는 24입니다.
세 수의 공배수는 최소공배수의 배수이므로 동시에 청소하는 날은
오늘, 24일 후, 48일 후……입니다.
따라서 세 번째로 세 기계를 동시에 청소하는 날은 48일 후입니다.

**다른 풀이**

```
2) 6  8  12
2) 3  4   6
3) 3  2   3
   1  2   1
```

세 수의 최소공배수는 $2 \times 2 \times 3 \times 2 = 24$이므로 세 기계는 24일마다 동시에 청소합니다. 따라서 세 번째로 세 기계를 동시에 청소하는 날은 48일 후입니다.

**해결 전략**

세 수 ㉠, ㉡, ㉢의 최소공배수 구하기
• ㉠과 ㉡의 최소공배수 ㉣을 구하고, ㉣과 ㉢의 최소공배수를 구하면 돼요.
• 세 수를 공약수로 나누어 구할 때에는 세 수 중 두 수만 나눌 수 있어도 나누어요. 이때 나누지 못하는 한 수는 그대로 내려 써요.

## 19

접근 ≫ 어떤 수의 △째 배수를 □×△로 나타내어 어떤 수를 먼저 구합니다.

⑩ 어떤 수를 □라고 하면 12째 배수는 □×12, 15째 배수는 □×15이므로
차는 □×15−□×12=48입니다.
□×3=48, □=48÷3=16이므로 어떤 수는 16입니다.
16의 20째 배수는 16×20=320, 25째 배수는 16×25=400이므로 합은
320+400=720입니다.

| 채점 기준 | 배점 |
|---|---|
| 어떤 수의 △째 배수를 나타낼 수 있나요? | 2점 |
| 어떤 수를 구해서 해결했나요? | 3점 |

**보충 개념**

□의 배수를 작은 수부터 차례대로 쓸 때 △째 배수는 □×△예요.

## 20

접근 ≫ 만드는 정사각형의 한 변의 길이를 먼저 구하고 필요한 종이를 구합니다.

⑩ 56과 42의 최대공약수는 14이므로 정사각형의 한 변은
14 cm로 해야 합니다. 56÷14=4, 42÷14=3이므로 가로로
4장, 세로로 3장씩 잘라야 합니다.
따라서 정사각형 모양의 종이는 4×3=12(장)이 됩니다.

```
2) 56  42
7) 28  21
    4   3
```

| 채점 기준 | 배점 |
|---|---|
| 정사각형의 한 변의 길이를 구했나요? | 3점 |
| 정사각형 모양의 종이는 몇 장이 필요한지 구했나요? | 2점 |

**해결 전략**

가로, 세로로 몇 장씩 놓게 되는지 알아봐요.

**교내 경시 3단원** 규칙과 대응

**01** (예) 원판의 수는 삼각판의 수보다 2 큽니다. / 102개    **02** 24, 32 / (예) 꼭짓점의 수는 팔각형의 수의 8배입니다.

**03** (예) $\blacklozenge \times \blacktriangle = 12$ / 6    **04** (예) $\blacksquare = \blacktriangle \div 4 - 2$    **05** 11, 14 / 149

**06** (왼쪽에서부터) 오전 4시, 오전 8시, 오후 11시 / (예) (로마의 시각)=(서울의 시각)$-8$

**07** (예) 8월 31일 오후 9시 15분    **08** (예) $\blacktriangle = \blacksquare \times 5 + 2$    **09** (예) $\blacktriangle = \blacksquare \times 3 + 1$ / 13번

**10** 211    **11** 149개    **12** 24개    **13** 42    **14** 4096개    **15** 25개

**16** (예) $300 - \blacksquare \times 5 = \blacktriangle$    **17** (예) $\blacktriangle = (\blacksquare + 1) \times (\blacksquare + 1)$    **18** 열아홉째    **19** 15갑

**20** 55개

## 01 접근 ≫ 삼각판 수와 원 판 수를 알아보고 두 수 사이의 대응 관계를 알아봅니다.

삼각판이 1개일 때 원판은 3개, 삼각판이 2개일 때 원판은 4개,

삼각판이 3개일 때 원판은 5개입니다.

삼각판: 1     2     3

원판:  3     4     5 ➡ 원판의 수는 삼각판의 수보다 2 큽니다.

➡ 삼각판이 100개일 때 원판은 102개입니다.

**해결 전략**
삼각판이 1개씩 늘어날 때 원판은 몇 개씩 늘어나는지 알아봐요.

## 02 접근 ≫ 팔각형의 꼭짓점의 수를 알아보고 대응 관계를 찾습니다.

팔각형은 꼭짓점이 8개씩이므로 팔각형 수가 2, 3, 4……가 되면

꼭짓점 수는 16, 24, 32……가 됩니다.

➡ 꼭짓점의 수는 팔각형의 수의 8배입니다.

**해결 전략**
팔각형은 꼭짓점이 8개씩임을 이용하여 대응 관계를 알아봐요.

## 03 접근 ≫ $\blacklozenge$와 $\blacktriangle$의 규칙을 찾아서 식으로 나타냅니다.

$\blacklozenge$와 $\blacktriangle$의 곱은 12입니다. → $\blacklozenge \times \blacktriangle = 12$

$\blacktriangle = 2$ → $\blacklozenge \times 2 = 12$, $\blacklozenge = 6$

**해결 전략**
$\blacklozenge$와 $\blacktriangle$의 곱의 규칙을 찾아봐요.

## 04 접근 ≫ $\blacktriangle$와 $\bullet$, $\bullet$와 $\blacksquare$ 사이의 대응 관계를 알아봅니다.

$\blacktriangle$는 $\bullet$의 4배입니다. → $\blacktriangle = \bullet \times 4$ 또는 $\bullet = \blacktriangle \div 4$

$\blacksquare$는 $\bullet$보다 2 작습니다. → $\blacksquare = \bullet - 2$ 또는 $\bullet = \blacksquare + 2$

$\blacksquare$는 $\blacktriangle$를 4로 나눈 몫보다 2 작습니다. → $\blacksquare = \blacktriangle \div 4 - 2$

**다른 풀이**
$\bullet = \blacksquare + 2$, $\blacktriangle = \bullet \times 4$
$\blacktriangle = (\blacksquare + 2) \times 4$

**보충 개념**
$\bullet = \blacktriangle \div 4$
$\blacksquare = \bullet - 2$
↓
$\blacksquare = \blacktriangle \div 4 - 2$

# 05

**접근 »** ■와 ▲의 규칙을 찾아서 두 양 사이의 대응 관계를 알아봅니다.

▲는 ■의 3배보다 1 작은 수입니다. → $▲=■×3-1$

$4×3-1=11, 5×3-1=14$

■=50일 때, $▲=■×3-1=50×3-1=149$

**해결 전략**
▲의 수는 2에서 3씩 커지고 있어요.

# 06

**접근 »** 서울의 시각과 로마의 시각 사이의 규칙을 찾아 대응 관계를 알아봅니다.

서울: 낮 12시 ➡ 로마: $12-8=4$ → 오전 4시

서울: 오후 4시 → 16시 ➡ 로마: $16-8=8$ → 오전 8시

로마: 오후 3시 ➡ 서울: $3+8=11$ → 오후 11시

서울의 시각은 로마의 시각보다 8시간 빠릅니다.

➡ (로마의 시각)=(서울의 시각)$-8$ 또는 (서울의 시각)=(로마의 시각)$+8$

**해결 전략**
시각의 차에서 규칙을 찾아봐요.

# 07

**접근 »** 식을 이용하여 로마의 시각을 알아봅니다.

(서울의 시각)=9월 1일 오전 5시 15분

➡ (로마의 시각)=(9월 1일 오전 5시 15분)$-8$시간

= (8월 31일 오후 9시 15분)

**주의**
날짜도 바뀌게 되는 것에 주의해요.

# 08

**접근 »** 요술 상자에 수를 넣었을 때 어떠한 규칙으로 수가 나오는지 알아봅니다.

| ■ | 1 | 2 | 3 | …… |
|---|---|---|---|---|
| ▲ | 7 | 12 | 17 | …… |

▲는 ■를 5배 한 수에 2를 더하는 규칙입니다. ➡ $▲=■×5+2$

**보충 개념**

| ■ | 1 | 2 | 3 |
|---|---|---|---|
| ▲ | 7 | 12 | 17 |

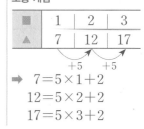

➡ $7=5×1+2$

$12=5×2+2$

$17=5×3+2$

# 09

**접근 »** 자른 횟수와 도막 수 사이의 규칙을 찾습니다.

| 자른 횟수(■) | 1 | 2 | 3 | …… |
|---|---|---|---|---|
| 도막 수(▲) | 4 | 7 | 10 | …… |

자른 횟수가 1씩 늘어날 때마다 도막 수는 3씩 늘어납니다.

따라서 (자른 횟수)$×3+1=$(도막 수)입니다. ➡ $▲=■×3+1$

$▲=■×3+1$에서 $▲=40$일 때 ■의 값을 구하면

$40=■×3+1$, $■=13$입니다.

**해결 전략**
자른 도막 수가 몇 개씩 많아지는지 알아봐요.

## 10 접근 ≫ 순서와 수의 규칙을 알아봅니다.

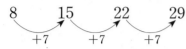

□째 수 카드의 수는 □×7＋1입니다.

➡ (30째 수)＝30×7＋1＝211

해결 전략
수 카드의 수가 몇씩 커지는지 알아봐요.

## 11 접근 ≫ 정오각형의 수와 성냥개비의 수 사이의 대응 관계를 알아보고 식으로 나타냅니다.

(성냥개비의 수)＝(정오각형의 수)×4＋1이므로

정오각형이 37일 때 성냥개비는 37×4＋1＝149(개) 필요합니다.

해결 전략
필요한 성냥개비는 처음 5개에서 4개씩 많아져요.

## 12 접근 ≫ 정오각형의 수를 □라고 할 때 성냥개비의 수의 범위를 알아보고 구합니다.

성냥개비로 만들 수 있는 정오각형의 수를 □개라고 하면 성냥개비 수는

□×4＋1입니다.

□×4＋1＜100에서 □×4＜99이므로 □ 안에 들어갈 수 있는 자연수는

1, 2, 3……24입니다.

따라서 정오각형을 최대 24개 만들 수 있습니다.

해결 전략
□×4＋1＝100인 자연수 □는 없으므로
□×4＋1＜100인 경우에서 알아봐요.

## 13 접근 ≫ 오른쪽 수에 어떤 수를 더하거나 곱해서 오른쪽 수가 되는지 알아봅니다.

2 → 2＝1×2, 3 → 6＝2×3, 4 → 12＝3×4, 6 → 30＝5×6에서

■ → (■−1)×■의 규칙이 있습니다. ➡ 6×7＝42

다른 풀이

■ → ■×■−■의 규칙이 될 수도 있습니다.

7 → 7×7−7＝42

해결 전략
(■−1)×■는 연속된 두 수의 곱을 나타내요.

## 14 접근 ≫ 배열 순서와 작은 정삼각형 수를 표로 나타내고, 두 양 사이의 대응 관계를 알아봅니다.

| 배열 순서 | 1 | 2 | 3 | 4 | …… |
|---|---|---|---|---|---|
| 작은 정삼각형의 수(개) | 1 | 4 | 16 | 64 | …… |

×4  ×4  ×4

➡ (일곱째의 가장 작은 정삼각형 수)＝1×4×4×4×4×4×4＝4096(개)

└──6번──┘

해결 전략
작은 정삼각형의 수가 몇 배씩 늘어나는지 알아봐요.

## 15

접근 ≫ 두 양 사이의 대응 관계를 찾아 식으로 나타냅니다.

| 식빵의 수(개) | 5 | 10 | 15 | 20 |
|---|---|---|---|---|
| 밀가루의 양(g) | 800 | 1600 | 2400 | 3200 |

$4.2\,\text{kg}=4200\,\text{g}$이고 $4200\,\text{g}$은 $800\times5=4000(\text{g})$과 $800\times6=4800(\text{g})$ 사이
에 있으므로 식빵을 5묶음, 즉 $5\times5=25(\text{개})$ 만들 수 있습니다.

해결 전략
식빵 5개를 한 묶음으로 생각
해요.

## 16

접근 ≫ 표를 사용하여 나타내면 대응 관계를 쉽게 이해할 수 있습니다.

■분 동안 사용한 물의 양은 ■$\times5$입니다.

| 사용한 시간(■) | 0 | 1 | 2 | 3 | …… |
|---|---|---|---|---|---|
| 남은 물의 양(▲) | 300 | 295 | 290 | 285 | …… |

■가 1씩 커지면 ▲는 5씩 작아집니다.

➡ $300-■\times5=▲$

해결 전략
사용한 물의 양을 ■를 사용
하여 알아봐요.

### 다른 풀이
■분 동안 사용한 물의 양은 (■$\times5$) L이고 사용한 물과 남은 물의 합은 300 L이므로
■$\times5+▲=300$입니다.

## 17

접근 ≫ 두 양 사이의 대응 관계를 알아보고, 기호를 사용하여 나타내도록 합니다.

두 양 사이의 대응 관계를 표로 나타내면

| ■ | 1 | 2 | 3 | 4 | …… |
|---|---|---|---|---|---|
| ▲ | 4 | 9 | 16 | 25 | …… |

➡ (사각형 조각 수)$=$(배열 순서$+1$)$\times$(배열 순서$+1$)
기호를 사용하여 식으로 나타내면
▲$=(■+1)\times(■+1)$입니다.

해결 전략
만든 모양은 정사각형이므로
가로, 세로에 놓인 작은 사각
형 조각 수가 같아요.

## 18

접근 ≫ 사각형 조각의 수가 400일 때 배열 순서를 알아봅니다.

▲$=(■+1)\times(■+1)$에서
▲$=400$일 때, $400=20\times20$이므로 ■$+1=20$, ■$=19$입니다.
따라서 열아홉째에 놓인 모양입니다.

해결 전략
▲$=400$일 때의 ■를 구해
요.

## 19 접근 ≫ 우유의 수와 우유의 양의 사이의 대응 관계를 먼저 알아봅니다.

⑩ 우유가 1갑씩 늘어날 때마다 우유의 양은 200 mL씩 늘어나므로

(우유의 양)=(우유의 수)×200 또는 (우유의 수)=(우유의 양)÷200입니다.

우유의 수를 □, 우유의 양을 △라고 하여 두 양 사이의 대응 관계를 식으로 나타내면

△=□×200 또는 □=△÷200입니다.

3 L=3000 mL이므로 △=3000이라고 하면

□=△÷200=3000÷200=15이므로 우유는 15갑입니다.

**해결 전략**

우유의 수와 우유의 양을 어떤 기호를 사용하여 나타낼 것인지 정하고 식으로 나타내요.

| 채점 기준 | 배점 |
| --- | --- |
| 우유의 수와 우유의 양 사이의 대응 관계를 식으로 나타냈나요? | 3점 |
| 우유 3 L는 우유 몇 갑인지 구했나요? | 2점 |

## 20 접근 ≫ 컵의 수가 변하는 규칙을 찾습니다.

⑩

| 배열 순서 | 1 | 2 | 3 | 4 | …… |
| --- | --- | --- | --- | --- | --- |
| 컵의 수(개) | 1 | 1+2 | 1+2+3 | 1+2+3+4 | …… |

순서가 늘어날 때마다 컵의 수는 2개, 3개, 4개 ……씩 늘어납니다.

□째에 놓는 컵의 수는 1+2+……+□입니다.

따라서 열째에 쌓을 컵의 수는

1+2+3+……+10=11×5=55(개)입니다.

**해결 전략**

□째에 놓는 컵의 수를 알아 봐요.

| 채점 기준 | 배점 |
| --- | --- |
| 순서와 컵의 수 사이의 대응 관계를 찾았나요? | 2점 |
| 열째에 쌓을 컵의 수를 구했나요? | 3점 |

**01** $\dfrac{8}{14}, \dfrac{20}{35}$  **02** 6개  **03** $\dfrac{36}{48}, \dfrac{40}{48}$  **04** 27  **05** 120, 180  **06** 민우

**07** $\dfrac{5}{9}$  **08** 18  **09** $5\dfrac{5}{6}, 5\dfrac{3}{4}, 5\dfrac{5}{8}$  **10** $\dfrac{20}{28}$  **11** 윤지  **12** 12개

**13** 2  **14** 2개  **15** $\dfrac{28}{63}, \dfrac{32}{72}, \dfrac{36}{81}$  **16** 16개  **17** 3개  **18** $\dfrac{29}{40}$

**19** $\dfrac{5}{24}, \dfrac{7}{24}$  **20** $\dfrac{16}{54}$

# 01 접근 ≫ 약분할 수 있는 수를 찾아서 약분해 보고 분모가 두 자리 수인 분수를 찾습니다.

40과 70의 공약수는 1, 2, 5, 10이므로 분수를 2, 5, 10으로 약분할 수 있습니다.

$$\dfrac{40}{70} = \dfrac{40 \div 2}{70 \div 2} = \dfrac{20}{35}, \ \dfrac{40}{70} = \dfrac{40 \div 5}{70 \div 5} = \dfrac{8}{14}, \ \dfrac{40}{70} = \dfrac{40 \div 10}{70 \div 10} = \dfrac{4}{7}$$

해결 전략
분수를 약분할 수 있는 수는 분모와 분자의 공약수예요.

# 02 접근 ≫ □는 분자이고 조건에 맞게 들어갈 수를 알아봅니다.

진분수이므로 분자는 분모보다 작습니다. 18보다 작은 수 중에서 18과 공약수가 1 뿐인 수를 구합니다.
자연수 중에서 분모가 18인 기약분수는 $\dfrac{1}{18}, \dfrac{5}{18}, \dfrac{7}{18}, \dfrac{11}{18}, \dfrac{13}{18}, \dfrac{17}{18}$로 모두 6 개입니다.

보충 개념
• 18과 공약수가 1뿐인 분수 찾기
18 = 2 × 3 × 3이므로 18 보다 작은 수 중에서 2의 배 수와 3의 배수를 빼요.

# 03 접근 ≫ 공통분모가 될 수 있는 가장 작은 수를 찾아서 공통분모가 되는 수를 알아봅니다.

4와 6의 최소공배수가 12이므로 공통분모가 될 수 있는 수는 12의 배수입니다.
12의 배수 중에서 50에 가장 가까운 수는 48이므로 48을 공통분모로 통분합니다.

$$\dfrac{3}{4} = \dfrac{3 \times 12}{4 \times 12} = \dfrac{36}{48}, \ \dfrac{5}{6} = \dfrac{5 \times 8}{6 \times 8} = \dfrac{40}{48}$$

해결 전략
공통분모가 될 수 있는 수는 두 분모의 공배수예요.

# 04 접근 ≫ $\dfrac{27}{72}$의 분모와 분자를 0이 아닌 같은 수로 나누어 크기가 같은 분수를 찾습니다.

$\dfrac{27}{72} = \dfrac{27 \div 3}{72 \div 3} = \dfrac{9}{24} = \dfrac{9}{\text{㉠}}$이므로 ㉠ = 24이고,

$\dfrac{27}{72} = \dfrac{27 \div 9}{72 \div 9} = \dfrac{3}{8} = \dfrac{\text{㉡}}{8}$이므로 ㉡ = 3입니다.

따라서 ㉠ + ㉡ = 24 + 3 = 27입니다.

해결 전략
27과 9, 72와 8을 비교하여 몇으로 나누어 크기가 같은 분수를 만든 것인지 알아봐 요.

## 05 접근 » 공통분모가 될 수 있는 수 중에서 범위에 알맞은 수를 구합니다.

12와 10의 최소공배수는 60이므로 공통분모가 될 수 있는 수는 60의 배수인 60, 120, 180, 240……입니다.
이 중에서 100보다 크고 200보다 작은 수는 120, 180입니다.

**해결 전략**
공통분모가 될 수 있는 가장 작은 수는 두 분모의 최소공배수예요.

## 06 접근 » 분수를 통분하여 크기를 비교합니다.

$1\dfrac{5}{6}=1\dfrac{5\times3}{6\times3}=1\dfrac{15}{18}$, $1\dfrac{7}{9}=1\dfrac{7\times2}{9\times2}=1\dfrac{14}{18}$

$1\dfrac{15}{18}>1\dfrac{14}{18}$ ➡ $1\dfrac{5}{6}>1\dfrac{7}{9}$이므로 민우의 철사가 더 깁니다.

**해결 전략**
자연수 부분이 같으므로 진분수 부분만 비교할 수도 있어요.

## 07 접근 » $\dfrac{30}{54}$의 분모와 분자를 0이 아닌 같은 수로 나누어 크기가 같은 수를 알아봅니다.

$\dfrac{30}{54}=\dfrac{30\div2}{54\div2}=\dfrac{15}{27}$, $\dfrac{30}{54}=\dfrac{30\div3}{54\div3}=\dfrac{10}{18}$, $\dfrac{30}{54}=\dfrac{30\div6}{54\div6}=\dfrac{5}{9}$

$\dfrac{30}{54}$을 약분한 분수 $\dfrac{15}{27}$, $\dfrac{10}{18}$, $\dfrac{5}{9}$ 중에서 수 카드 2장으로 만들 수 있는 분수는 $\dfrac{5}{9}$입니다.

**보충 개념**
$\dfrac{30}{54}$의 분모와 분자에 0이 아닌 같은 수를 곱해서 크기가 같은 수를 만들면 분모가 세 자리 수가 되므로 수 카드 2장으로 만들 수 없어요.

## 08 접근 » 분모에 더한 수를 □라고 하여 분수를 만들어 봅니다.

분모에 더한 수를 □라고 하면 $\dfrac{5}{6}=\dfrac{5+15}{6+□}=\dfrac{20}{6+□}$이고

$\dfrac{20}{6+□}$은 $\dfrac{5}{6}$의 분모와 분자에 각각 4를 곱한 분수와 같습니다.

$\dfrac{5\times4}{6\times4}=\dfrac{20}{24}=\dfrac{20}{6+□}$이므로 $6+□=24$, $□=24-6=18$입니다.

따라서 분모에 더한 수는 18입니다.

**해결 전략**
$\dfrac{5}{6}$의 분자에 15를 더하면 20이 되므로 20은 5의 몇 배인지 알아봐요.

## 09 접근 » 세 분수를 통분하고 크기를 비교합니다.

$5\dfrac{5}{8}=5\dfrac{5\times3}{8\times3}=5\dfrac{15}{24}$, $5\dfrac{5}{6}=5\dfrac{5\times4}{6\times4}=5\dfrac{20}{24}$, $5\dfrac{3}{4}=5\dfrac{3\times6}{4\times6}=5\dfrac{18}{24}$

$5\dfrac{20}{24}>5\dfrac{18}{24}>5\dfrac{15}{24}$이므로 $5\dfrac{5}{6}>5\dfrac{3}{4}>5\dfrac{5}{8}$입니다.

**보충 개념**
두 분수씩 비교할 수도 있어요.

**10** 접근 ≫ $\frac{5}{7}$의 분모와 분자에 어떤 수를 곱한 식을 써 봅니다.

약분하기 전의 분수를 $\frac{5}{7}=\frac{5\times\blacksquare}{7\times\blacksquare}$라고 하면

$5\times\blacksquare+7\times\blacksquare=48,\ 12\times\blacksquare=48,\ \blacksquare=4$

따라서 조건을 모두 만족하는 분수는 $\frac{5\times4}{7\times4}=\frac{20}{28}$입니다.

**해결 전략**
분자와 분모의 합이 48이 되는 수를 찾아봐요.

> **다른 풀이**
> 기약분수 $\frac{5}{7}$의 분모와 분자의 합은 12이므로 $48\div12=4$를 분모와 분자에 곱한 것입니다.
>
> ➡ $\frac{5\times4}{7\times4}=\frac{20}{28}$

**11** 접근 ≫ 분모를 통분하여 분수의 크기를 비교하여 거리가 가장 가까운 사람을 찾습니다.

$\frac{7}{15}=\frac{7\times3}{15\times3}=\frac{21}{45},\ \frac{3}{5}=\frac{3\times9}{5\times9}=\frac{27}{45},\ \frac{4}{9}=\frac{4\times5}{9\times5}=\frac{20}{45}$

$\frac{20}{45}<\frac{21}{45}<\frac{27}{45}$ ➡ $\frac{4}{9}<\frac{7}{15}<\frac{3}{5}$이므로 학교에서 집까지의 거리가 가장 가까운 사람은 윤지입니다.

**보충 개념**
$\frac{1}{2}$을 기준으로 $\frac{1}{2}$보다 큰 수와 작은 수로 나누어 비교하면 쉽게 비교할 수 있어요.

**12** 접근 ≫ 분수를 통분한 다음 크기를 비교해요.

$1\frac{2}{9}=\frac{11}{9},\ 1\frac{7}{12}=\frac{19}{12}$이므로 공통분모를 36으로 하여 통분하면

$\left(\frac{11}{9},\frac{19}{12}\right)\rightarrow\left(\frac{44}{36},\frac{57}{36}\right)$입니다.

$\frac{44}{36}<\frac{\square}{36}<\frac{57}{36}$이므로 분자를 비교하면 $44<\square<57$입니다.

따라서 $\square$ 안에 들어갈 수 있는 자연수는 45, 46……56으로 12개입니다.

**해결 전략**
가운데 분수의 분모 36을 공통분모로 하여 나머지 분수를 통분한 다음 크기를 비교해 봐요.

**13** 접근 ≫ 분자를 비교하여 각 분수에 얼마씩 곱해서 통분한 것인지 찾아봅니다.

$\frac{3}{\text{㉠}}=\frac{27}{\text{㉠}\times\text{㉡}}=\frac{3\times9}{\text{㉠}\times\text{㉡}}$ ➡ ㉡$=9$

$\frac{7}{\text{㉡}}=\frac{49}{\text{㉠}\times\text{㉡}}=\frac{7\times7}{\text{㉠}\times\text{㉡}}$ ➡ ㉠$=7$

따라서 ㉠과 ㉡의 차는 $9-7=2$입니다.

**보충 개념**
분모와 분자에 같은 수를 곱해야 해요.

**14** 접근 ≫ 두 수의 곱을 이용하여 분모와 분자에 들어갈 수 있는 수를 먼저 찾습니다.

곱이 48인 두 수는 1과 48, 2와 24, 3과 16, 4와 12, 6과 8입니다.

이 수들로 만들 수 있는 진분수는 $\dfrac{1}{48}$, $\dfrac{2}{24}$, $\dfrac{3}{16}$, $\dfrac{4}{12}$, $\dfrac{6}{8}$입니다.

이 중에서 기약분수는 $\dfrac{1}{48}$, $\dfrac{3}{16}$으로 2개입니다.

해결 전략
곱이 48인 두 수를 찾아서 진분수를 만들어 봐요

**15** 접근 ≫ $\dfrac{4}{9}$의 분모와 분자의 차를 알아봅니다.

$\dfrac{4}{9}$의 분모와 분자의 차는 $9-4=5$이므로 $\dfrac{4}{9}$의 분모와 분자에 □를 곱해서 만든 분수의 분모와 분자의 차는 $5\times$□와 같습니다.

$30<5\times□<50$이므로 □ 안에 들어갈 수 있는 7, 8, 9입니다.

→ $\dfrac{4}{9}=\dfrac{4\times7}{9\times7}=\dfrac{4\times8}{9\times8}=\dfrac{4\times9}{9\times9}$

→ $\dfrac{28}{63}=\dfrac{32}{72}=\dfrac{36}{81}$

보충 개념
$\dfrac{4}{9}$의 분모와 분자에 □를 곱해서 만든 분수는 $\dfrac{4\times□}{9\times□}$이므로 분모와 분자의 차는
$9\times□-4\times□=5\times□$예요.
$5\times□$는 $9-4=5$에 □를 곱하는 것과 같아요.

**16** 접근 ≫ 분수를 약분할 수 있는 수는 분모와 분자의 공약수입니다.

$65=5\times13$이므로 약분이 되려면 분자가 5의 배수 또는 13의 배수여야 합니다.
1부터 64까지의 자연수 중에서 5의 배수는 $64\div5=12\cdots4$에서 12개이고,
13의 배수는 $64\div13=4\cdots12$에서 4개이므로 약분할 수 있는 분수는 모두
$12+4=16$(개)입니다.

해결 전략
65의 약수를 생각하여 65보다 작은 수를 약분할 수 있는 경우를 알아봐요.

**17** 접근 ≫ 만들 수 있는 진분수를 먼저 알아봅니다.

수 카드로 만든 수 있는 진분수: $\dfrac{3}{5}$, $\dfrac{3}{7}$, $\dfrac{3}{8}$, $\dfrac{5}{7}$, $\dfrac{5}{8}$, $\dfrac{7}{8}$

$\dfrac{1}{2}$보다 큰 분수: $\dfrac{3}{5}$, $\dfrac{5}{7}$, $\dfrac{5}{8}$, $\dfrac{7}{8}$

$\dfrac{3}{4}>\dfrac{3}{5}$, $\left(\dfrac{3}{4}=\dfrac{21}{28}, \dfrac{5}{7}=\dfrac{20}{28}\right)$ → $\dfrac{3}{4}>\dfrac{5}{7}$, $\left(\dfrac{3}{4}=\dfrac{6}{8}, \dfrac{5}{8}\right)$ → $\dfrac{3}{4}>\dfrac{5}{8}$,

$\left(\dfrac{3}{4}=\dfrac{6}{8}, \dfrac{7}{8}\right)$ → $\dfrac{3}{4}<\dfrac{7}{8}$

→ $\dfrac{1}{2}$보다 크고 $\dfrac{3}{4}$보다 작은 분수: $\dfrac{3}{5}$, $\dfrac{5}{7}$, $\dfrac{5}{8}$

해결 전략
$\dfrac{1}{2}$보다 큰 수 중에서 $\dfrac{3}{4}$보다 작은 수를 구해 봐요.

**18** 접근 ≫ 기약분수로 나타내기 전의 분수를 생각하여 규칙을 찾습니다.

$\dfrac{1}{2}=\dfrac{4}{8}$, $\dfrac{5}{8}=\dfrac{10}{16}$, $\dfrac{2}{3}=\dfrac{16}{24}$ 이므로 나열한 분수를

$\dfrac{1}{4}$, $\dfrac{4}{8}$, $\dfrac{7}{12}$, $\dfrac{10}{16}$, $\dfrac{13}{20}$, $\dfrac{16}{24}$ ……으로 나타낼 수 있습니다.

분모는 4씩, 분자는 1에서 3씩 커지는 규칙이므로

20째에 놓이는 분수의 분모는 $4\times20=80$, 분자는 $1+3\times19=58$입니다.

따라서 20째에 놓이는 분수는 $\dfrac{58}{80}=\dfrac{29}{40}$입니다.

해결 전략

분모 중에서 4, 12, 20, 28을 비교하면 8씩 커지므로 그 사이의 분수도 규칙에 맞게 놓이는 수를 찾아봐요.

**19** 접근 ≫ 어떤 수를 공통분모로 해야 하는지 알아봅니다.

예 $\dfrac{1}{6}=\dfrac{1\times4}{6\times4}=\dfrac{4}{24}$, $\dfrac{3}{8}=\dfrac{3\times3}{8\times3}=\dfrac{9}{24}$

$\dfrac{4}{24}$와 $\dfrac{9}{24}$ 사이의 분수 중 분모가 24인 분수는 $\dfrac{5}{24}$, $\dfrac{6}{24}$, $\dfrac{7}{24}$, $\dfrac{8}{24}$이고

이 중에서 기약분수는 $\dfrac{5}{24}$, $\dfrac{7}{24}$입니다.

| 채점 기준 | 배점 |
|---|---|
| 두 분수를 분모가 24인 분수로 통분했나요? | 2점 |
| 두 분수 사이의 기약분수를 모두 구했나요? | 3점 |

해결 전략

분모가 24인 분수로 통분하여 비교해 봐요.

**20** 접근 ≫ 거꾸로 생각하여 어떤 분수를 구합니다.

예 분수를 7로 약분한 것이 $\dfrac{3}{7}$이므로 약분하기 전의 분수는 $\dfrac{3\times7}{7\times7}=\dfrac{21}{49}$입니다.

어떤 분수를 $\dfrac{\triangle}{\square}$라고 하면 $\dfrac{\triangle+5}{\square-5}=\dfrac{21}{49}$이므로

$\triangle+5=21 \rightarrow \triangle=16$, $\square-5=49 \rightarrow \square=54$입니다.

따라서 어떤 분수는 $\dfrac{\triangle}{\square}=\dfrac{16}{54}$입니다.

| 채점 기준 | 배점 |
|---|---|
| 7로 약분하기 전의 분수를 구했나요? | 2점 |
| 어떤 분수를 구했나요? | 3점 |

해결 전략

7로 약분하기 전의 수를 찾아서 분자에 5를 더하고 분모에서 5를 뺀 수와 비교해 봐요.

## 교내 경시 5단원 분수의 덧셈과 뺄셈

**01** $4\frac{11}{35}$  **02** $\frac{19}{12}\left(=1\frac{7}{12}\right)$ L  **03** $\frac{11}{24}$  **04** $1\frac{19}{80}$  **05** $2\frac{15}{20}\left(=2\frac{3}{4}\right)$

**06** $\frac{35}{18}\left(=1\frac{17}{18}\right)$ m  **07** $2\frac{7}{30}$ L  **08** $6\frac{5}{72}$  **09** $\frac{47}{64}$  **10** $9\frac{13}{24}$ m

**11** $1\frac{17}{18}$  **12** $10\frac{14}{20}\left(=10\frac{7}{10}\right)$ m  **13** $12\frac{1}{8}$ kg  **14** $\frac{5}{6}$  **15** 예 4, 6, 8

**16** $\frac{2}{15}$ kg  **17** 8  **18** 6일  **19** $12\frac{9}{40}$  **20** $\frac{5}{24}$

**01** 접근 ≫ 설명하는 수를 분수로 나타내고 식을 만들어 봅니다.

$\frac{1}{7}$이 40개인 수는 $\frac{40}{7}$이므로 $\frac{40}{7}$보다 $1\frac{2}{5}$ 작은 수를 구합니다.

$\frac{40}{7}-1\frac{2}{5}=\frac{40}{7}-\frac{7}{5}=\frac{200}{35}-\frac{49}{35}=\frac{151}{35}=4\frac{11}{35}$

해결 전략
$\frac{1}{7}$이 40개인 수를 분수로 나타내요.

**02** 접근 ≫ 물 전체의 양을 구하는 식을 만들어 봅니다.

(섞은 물의 양)=(더운 물의 양)+(찬물의 양)

$=\frac{3}{4}+\frac{5}{6}=\frac{9}{12}+\frac{10}{12}=\frac{19}{12}=1\frac{7}{12}$(L)

해결 전략
전체 양을 구하는 것이므로 덧셈식을 만들어요.

**03** 접근 ≫ 크기를 비교하여 가장 큰 수와 가장 작은 수를 찾습니다.

$\frac{2}{3}=\frac{16}{24},\ \frac{3}{4}=\frac{18}{24},\ \frac{5}{6}=\frac{20}{24},\ \frac{3}{8}=\frac{9}{24}$

➡ $\frac{20}{24}>\frac{18}{24}>\frac{16}{24}>\frac{9}{24}\ \rightarrow\ \frac{5}{6}>\frac{3}{4}>\frac{2}{3}>\frac{3}{8}$

이므로 가장 큰 분수는 $\frac{5}{6}$이고, 가장 작은 분수는 $\frac{3}{8}$입니다.

따라서 두 분수의 차는 $\frac{5}{6}-\frac{3}{8}=\frac{20}{24}-\frac{9}{24}=\frac{11}{24}$입니다.

해결 전략
3, 4, 6, 8의 최소공배수는 24이므로 24를 공통분모로 모두 통분해서 비교해 봐요.

**04** 접근 ≫ 앞에서부터 차례대로 계산합니다.

$\frac{5}{8}-\frac{3}{16}=\frac{10}{16}-\frac{3}{16}=\frac{7}{16}$

$\frac{7}{16}+\frac{4}{5}=\frac{35}{80}+\frac{64}{80}=\frac{99}{80}=1\frac{19}{80}$

주의
계산 순서가 바뀌면 계산 결과가 달라져요.

**05** 접근 ≫ 뺄셈식을 보고 □를 구하는 식으로 나타내어 봅니다.

$5\frac{7}{20}-\square=2\frac{3}{5}$이므로

$\square=5\frac{7}{20}-2\frac{3}{5}=5\frac{7}{20}-2\frac{12}{20}=4\frac{27}{20}-2\frac{12}{20}=2\frac{15}{20}=2\frac{3}{4}$입니다.

**06** 접근 ≫ 세 수의 합을 구할 때에는 한꺼번에 더하거나 두 수씩 차례대로 더합니다.

(삼각형의 세 변의 길이의 합)$=\frac{4}{9}+\frac{5}{6}+\frac{2}{3}=\frac{8}{18}+\frac{15}{18}+\frac{12}{18}=\frac{35}{18}=1\frac{17}{18}$(m)

**07** 접근 ≫ 물을 더 부은 후 물통의 물의 양을 구하고, 사용한 물의 양을 빼어 구합니다.

(물통에 남은 물의 양)

=(물통에 들어 있던 물의 양)＋(더 부은 물의 양)−(덜어 내어 쓴 물의 양)

$=3\frac{3}{10}+\frac{2}{5}-1\frac{7}{15}=3\frac{9}{30}+\frac{12}{30}-1\frac{14}{30}=3\frac{21}{30}-1\frac{14}{30}=2\frac{7}{30}$(L)

> **다른 풀이**
>
> (물통에 들어 있던 물의 양)＋(더 부은 물의 양)$=3\frac{3}{10}+\frac{2}{5}=3\frac{3}{10}+\frac{4}{10}=3\frac{7}{10}$(L)
>
> (물통에 남은 물의 양)$=3\frac{7}{10}-1\frac{14}{30}=3\frac{21}{30}-1\frac{14}{30}=2\frac{7}{30}$(L)

**08** 접근 ≫ ㉠, ㉡에 알맞은 수를 각각 구하여 합을 구합니다.

• $㉠-1\frac{5}{9}=1\frac{11}{36}$ ➡ $㉠=1\frac{11}{36}+1\frac{5}{9}=1\frac{11}{36}+1\frac{20}{36}=2\frac{31}{36}$

• $5\frac{7}{12}-㉡=2\frac{3}{8}$ ➡ $㉡=5\frac{7}{12}-2\frac{3}{8}=5\frac{14}{24}-2\frac{9}{24}=3\frac{5}{24}$

➡ $㉠+㉡=2\frac{31}{36}+3\frac{5}{24}=2\frac{62}{72}+3\frac{15}{72}=5\frac{77}{72}=6\frac{5}{72}$

**09** 접근 ≫ 분수의 크기를 비교하여 식을 써 봅니다.

분수는 모두 단위분수이므로 분모를 비교하면

가장 큰 분수는 $\frac{1}{2}$, 두 번째로 큰 분수는 $\frac{1}{4}$, 가장 작은 분수는 $\frac{1}{64}$입니다.

➡ $\frac{1}{2}+\frac{1}{4}=\frac{2}{4}+\frac{1}{4}=\frac{3}{4}$, $\frac{3}{4}-\frac{1}{64}=\frac{48}{64}-\frac{1}{64}=\frac{47}{64}$

> **다른 풀이**
>
> (가장 큰 수)＋(두 번째로 큰 수)−(가장 작은 수)
>
> $=\frac{1}{2}+\frac{1}{4}-\frac{1}{64}=\frac{32}{64}+\frac{16}{64}-\frac{1}{64}=\frac{47}{64}$

**10** 접근 ≫ 이은 색 테이프의 길이의 합과 겹친 부분의 길이의 합을 먼저 구합니다.

(색 테이프 5장의 길이의 합)

$$=2\frac{3}{8}+2\frac{3}{8}+2\frac{3}{8}+2\frac{3}{8}+2\frac{3}{8}=10+\frac{15}{8}=10+1\frac{7}{8}=11\frac{7}{8}\text{(m)}$$

(겹친 부분의 길이의 합)$=\frac{7}{12}+\frac{7}{12}+\frac{7}{12}+\frac{7}{12}$

$$=\frac{28}{12}=2\frac{4}{12}=2\frac{1}{3}\text{(m)}$$

(이어 붙인 색 테이프 전체의 길이)$=11\frac{7}{8}-2\frac{1}{3}=11\frac{21}{24}-2\frac{8}{24}$

$$=9\frac{13}{24}\text{(m)}$$

해결 전략
(이어 붙인 색 테이프 전체의 길이)=(색 테이프 5장의 길이의 합)-(겹친 부분의 길이의 합)

**11** 접근 ≫ 어떤 수를 먼저 구하고 바르게 계산합니다.

(어떤 수)$+\frac{4}{9}=2\frac{5}{6}$이므로

(어떤 수)$=2\frac{5}{6}-\frac{4}{9}=2\frac{15}{18}-\frac{8}{18}=2\frac{7}{18}$입니다.

따라서 어떤 수는 $2\frac{7}{18}$이므로 바르게 계산한 값은

$2\frac{7}{18}-\frac{4}{9}=2\frac{7}{18}-\frac{8}{18}=1\frac{25}{18}-\frac{8}{18}=1\frac{17}{18}$입니다.

해결 전략
어떤 수를 □라고 하여 잘못된 식을 만들어 어떤 수의 값을 먼저 구해 봐요.

**12** 접근 ≫ 직사각형의 가로를 구한 다음 네 변의 길이의 합을 구합니다.

(가로)$=2\frac{3}{10}+\frac{3}{4}=2\frac{6}{20}+\frac{15}{20}=2\frac{21}{20}=3\frac{1}{20}\text{(m)}$

(가로)$+$(세로)$=3\frac{1}{20}+2\frac{3}{10}=3\frac{1}{20}+2\frac{6}{20}=5\frac{7}{20}\text{(m)}$

(직사각형의 네 변의 길이의 합)$=5\frac{7}{20}+5\frac{7}{20}=10\frac{14}{20}=10\frac{7}{10}\text{(m)}$

보충 개념
직사각형에는 가로와 세로가 2개씩 있으므로 각 길이의 합을 두 번 더하면 돼요.

**13** 접근 ≫ 우유 4병을 한 묶음으로 생각해 봅니다.

(우유 12병의 무게)$=3\frac{3}{4}+3\frac{3}{4}+3\frac{3}{4}=9\frac{9}{4}=11\frac{1}{4}\text{(kg)}$

(우유 12병을 담은 상자의 무게)$=$(우유 12병의 무게)$+$(빈 상자의 무게)

$$=11\frac{1}{4}+\frac{7}{8}=11\frac{2}{8}+\frac{7}{8}=12\frac{1}{8}\text{(kg)}$$

해결 전략
(우유 4병)+(우유 4병)+(우유 4병)=(우유 12병)

## 14

접근 ≫ 보기와 같이 분수를 뺄셈으로 나타내어 더합니다.

$$\frac{1}{2}+\frac{1}{6}+\frac{1}{12}+\frac{1}{20}+\frac{1}{30}$$

$$=\frac{1}{1\times2}+\frac{1}{2\times3}+\frac{1}{3\times4}+\frac{1}{4\times5}+\frac{1}{5\times6}$$

$$=\left(\frac{1}{1}-\frac{1}{2}\right)+\left(\frac{1}{2}-\frac{1}{3}\right)+\left(\frac{1}{3}-\frac{1}{4}\right)+\left(\frac{1}{4}-\frac{1}{5}\right)+\left(\frac{1}{5}-\frac{1}{6}\right)$$

$$=\frac{1}{1}-\frac{1}{6}=\frac{5}{6}$$

> **보충 개념**
> 연속하는 두 자연수
> ■, ■＋1에 대하여
> $$\frac{1}{■\times(■+1)}$$
> $$=\frac{1}{■}-\frac{1}{■+1}$$

## 15

접근 ≫ 약분하여 단위분수가 되는 경우를 생각하여 나누어 봅니다.

24의 약수는 1, 2, 3, 4, 6, 8, 12, 24이고, 합이 13인 세 수를 찾으면 3＋4＋6＝13입니다.

$$\Rightarrow \frac{13}{24}=\frac{6+4+3}{24}=\frac{6}{24}+\frac{4}{24}+\frac{3}{24}=\frac{1}{4}+\frac{1}{6}+\frac{1}{8}$$

> **해결 전략**
> 단위분수로 약분이 되려면 분자를 분모의 약수인 세 분수의 합으로 나타내요.
> 세 분수의 합으로 나타내는 방법은 여러 가지예요.

## 16

접근 ≫ 절반의 무게를 이용하여 물 전체의 무게를 구합니다.

물의 절반의 무게를 □kg이라 하면 $8\frac{4}{15}-□=4\frac{1}{5}$이므로

$$□=8\frac{4}{15}-4\frac{1}{5}=8\frac{4}{15}-4\frac{3}{15}=4\frac{1}{15}(\text{kg})$$입니다.

(물통만의 무게)＝(물과 물통의 무게)－(물의 무게)

$$=8\frac{4}{15}-\left(4\frac{1}{15}+4\frac{1}{15}\right)=8\frac{4}{15}-8\frac{2}{15}$$

$$=\frac{2}{15}(\text{kg})$$

> **해결 전략**
> (물 절반의 무게)＋(물 절반의 무게)＋(물통 무게)
> $$=8\frac{4}{15}\ \text{kg}$$

## 17

접근 ≫ 등식으로 나타내어 성립하는 경우를 알아봅니다.

$2\frac{7}{15}+1\frac{□}{9}>4\frac{1}{3}$에서 $2\frac{7}{15}+1\frac{□}{9}=4\frac{1}{3}$이라 하면

$$1\frac{□}{9}=4\frac{1}{3}-2\frac{7}{15}=4\frac{5}{15}-2\frac{7}{15}=3\frac{20}{15}-2\frac{7}{15}=1\frac{13}{15}$$이므로

$$1\frac{□}{9}>1\frac{13}{15},\ 1\frac{□\times5}{45}>1\frac{39}{45}$$

$$\Rightarrow □\times5>39$$

따라서 □ 안에 들어갈 수 있는 가장 작은 자연수는 8입니다.

> **해결 전략**
> 등식에서 □를 구한 다음 □의 범위를 알아봐요.

## 18 접근 >> 하루에 할 수 있는 일의 양을 분수로 나타내어 봅니다.

전체 일의 양을 1이라고 하면 하루에 하는 일의 양은

준희는 $\dfrac{1}{12}$, 경선이는 $\dfrac{1}{18}$, 선우는 $\dfrac{1}{36}$입니다.

세 사람이 함께 일을 할 때 하루에 하는 일의 양은

$\dfrac{1}{12}+\dfrac{1}{18}+\dfrac{1}{36}=\dfrac{3}{36}+\dfrac{2}{36}+\dfrac{1}{36}=\dfrac{6}{36}=\dfrac{1}{6}$입니다.

따라서 세 사람이 함께 이 일을 한다면 끝내는 데 6일이 걸립니다.

**보충 개념**

세 사람이 함께 일을 한다면

$\dfrac{1}{6}+\dfrac{1}{6}+\dfrac{1}{6}+\dfrac{1}{6}+\dfrac{1}{6}+\dfrac{1}{6}$
$\underbrace{\phantom{aaaaaaaaaaaaaa}}_{6번}$

$=\dfrac{6}{6}=1$이므로
6일이 걸려요.

## 19 접근 >> 만드는 대분수가 가장 큰 경우와 가장 작은 경우를 생각합니다.

㈀ 가장 큰 대분수는 자연수가 가장 큰 $8\dfrac{3}{5}$이고,

가장 작은 대분수는 자연수가 가장 작은 $3\dfrac{5}{8}$입니다.

따라서 두 수의 합은 $8\dfrac{3}{5}+3\dfrac{5}{8}=8\dfrac{24}{40}+3\dfrac{25}{40}=11\dfrac{49}{40}=12\dfrac{9}{40}$입니다.

**보충 개념**

대분수는 자연수 부분이 클수록 큰 분수예요.

| 채점 기준 | 배점 |
| --- | --- |
| 가장 큰 대분수와 가장 작은 대분수를 구했나요? | 2점 |
| 두 대분수의 합을 구했나요? | 3점 |

## 20 접근 >> 전체 밭의 넓이를 1이라 하고 알아봅니다.

㈀ 밭 전체는 1이므로 아무것도 심지 않은 부분은

$1-\dfrac{5}{12}-\dfrac{3}{8}=\dfrac{24}{24}-\dfrac{10}{24}-\dfrac{9}{24}=\dfrac{14}{24}-\dfrac{9}{24}=\dfrac{5}{24}$입니다.

| 채점 기준 | 배점 |
| --- | --- |
| 아무것도 심지 않은 부분을 구하는 식을 세웠나요? | 2점 |
| 아무것도 심지 않은 부분은 얼마인지 구했나요? | 3점 |

**보충 개념**

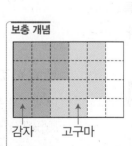

감자　　　고구마

**01** 정십이각형  **02** 11 cm  **03** 삼각형, 4 $\text{m}^2$  **04** 38 m  **05** 14 cm  **06** 5

**07** 35 $\text{cm}^2$  **08** 148 $\text{cm}^2$  **09** 55 $\text{cm}^2$  **10** 13 cm  **11** 153 $\text{m}^2$  **12** 48 m

**13** 32 $\text{m}^2$  **14** 9 cm  **15** 192 $\text{cm}^2$  **16** 예 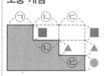 / 15 $\text{cm}^2$  **17** 20 $\text{cm}^2$

**18** 64 $\text{m}^2$  **19** 224 $\text{m}^2$  **20** 3

## 01
**접근 》** 정다각형은 모든 변의 길이가 같음을 이용하여 변의 수를 구합니다.

(정다각형의 둘레)＝(한 변의 길이)×(변의 수)

➡ (변의 수)＝(정다각형의 둘레)÷(한 변의 길이)＝72÷6＝12(개)

따라서 변이 12개인 정다각형이므로 정십이각형입니다.

> **해결 전략**
> 정다각형의 이름은 변의 수에 따라 정해지므로 변의 수를 구해 봐요.

## 02
**접근 》** 마름모의 둘레를 구해서 직사각형의 둘레를 알아봅니다.

(마름모의 둘레)＝13×4＝52(cm)

직사각형의 둘레도 52 cm이므로

(가로＋세로)×2＝52, (가로)＋(세로)＝52÷2＝26(cm)입니다.

➡ 15＋(세로)＝26, (세로)＝26－15＝11(cm)

> **보충 개념**
> (직사각형의 둘레)
> ＝(가로＋세로)×2

## 03
**접근 》** 삼각형의 넓이와 마름모의 넓이를 각각 구하여 비교합니다.

(삼각형의 넓이)＝10×8÷2＝40($\text{m}^2$)

(마름모의 넓이)＝12×6÷2＝36($\text{m}^2$)

따라서 삼각형의 넓이가 40－36＝4($\text{m}^2$) 더 넓습니다.

> **보충 개념**
> (삼각형의 넓이)
> ＝(밑변의 길이)×(높이)÷2
> (마름모의 넓이)
> ＝(한 대각선의 길이)
> ×(다른 대각선의 길이)÷2

## 04
**접근 》** 도형의 둘레와 도형을 둘러싸는 직사각형의 둘레의 관계를 알아봅니다.

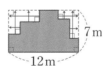

직각으로 꺾인 변을 이동시켜 직사각형으로 만든 다음 둘레를 구합니다.

➡ 12＋7＋12＋7＝38(m)

> **보충 개념**
> ➡ (세로)＝■＋●＋▲
> (가로)＝㉠＋㉡＋㉢
> ➡ (도형의 둘레)
> ＝(직사각형의 둘레)

## 05
**접근 》** 다른 대각선의 길이를 □라고 하여 넓이를 구하는 식을 만듭니다.

마름모의 다른 대각선을 □cm라 하면 넓이는 56 $\text{cm}^2$이므로

8×□÷2＝56, □＝56×2÷8＝14(cm)입니다.

> **보충 개념**
> (마름모의 넓이)
> ＝(한 대각선의 길이)
> ×(다른 대각선의 길이)÷2

## 06 접근 » 어느 변을 밑변으로 하는지에 따라 높이는 다릅니다.

밑변이 $6\,cm$일 때 높이는 $10\,cm$, 밑변이 $12\,cm$일 때 높이는 $\square\,cm$이므로 평행사변형의 넓이는

$6 \times 10 = 12 \times \square$, $\square = 60 \div 12 = 5(cm)$입니다.

> **보충 개념**
> 밑변을 $6\,cm$로 할 때와 밑변을 $12\,cm$로 할 때의 넓이는 같아야 하므로 식을 만들어 봐요.

## 07 접근 » 삼각형 ㄱㄴㄷ의 넓이를 이용하여 삼각형의 높이를 구합니다.

삼각형 ㄱㄴㄷ의 높이를 $\square\,cm$라 하면 $9 \times \square \div 2 = 45$이므로

$\square = 45 \times 2 \div 9 = 10(cm)$입니다.

따라서 삼각형 ㄱㄷㄹ의 넓이는 높이도 $10\,cm$이므로 $7 \times 10 \div 2 = 35(cm^2)$입니다.

> **보충 개념**
> 삼각형 ㄱㄴㄷ, 삼각형 ㄱㄷㄹ, 삼각형 ㄱㄴㄹ은 모두 높이가 같아요.

## 08 접근 » 도형을 여러 개의 직사각형으로 나누고 넓이를 각각 구하여 더합니다.

$11 \times 4 + 5 \times 8 + 4 \times 11 + 5 \times 4 = 44 + 40 + 44 + 20 = 148(cm^2)$

> **다른 풀이**
> 큰 직사각형의 넓이에서 작은 두 직사각형의 넓이를 빼서 구합니다.
> $(4+5+4+5) \times 11 - 5 \times 3 - 5 \times 7 = 198 - 15 - 35 = 148(cm^2)$

> **해결 전략**
> 이 도형의 경우 직사각형 4개로 나누어 계산하는 것보다 큰 직사각형의 넓이에서 빠진 부분의 넓이를 빼어 구하는 것이 좀 더 간편해요.

## 09 접근 » 사다리꼴을 두 도형으로 나누어 생각합니다.

(사다리꼴의 넓이) $=$ (삼각형 ㄱㄴㄹ의 넓이) $+$ (삼각형 ㄴㄷㄹ의 넓이)

$\qquad\qquad\quad = (11 \times 4 \div 2) + (6 \times 11 \div 2)$

$\qquad\qquad\quad = 22 + 33 = 55(cm^2)$

> **해결 전략**
> 선분 ㄴㄹ로 나누어진 두 삼각형의 넓이의 합으로 사다리꼴의 넓이를 구해 봐요.

## 10 접근 » 도형의 둘레는 정다각형 한 변의 몇 배인지 알아봅니다.

만든 삼각형의 둘레는 정육각형의 한 변의 9배와 같으므로

(정육각형의 한 변의 길이) $= 117 \div 9 = 13(cm)$입니다.

> **해결 전략**
> 정삼각형과 정육각형은 한 변의 길이가 같아요.

## 11 접근 » 색칠한 도형을 모아 이어 붙였을 때 어떤 도형이 만들어지는지 알아봅니다.

색칠한 부분만 붙여 보면 가로 $20 - 3 = 17(m)$, 세로 $12 - 3 = 9(m)$인 직사각형이 됩니다.

(색칠한 부분의 넓이) $= 17 \times 9 = 153(m^2)$

> **해결 전략**

## 12 접근 ≫ 넓이를 이용하여 변의 길이를 구합니다.

짧은 변의 길이를 □m라고 하면 긴 변의 길이는 (□×3)m입니다.
직사각형의 넓이는 □×□×3=108, □×□=36, □=6입니다.
따라서 짧은 변의 길이는 6m, 긴 변의 길이는 6×3=18(m)이므로
직사각형의 둘레는 (6+18)×2=48(m)입니다.

**해결 전략**
짧은 변의 길이를 □라 하고 긴 변의 길이를 □를 사용한 식으로 나타내어 변의 길이를 각각 구해 봐요.

## 13 접근 ≫ 사각형을 삼각형 2개로 나누어 넓이를 구해 봅니다.

선분 ㄱㄷ을 그으면 삼각형 ㄱㄴㄷ과 삼각형 ㄱㄷㄹ로 나누어집니다.
(사각형 ㄱㄴㄷㄹ의 넓이)
=(삼각형 ㄱㄴㄷ의 넓이)+(삼각형 ㄱㄷㄹ의 넓이)
=(6×6÷2)+(7×4÷2)=18+14=32(m²)

**보충 개념**
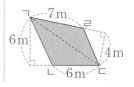

## 14 접근 ≫ 평행사변형과 삼각형의 높이가 같고 넓이가 같음을 이용하여 식을 만듭니다.

평행사변형의 밑변을 □cm라 하면 □×(높이)=18×(높이)÷2이므로
□=18÷2=9(cm)입니다.

**보충 개념**
높이가 같으므로 도형의 넓이는 밑변에 의해서 결정돼요.

## 15 접근 ≫ 밑변을 □라고 하여 넓이를 구하는 식을 만들어 비교합니다.

처음 삼각형의 밑변을 □cm라 하면
□×8÷2=48, □=48×2÷8=12(cm)입니다.
(늘인 삼각형의 높이)=8×4=32(cm)
따라서 늘인 삼각형의 넓이는 12×32÷2=192(cm²)입니다.

**다른 풀이**
삼각형의 넓이는 (밑변)×(높이)÷2이므로 밑변이 그대로일 때 높이가 4배가 되면 삼각형의 넓이도 4배가 됩니다.
따라서 늘인 삼각형의 넓이는 48×4=192(cm²)입니다.

**주의**
밑변의 길이는 같고 높이만 달라져요.

## 16 접근 ≫ 초록색 사각형이 그려지는 방향과 수의 관계를 알아봅니다.

넓이를 처음에 2cm² 늘어나고 1cm²씩 더 넓혀 가며 그린 것입니다.
모양은 ㄴ 모양입니다.
색칠한 방향은 동 → 남 → 서 → 북으로 그립니다.
빈 곳의 도형은 넷째 도형의 넓이 10cm²보다 5cm² 더 넓은 15cm²입니다.

**해결 전략**
사각형이 2개, 3개, 4개 많아져요.

## 17 접근 ≫ 전체 넓이에서 색칠하지 않은 부분의 넓이를 빼서 구합니다.

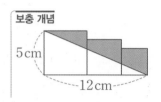

보충 개념

(색칠한 부분의 넓이)

＝(정사각형 3개의 넓이의 합)－(색칠하지 않은 삼각형의 넓이)

＝$(5 \times 5 + 4 \times 4 + 3 \times 3) - (5 + 4 + 3) \times 5 \div 2$

＝$(25 + 16 + 9) - 12 \times 5 \div 2 = 50 - 30 = 20(\text{cm}^2)$

## 18 접근 ≫ 주황색 삼각형의 높이의 합은 평행사변형의 높이와 같음을 이용합니다.

보충 개념

삼각형 ㄱㄹㅇ과 삼각형 ㄴㄷㅇ의 높이를 각각 ■ m와 ● m라고 하면

삼각형 ㄱㄹㅇ의 넓이는 $8 \times ■ \div 2 = 4 \times ■$이고,

삼각형 ㄴㄷㅇ의 넓이는 $8 \times ● \div 2 = 4 \times ●$입니다.

두 삼각형의 넓이의 합은 $4 \times ■ + 4 \times ● = 32$, $■ + ● = 8(\text{m})$입니다.

평행사변형의 높이가 8 m이고 밑변이 8 m이므로 평행사변형의 넓이는

$8 \times 8 = 64(\text{m}^2)$입니다.

## 19 접근 ≫ 사각형 ㄱㄴㄷㄹ의 넓이와 사각형 ㅁㄴㄷㅂ의 넓이의 관계를 이용합니다.

해결 전략

사각형 ㄱㄴㄷㄹ과 사각형 ㅁㄴㄷㅂ의 넓이가 같고 삼각형 ㅅㄴㄷ이 이등변삼각형임을 이용하여 변의 길이를 구하고 넓이를 구해 봐요.

(예) 사각형 ㄱㄴㄷㄹ과 ㅁㄴㄷㅂ의 넓이가 같으므로

(사각형 ㄱㄴㄷㄹ의 넓이)＝(사각형 ㅁㄴㄷㅂ의 넓이)＝$8 \times 18 = 144(\text{m}^2)$

삼각형 ㅅㄴㄷ에서 (각 ㅅㄴㄷ)＝$180° - 90° - 45° = 45°$이고,

(각 ㅅㄴㄷ)＝(각 ㄴㅅㄷ)이므로 이등변삼각형입니다.

→ (변 ㅅㄷ)＝(변 ㄴㄷ)＝8 m

(삼각형 ㅅㄴㄷ의 넓이)＝$8 \times 8 \div 2 = 32(\text{m}^2)$

따라서 색칠한 부분의 넓이는 $(144 - 32) \times 2 = 112 \times 2 = 224(\text{m}^2)$입니다.

| 채점 기준 | 배점 |
|---|---|
| 사각형 ㄱㄴㄷㄹ과 사각형 ㅁㄴㄷㅂ의 넓이의 관계를 확인하고 넓이를 구했나요? | 2점 |
| 색칠한 부분의 넓이를 구했나요? | 3점 |

## 20 접근 ≫ 삼각형 ㄱㄷㄹ의 넓이를 이용하여 구합니다.

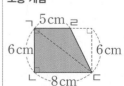

보충 개념

(예) 삼각형 ㄱㄷㄹ에서 5 cm인 변을 밑변으로 하면 높이는 6 cm이고, 10 cm인 변을 밑변으로 하면 높이는 □ cm입니다.

넓이는 $5 \times 6 \div 2 = 10 \times □ \div 2$이므로 $15 = □ \times 5$,

□＝$15 \div 5 = 3(\text{cm})$입니다.

| 채점 기준 | 배점 |
|---|---|
| 삼각형 ㄱㄷㄹ의 넓이를 이용하여 식을 세웠나요? | 2점 |
| □ 안에 알맞은 수를 구했나요? | 3점 |

| | | | | |
|---|---|---|---|---|
| **01** 20 | **02** 80 | **03** $\frac{18}{48}$ | **04** 3 | **05** 예 $\triangle = 450 - \square \times 4$ |
| **06** 57, 3 | **07** 27.3 L | **08** 144 cm² | **09** 54 | **10** 23 | **11** 126 cm |
| **12** $24\frac{199}{315}$ | **13** 예 4, 5, 9, 6, 3 / 17 | | **14** $\frac{5}{6}, \frac{5}{8}, \frac{5}{12}$ | **15** 88 cm² | **16** 2650개 |
| **17** 7920개 | **18** 72 cm² | **19** $1\frac{3}{18}\left(=1\frac{1}{6}\right)$ cm | | **20** 16 |

## 01 [1단원]
**접근 ≫ 가 대신에 24를, 나 대신에 □를 넣어 식을 정리해 봅니다.**

24◆□를 구하기 위해 가 대신에 24, 가 대신에 □를 넣어 식을 쓰면

$24 \blacklozenge \square = 24 \times (24 - \square) + (24 + 8) \div 4 = 104$입니다.

$24 \times (24 - \square) + (24 + 8) \div 4$

$= 24 \times (24 - \square) + 32 \div 4$

$= 24 \times (24 - \square) + 8$

$= 104$

$24 \times (24 - \square) = 96$, $24 - \square = 4$

➡ $\square = 20$

> **주의**
> 가와 나의 자리에 순서를 바꾸어 넣으면 계산 결과는 달라질 수 있어요.

## 02 [2단원]
**접근 ≫ 320의 약수를 먼저 찾아보고 조건에 맞는 수를 알아봅니다.**

320의 약수는 1, 2, 4, 5, 8, 10, 16, 20, 32, 40, 64, 80, 160, 320입니다.

이 중에서 16의 배수는 16, 32, 64, 80, 160, 320입니다.

이 수와 200의 최대공약수기 40이므로 이 수는 40의 배수입니다.

➡ 80, 160, 320

따라서 조건을 모두 만족하는 두 자리 수는 80입니다.

> **해결 전략**
> 40의 배수 중에서 320의 약수를 구할 수도 있어요.

## 03 [4단원]
**접근 ≫ 크기가 같은 분수를 □를 사용하여 나타내어 봅니다.**

분모와 분자에 □를 곱해서 크기가 같은 분수를 만들었을 때 $\frac{3 \times \square}{8 \times \square}$입니다.

분모와 분자의 곱이 864이므로 $8 \times 3 \times \square \times \square = 24 \times \square \times \square = 864$입니다.

$\square \times \square = 36$, $\square = 6$입니다.

따라서 구하는 분수는 $\frac{18}{48}$입니다.

> **해결 전략**
> 분모와 분자에 □를 곱해서 만든 분수의 분모와 분자의 곱이 864인 경우를 찾아봐요.

## 04 1단원 접근 》 ( ) 안을 먼저 계산해서 식을 간단하게 합니다.

$8 \times (2 \times 16 - 36 \div \square) \div 5 + 15 - (54 - 27) \div 9 \times 12 = 11$

$8 \times (32 - 36 \div \square) \div 5 + 15 - 27 \div 9 \times 12 = 11$

$8 \times (32 - 36 \div \square) \div 5 + 15 - 3 \times 12 = 11$

$8 \times (32 - 36 \div \square) \div 5 + 15 - 36 = 11$

$8 \times (32 - 36 \div \square) \div 5 = 32$, $8 \times (32 - 36 \div \square) = 160$

$32 - 36 \div \square = 20$, $36 \div \square = 12 \rightarrow \square = 3$

**해결 전략**
□와 관계없이 계산이 가능한 식을 모두 계산하여 간단하게 나타낸 다음 거꾸로 계산해요.

## 05 3단원 접근 》 시간과 남은 물의 양을 기호로 나타내고 두 양 사이의 대응 관계를 알아봅니다.

빠져 나가는 물의 양은 시간의 4배이므로 시간을 □, 남은 물의 양을 △라고 할 때,

□분 동안 빠져 나가는 물의 양은 □×4(L)입니다.

따라서 남은 물의 양은 450 L − (빠져 나가는 물의 양)이므로

식으로 나타내면 △ = 450 − □ × 4입니다.

**해결 전략**
빠져나가는 물이 양을 먼저 식으로 나타내어 봐요.

## 06 4단원 접근 》 크기가 같은 분수를 이용하여 분자가 같게 되는 수를 찾습니다.

$\dfrac{6}{\bigcirc + 6} = \dfrac{2}{3}$, $\dfrac{2}{3} = \dfrac{4}{6} = \dfrac{6}{9} \cdots\cdots$에서 $\dfrac{6}{\bigcirc + 6} = \dfrac{6}{9}$이고

$\bigcirc + 6 = 9$이므로 $\bigcirc = 3$입니다.

$\dfrac{\bigcirc - \bigcirc}{\bigcirc + \bigcirc} = \dfrac{9}{10}$에서 분모와 분자의 합은 $\bigcirc + \bigcirc + \bigcirc - \bigcirc = \bigcirc + \bigcirc = 2 \times \bigcirc$이고

분모와 분자의 차는 $2 \times \bigcirc = 6$입니다.

$\dfrac{9}{10}$와 크기가 같은 분수는 $\dfrac{9}{10} = \dfrac{18}{20} = \dfrac{27}{30} = \dfrac{36}{40} = \dfrac{45}{50} = \dfrac{54}{60} = \dfrac{63}{70} \cdots\cdots$이고

이중에서 분모와 분자의 차가 6인 수는 $\dfrac{54}{60}$입니다.

➡ $\bigcirc - \bigcirc = \bigcirc - 3 = 54$, $\bigcirc = 54 + 3 = 57$

**해결 전략**
두 번째 조건에서 ⓒ에 알맞은 수를 구하고, 첫 번째 조건에서 분모와 분자의 합 또는 차를 이용해요.

## 07 1단원 + 3단원 접근 》 걸린 시간과 가는 거리 사이의 대응 관계를 알아봅니다.

1시간에 가는 거리가 $130 \div 2 = 65$(km)이므로 걸린 시간과 가는 거리 사이의 대응 관계는 (거리) $= 65 \times$ (시간)입니다.

따라서 3시간 30분 = 3.5시간 동안 가는 거리는 $65 \times 3.5 = 227.5$(km)입니다.

3 L로 25 km를 가므로 0.3 L로는 2.5 km를 갈 수 있으므로

$227.5 = 225 + 2.5 = 25 \times 9 + 2.5$에서

227.5 km를 가는 데에는 $3 \times 9 + 0.3 = 27.3$(L)의 휘발유가 필요합니다.

**보충 개념**
30분 $= \dfrac{1}{2}$시간 $= 0.5$시간
➡ 3시간 30분 = 3.5시간

## 08 6단원

접근 ≫ **직사각형의 가로와 세로의 합을 먼저 구합니다.**

직사각형의 둘레가 48 cm이므로 (가로)+(세로)=48÷2=24(cm)입니다.

직사각형의 가로와 세로는

(1 cm, 23 cm), (2 cm, 22 cm)……(12 cm, 12 cm)이므로

넓이는 $1\times23=23(\text{cm}^2)$, $2\times22=44(\text{cm}^2)$, $3\times21=63(\text{cm}^2)$,

$4\times20=80(\text{cm}^2)$…… $11\times13=143(\text{cm}^2)$, $12\times12=144(\text{cm}^2)$로

변의 길이의 차가 작을수록 넓이는 점점 넓어집니다.

따라서 가장 넓은 직사각형은 한 변이 12 cm인 정사각형일 때이므로 넓이는

$144\ \text{cm}^2$입니다.

**보충 개념**

(직사각형의 둘레)

=(가로+세로)×2

➡ (가로)+(세로)

　=(직사각형의 둘레)÷2

## 09 2단원

접근 ≫ **12=3×4이므로 3의 배수이면서 4의 배수인 수가 되도록 만들어 봅니다.**

12=3×4이므로 426+□는 3의 배수이면서 4의 배수입니다.

4의 배수가 되려면 오른쪽 두 자리 수가 00이거나 4의 배수가 되어야 합니다.

26+□<100일 때, 26+□가 4의 배수가 되는 경우는 □가 2, 6, 10, 14, 18,

22, 26……일 때입니다.

→ 2에서 4씩 커집니다.

3의 배수가 되려면 각 자리 수의 합이 3의 배수이어야 하므로

4+2+6=12에서 3의 배수이므로 □의 각 자리 수의 합도 3의 배수이어야 합니다.

따라서 □ 안에 들어갈 수 있는 수는 6, 18, 30, 42, 54……이므로 다섯째로 작은

수는 54입니다.

**보충 개념**

• 3의 배수

각 자리 수의 합이 3의 배수

예요.

• 4의 배수

오른쪽 두 자리 수가 00이거

나 4의 배수가 되어야 해요.

• 9의 배수

각 자리 수의 합이 9의 배수

예요.

## 10 4단원 + 5단원

접근 ≫ **$\dfrac{11}{13}$과 크기가 같은 분수로 나타내어 봅니다.**

0이 아닌 ㉠에 대하여

$$\frac{1+2+3+\cdots\cdots+\blacksquare}{1+2+3+\cdots\cdots+\blacktriangle}=\frac{11}{13}=\frac{11\times㉠}{13\times㉠}$$입니다.

분자와 분모의 합: $(1+2+3+\cdots\cdots+\blacksquare)+(1+2+3+\cdots\cdots+\blacktriangle)$

$\qquad\qquad\qquad=11\times㉠+13\times㉠=24\times㉠$

24×㉠는 130과 160 사이의 수이므로 두 수 사이의 수 중에서 24의 배수는

24×6=144입니다.

➡ ㉠=6

분자: 11×6=66 ➡ 1+2+3+……+11=66 → ■=11

분모: 13×6=78 ➡ 1+2+3+……+12=78 → ▲=12

➡ ■+▲=11+12=23

**해결 전략**

$\dfrac{11}{13}$과 크기가 같은 분수 중

에서 분모와 분자의 합이

130과 160 사이인 경우를

찾아봐요.

**11** [3단원] + [6단원]
접근 》 정사각형 수의 규칙을 찾아 열째의 모양을 먼저 알아봅니다.

가로로 한 줄, 세로로 한 줄씩 늘어나는 규칙입니다.

■째 놓이는 도형에서 정사각형 수는 ■×(■＋1)입니다.

열째에 놓이는 모양은 가로 10칸, 세로 11줄로 이루어진 직사각형입니다.

따라서 도형의 둘레는 (10＋11)×2＝42(칸)의 길이의 합이므로

$3 \times 42 = 126$(cm)입니다.

> **해결 전략**
> 열째에 놓이는 작은 정사각형 수를 구해 봐요.

**12** [4단원] + [5단원]
접근 》 자연수 부분이 될 수 있는 수를 먼저 알아보고 분모가 될 수 있는 수를 찾습니다.

3보다 크고 5보다 작으므로 자연수 부분은 3 또는 4입니다.

대분수에서 분수 부분은 진분수이므로 분자가 4일 때 분모는 4보다 큰 수이므로 분모가 될 수 있는 수는 5, 6, 7, 8, 9입니다.

이중에서 기약분수가 될 수 있는 수는 5, 7, 9입니다.

따라서 조건에 알맞은 기약분수는 $3\frac{4}{5}$, $3\frac{4}{7}$, $3\frac{4}{9}$, $4\frac{4}{5}$, $4\frac{4}{7}$, $4\frac{4}{9}$입니다.

$$\Rightarrow 3\frac{4}{5}+4\frac{4}{5}+3\frac{4}{7}+4\frac{4}{7}+3\frac{4}{9}+4\frac{4}{9}=8\frac{3}{5}+8\frac{1}{7}+7\frac{8}{9}$$
$$=23+\left(\frac{3}{5}+\frac{1}{7}+\frac{8}{9}\right)$$
$$=23+\frac{514}{315}=24\frac{199}{315}$$

> **해결 전략**
> 분자가 4인 기약분수일 때 분모가 될 수 있는 수를 알아봐요.

**13** [1단원]
접근 》 계산 결과가 가장 크고, 계산 결과가 자연수가 되는 경우를 생각해 봅니다.

식을 ㉠＋(㉡×㉢－㉣)÷㉤이라고 하면

• ㉤＝3인 경우: ㉣＝4 또는 ㉣＝5이면 ㉡×㉢－㉣은 3으로 나누어떨어지지 않습니다.

　　　　　 ㉣＝6이면 ㉡ 또는 ㉢이 9일 때 ㉡×㉢－㉣은 3으로 나누어떨어집니다.

　　　→ $4+(5\times9-6)\div3=4+(45-6)\div3=4+39\div3$
　　　　　　　　 $=4+13=17$

• ㉤＝4인 경우: ㉡×㉢－㉣은 4로 나누어떨어지지 않습니다.

• ㉤＝5인 경우: ㉣＝4일 때
　　　　 $3+(6\times9-4)\div5=3+(54-4)\div5=3+50\div5$
　　　　　　　　 $=3+10=13$

각 자리에 다른 수를 넣으면 계산 결과는 더 작아집니다.

따라서 가장 큰 계산 결과는 17입니다.

> **해결 전략**
> 계산 결과가 가장 큰 자연수가 되도록 만들어야 하므로 9를 ㉣, ㉤에 넣는 경우는 생각하지 않아도 돼요.

## 14 [5단원]
**접근 》 두 분수의 합을 모두 더해 세 분수의 합을 먼저 구해 봅니다.**

$$(⑦+④)+(④+⑤)+(⑤+⑦)=\frac{35}{24}+\frac{25}{24}+\frac{5}{4}=\frac{35}{24}+\frac{25}{24}+\frac{30}{24}=\frac{90}{24}$$

$$(⑦+④+⑤)+(⑦+④+⑤)=\frac{90}{24}=\frac{45}{24}+\frac{45}{24} ➡ ⑦+④+⑤=\frac{45}{24}$$

$$⑦=(⑦+④+⑤)-(④+⑤)=\frac{45}{24}-\frac{25}{24}=\frac{20}{24}=\frac{5}{6}$$

$$④=(⑦+④+⑤)-(⑦+⑤)=\frac{45}{24}-\frac{5}{4}=\frac{45}{24}-\frac{30}{24}=\frac{15}{24}=\frac{5}{8}$$

$$⑤=(⑦+④+⑤)-(⑦+④)=\frac{45}{24}-\frac{35}{24}=\frac{10}{24}=\frac{5}{12}$$

**해결 전략**
⑦+④+⑤의 값을 먼저 구해요.

## 15 [1단원] + [6단원]
**접근 》 겹쳐진 부분은 삼각형임을 알고, 도형의 넓이를 구합니다.**

(사다리꼴 모양 종이 4장의 넓이의 합)
$=(5+9)\times4\div2\times4=14\times4\div2\times4=56\div2\times4=28\times4=112(cm^2)$
(겹쳐진 삼각형의 넓이의 합)$=4\times4\div2\times3=24(cm^2)$
(만든 도형 전체의 넓이)$=112-24=88(cm^2)$

**해결 전략**
겹쳐진 3개의 삼각형은 모두 똑같은 삼각형이에요.

## 16 [1단원] + [3단원]
**접근 》 성냥개비 수의 규칙을 찾아봅니다.**

• 가로로 놓이는 성냥개비 수
윗줄부터 차례대로 알아보면

1  2  3  4  ······  50  50
➡ $51\times50\div2+50$

• 세로로 놓이는 성냥개비 수
오른쪽부터 차례대로 알아보면

1  2  3  4  ······  50  50
➡ $51\times50\div2+50$

따라서 필요한 성냥개비 수는
$(51\times50\div2+50)\times2=(1275+50)\times2=1325\times2=2650$(개)입니다.

**해결 전략**
가로로 놓인 성냥개비와 세로로 놓인 성냥개비로 나누어 구해요.

## 17 [2단원]
**접근 》 정사각형의 한 변의 길이와 종이의 변의 길이 사이의 관계를 알아봅니다.**

198과 162의 최대공약수는 18이므로 정사각형 모양 조각의 한 변은 18 cm의 약수와 같습니다.
18의 약수: 1, 2, 3, 6, 9, 18
• 모양 조각이 가장 적을 때: 한 변이 18 cm일 때이므로
  가로 $198\div18=11$(개), 세로 $162\div18=9$(개)로 나눕니다.
  → $11\times9=99$(조각)
• 모양 조각이 가장 많을 때: 한 변이 2 cm일 때이므로
  가로 $198\div2=99$(개), 세로 $162\div2=81$(개)로 나눕니다.
  → $99\times81=8019$(조각)
➡ 개수의 차는 $8019-99=7920$(개)입니다.

**주의**
정사각형 모양 조각이 가장 클 때만 구하는 것이 아니에요.

## 18 [6단원]

접근 ≫ 길이가 같은 변을 찾아서 넓이를 구합니다.

정사각형의 대각선과 색칠한 사각형이 만나는
네 점 ㅈ, ㅊ, ㅋ, ㅌ을 이으면 변 ㅈㅌ, 변 ㅈㅊ, 변 ㅊㅋ,
변 ㅋㅌ은 각각 선분 ㄱㅁ, 선분 ㄴㅂ, 선분 ㄷㅅ,
선분 ㄹㅇ과 평행하면서 길이가 같습니다.
따라서 사각형 ㅈㅊㅋㅌ은 한 변이 6 cm인 정사각형입니다.
(색칠한 사각형의 넓이)＝(정사각형 ㅈㅊㅋㅌ의 넓이)×2
(색칠한 사각형의 넓이)＝$6×6×2=72(cm^2)$

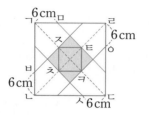

보충 개념

사각형 ㅈㅊㅋㅌ은 네 변의
길이가 모두 같고, 변 ㄱㄹ,
변 ㄱㄴ, 변 ㄴㄷ, 변 ㄷㄹ과
각각 평행하므로 만나는 변끼
리 직각이에요.
따라서 사각형 ㅈㅊㅋㅌ은
정사각형이에요.

## 서술형 19 [5단원]

접근 ≫ 4장의 길이의 합을 구하고, 겹친 곳은 몇 군데인지 알아봅니다.

예 (색 테이프 4장의 길이)

$$=2\frac{4}{9}+2\frac{4}{9}+2\frac{4}{9}+2\frac{4}{9}=8+\frac{16}{9}=9\frac{7}{9}(cm)$$

(겹친 부분의 길이의 합)$=9\frac{7}{9}-6\frac{5}{18}=9\frac{14}{18}-6\frac{5}{18}=3\frac{9}{18}(cm)$

겹친 곳은 3군데이므로 $3\frac{9}{18}=1\frac{3}{18}+1\frac{3}{18}+1\frac{3}{18}$에서

$1\frac{3}{18}=1\frac{1}{6}(cm)$씩 겹쳐서 이어 붙였습니다.

| 채점 기준 | 배점 |
|---|---|
| 색 테이프 4장의 길이를 구했나요? | 2점 |
| 겹친 부분의 길이의 합을 구했나요? | 2점 |
| 얼마만큼씩 겹쳐서 이어 붙인 것인지 구했나요? | 1점 |

해결 전략

(겹친 부분의 길이의 합)
＝(색 테이프 4장의 길이)
　－(이어 붙인 전체 길이)

## 서술형 20 [2단원] + [4단원]

접근 ≫ 분자가 같은 수가 되도록 만든 다음 크기를 비교하여 알아봅니다.

예 분자가 모두 같게 되도록 하면

$$\frac{5}{12}=\frac{35}{84}, \quad \frac{7}{\square}=\frac{35}{\square×5}, \quad \frac{5}{8}=\frac{35}{56} \rightarrow \frac{35}{84}<\frac{35}{\square×5}<\frac{35}{56}$$

➡ $56<\square×5<84$

이때 $\square$ 안에 들어갈 수 있는 자연수는 12, 13, 14, 15, 16입니다.
각 수들의 약수의 개수를 알아보면
12는 6개, 13은 2개, 14는 4개, 15는 4개, 16은 5개입니다.
따라서 구하는 자연수는 16입니다.

| 채점 기준 | 배점 |
|---|---|
| 분자를 같게 하여 비교할 수 있나요? | 2점 |
| $\square$ 안에 들어갈 수 있는 자연수를 모두 구했나요? | 1점 |
| $\square$ 안에 들어갈 수 있는 자연수 중에서 약수가 5개인 수를 구했나요? | 2점 |

해결 전략

분자가 7, 5이므로 7과 5의
최소공배수 35로 같게 하여
나타내요.

| | | | | | |
|---|---|---|---|---|---|
| **01** 8개 | **02** 852 | **03** $\frac{45}{56}$ | **04** 256 cm | **05** 9 | **06** 120 |
| **07** 756 cm$^2$ | **08** 768 cm | **09** $\times$, $-$, $\div$, $+$ | **10** 45 m$^2$ | **11** $\frac{17}{6}\left(=2\frac{5}{6}\right)$ | **12** 164 cm |
| **13** 12가지 | **14** 7 | **15** $\frac{16}{27}$ | **16** 216 cm$^2$ | **17** 899 | **18** $\frac{18}{385}$ |
| **19** 12 | **20** $1\frac{75}{96}\left(=1\frac{25}{32}\right)$ | | | | |

## 01 [5단원]
**접근 ≫ 분수 부분의 합이 얼마가 되어야 하는지 생각해 봅니다.**

$1\frac{\square}{15}+2\frac{5}{12}<4$이므로 $3+\left(\frac{\square}{15}+\frac{5}{12}\right)<4$에서 $\frac{\square}{15}+\frac{5}{12}<1$입니다.

$\frac{\square}{15}+\frac{5}{12}=\frac{\square\times4}{60}+\frac{25}{60}=\frac{\square\times4+25}{60}$, $\frac{\square\times4+25}{60}<1$,

$\frac{\square\times4+25}{60}<\frac{60}{60}$

→ $\square\times4+25<60$, $\square\times4<35$

➡ $\square$ 안에 들어갈 수 있는 자연수는 1부터 8까지 모두 8개입니다.

**해결 전략**
1은 분모와 분자가 같은 분수로 나타낼 수 있으므로 $1=\frac{60}{60}$으로 바꾸어서 비교해요.

## 02 [2단원]
**접근 ≫ 6의 배수가 되는 조건을 알아봅니다.**

6의 배수이므로 2의 배수이면서 3의 배수입니다.

3의 배수가 되려면 각 자리 수의 합이 3의 배수가 되어야 하므로

2+5+8=15에서 2, 5, 8을 이용합니다.

2의 배수가 되려면 일의 자리에 2 또는 8을 놓습니다.

따라서 만들 수 있는 가장 큰 6의 배수는 852입니다.

**보충 개념**
$6=2\times3$이므로 6의 배수는 2의 배수이면서 3의 배수계요.

## 03 [2단원 + 5단원]
**접근 ≫ 기약분수의 분모와 분자가 될 수 있는 수를 구합니다.**

합이 15인 두 수는 1과 14, 2와 13, 3과 12, 4와 11, 5와 10, 6과 9, 7과 8이고,
이 중에서 최대공약수가 1인 두 수는 1과 14, 2와 13, 4와 11, 7과 8입니다.

→ $\frac{1}{14}$, $\frac{2}{13}$, $\frac{4}{11}$, $\frac{7}{8}$ ➡ $\frac{1}{14}<\frac{2}{13}<\frac{4}{11}<\frac{7}{8}$

가장 큰 수: $\frac{7}{8}$, 가장 작은 수: $\frac{1}{14}$

➡ $\frac{7}{8}-\frac{1}{14}=\frac{49}{56}-\frac{4}{56}=\frac{45}{56}$

**해결 전략**
합이 15인 두 수를 먼저 알아봐요.

## 04 [1단원] + [3단원] + [6단원]

**접근 》** 8 cm인 변과 4 cm인 변이 몇 개로 되는지 규칙을 찾아봅니다.

도형을 2개, 3개, 4개……붙일 때마다 8 cm인 변은 8개에서 10개, 12개, 14개……로 2개씩 더 많아지고, 4 cm인 변은 0개에서 4개, 8개, 12개……로 4개씩 많아집니다.

따라서 7개의 정팔각형을 이어 붙여서 만든 도형은 8 cm인 변 $8+2\times(7-1)$개와 4 cm인 변 $4\times(7-1)$개로 이루어진 도형입니다.

➡ $8+2\times(7-1)=8+2\times6=8+12=20$(개),
  $4\times(7-1)=4\times6=24$(개)

따라서 둘레는 $8\times20+4\times24=160+96=256$(cm)입니다.

> **해결 전략**
> 위와 아래로 2개씩 많아져요.

## 05 [1단원]

**접근 》** 어떤 수를 □라고 하여 식을 만들어 봅니다.

어떤 수를 □라고 하면

□의 3배보다 6 작은 수를 3으로 나눈 값과 12의 합 → $(\square\times3-6)\div3+12$

45와 9의 차를 2로 나눈 몫 → $(45-9)\div2$

➡ $(\square\times3-6)\div3+12>(45-9)\div2$

$(45-9)\div2=36\div2=18$이므로 $(\square\times3-6)\div3+12>18$입니다.

$(\square\times3-6)\div3>6$, $\square\times3-6>18$, $\square\times3>24 → \square>8$

따라서 어떤 수는 8보다 큰 수이므로 가장 작은 자연수는 9입니다.

> **해결 전략**
> $\underbrace{\square의\ 3배}_{\square\times3}보다\ \underbrace{6\ 작은\ 수를}_{-6}$
> $\underbrace{3으로\ 나눈\ 값}_{\div3}과\ \underbrace{12의\ 합}_{+12}$

## 06 [2단원]

**접근 》** 96과 ㉮를 최대공약수를 이용한 곱셈으로 나타내어 봅니다.

$96=24\times4$이고 ㉮$=24\times㉠$이라고 하면 ㉠과 4의 최대공약수는 1입니다.

$\begin{array}{r} 24\overline{)\phantom{0}96\qquad ㉮} \\ 4\qquad ㉠ \end{array}$  최소공배수: $24\times4\times㉠=480$

$96\times㉠=480$, ㉠$=480\div96=5$ ➡ ㉮$=24\times5=120$

> **해결 전략**
> ㉠과 4의 최대공약수가 1이 아닌 □라면 96과 ㉮의 최대공약수는 $24\times\square$가 돼요.

## 07 [6단원]

**접근 》** 가장 작은 정사각형의 한 변의 길이를 먼저 구해 봅니다.

가장 작은 정사각형부터 차례대로 가, 나, 다, 라라고 하면 가의 둘레는 12 cm이므로 한 변은 $12\div4=3$(cm)입니다.

(나의 한 변)=(가의 한 변)$\times2$

(나의 한 변)=$3\times2=6$(cm)

(다의 한 변)=(가의 한 변)+(나의 한 변)$\times2=3+6\times2=15$(cm)

(라의 한 변)=(나의 한 변)+(다의 한 변)=$6+15=21$(cm)

따라서 직사각형의 가로는 $15+21=36$(cm), 세로는 21 cm이므로

넓이는 $36\times21=756$(cm²)입니다.

> **해결 전략**
> 정사각형은 네 변의 길이가 모두 같음을 이용해요.
>
>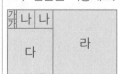

## 08 [3단원]
**접근 >>** 자른 횟수와 잘린 도막 수 사이의 대응 관계를 알아봅니다.

| 자른 횟수(번) | 1 | 2 | 3 | 4 | ······ |
|---|---|---|---|---|---|
| 잘린 도막 수(개) | 2 | 4 | 8 | 16 | ······ |

잘린 도막 수는 바로 앞의 도막 수의 2배가 됩니다.

➡ (□번 자른 도막 수)=(2를 □번 곱한 수)

(8번 자른 도막 수)=(2를 8번 곱한 수)

$$=2\times2\times2\times2\times2\times2\times2\times2=256$$

따라서 처음의 긴 막대의 길이는 $3\times256=768$(cm)입니다.

해결 전략

길이를 거꾸로 알아보면 막대의 길이는 3 cm에서 2배씩 늘어나요.

## 09 [1단원]
**접근 >>** ÷가 들어갈 수 있는 곳을 먼저 알아보고 13 앞에 들어갈 기호를 생각해 봅니다.

식이 성립하려면 나누어떨어져야 하므로 ÷가 들어갈 수 있는 곳은 6의 앞입니다.

13을 곱해서 결과가 17이 될 수 없으므로 13 앞에는 + 또는 −가 들어갈 수 있습니다.

12와 9 사이에 ×가 들어가면

$8\square(12\times9)\div6\square13=8\square18\square13=17$이 되어 성립할 수 없습니다.

$8\times(12+9)\div6-13=28-13=15(\times)$

$8\times(12-9)\div6+13=4+13=17(\bigcirc)$

해결 전략

8의 뒤, 12의 뒤에 ÷를 넣으면 나누어떨어지지 않고, 13 앞에 ÷를 넣으면 식이 성립하도록 기호를 넣을 수 없어요.

## 10 [6단원]
**접근 >>** 사다리꼴 ㄱㄴㅇㅁ과 색칠한 부분의 관계를 알아보고 넓이를 구합니다.

사다리꼴 ㄱㄴㄷㄹ과 삼각형 ㅁㅂㅅ의 넓이가 같고 똑같은 부분이 겹쳐졌으므로
사다리꼴 ㄱㄴㅇㅁ과 색칠한 부분의 넓이는 같습니다.

(선분 ㄱㅁ)+(선분 ㄴㅇ)=(선분 ㄴㄷ)=15 m이므로

(색칠한 부분의 넓이)=(사다리꼴 ㄱㄴㅇㅁ의 넓이)=$15\times6\div2=45(m^2)$

해결 전략

(선분 ㄱㅁ)=(선분 ㅇㄷ)
➡ (선분 ㄴㄷ)
=(선분 ㄴㅇ)+(선분 ㅇㄷ)
=(선분 ㄴㅇ)+(선분 ㄱㅁ)

## 11 [4단원] + [5단원]
**접근 >>** 약분하여 3개를 만들 수 있을 때 약수의 개수는 몇 개여야 하는지 생각해 봅니다.

가분수이므로 분모는 24보다 작습니다.

약분하여 3개의 분수를 만들려면 분모와 분자의 공약수가 1을 제외하고 3개여야 합니다.

24의 약수는 1, 2, 3, 4, 6, 8, 12, 24이고 이중에서 약수가 4개인 수는 6, 8입니다.

24보다 작은 수 중에서 24와의 최대공약수가 6인 두 자리 수는 18, 최대공약수가 8인 두 자리 수는 16입니다.

$\dfrac{24}{18}, \dfrac{24}{16}$ ➡ $\dfrac{24}{18}=\dfrac{4}{3}, \dfrac{24}{16}=\dfrac{3}{2}$이므로

두 수의 합은 $\dfrac{4}{3}+\dfrac{3}{2}=\dfrac{8}{6}+\dfrac{9}{6}=\dfrac{17}{6}=2\dfrac{5}{6}$입니다.

보충 개념

1을 제외하고 약수가 3개여야 하므로 약수가 모두 4개인 수를 찾아봐요.

## 12 3단원 + 6단원
**접근 ≫ 배열 순서, 정사각형 수, 도형의 둘레 사이의 대응 관계를 알아봅니다.**

정사각형 한 개의 넓이는 $2 \times 2 = 4(\text{cm}^2)$이므로 넓이가 $784 \text{ cm}^2$일 때 정사각형은 $784 \div 4 = 196$(개)입니다.

배열 순서와 정사각형의 수 사이의 대응 관계를 보면 $\square$째에 놓이는 도형의 정사각형의 수는 $\square \times \square$입니다.

$196 = 14 \times 14$이므로 $\square \times \square = 14 \times 14$에서 $\square = 14$입니다.

$\square$째에 놓이는 도형의 맨 아랫줄의 정사각형의 수는 $\square \times 2 - 1$이므로 14째에 놓이는 도형의 맨 아랫줄의 정사각형의 수는 $14 \times 2 - 1 = 27$(개)이고 위로는 14층까지 놓이게 됩니다.

따라서 이 도형의 둘레는 정사각형이 가로 27개, 세로 14개 놓이는 직사각형 모양의 둘레와 같으므로 $(27 + 14) \times 2 \times 2 = 164(\text{cm})$입니다.

> **해결 전략**
> 배열 순서와 이어 붙인 정사각형의 수, 배열 순서와 만든 도형의 둘레의 길이 사이의 대응 관계를 기호를 사용하여 식으로 각각 나타내어 봐요.

## 13 2단원
**접근 ≫ 36의 배수가 되는 조건을 알고 배수의 특징을 이용하여 해결합니다.**

$36 = 4 \times 9$이므로 네 자리 수는 4의 배수이면서 9의 배수입니다.

4의 배수가 되려면 $9$㉣이 4의 배수가 되어야 합니다.

➡ ㉣ $= 2$ 또는 ㉣ $= 6$

9의 배수가 되려면 ㉠ $+$ ㉡ $+ 9 +$ ㉣의 합이 9의 배수가 되어야 하므로 이때 ㉠ $+$ ㉡ $+$ ㉣도 9의 배수가 되어야 합니다.

㉣ $= 2$일 때, (㉠, ㉡)이 될 수 있는 수는 $(1, 6)$, $(3, 4)$, $(4, 3)$, $(6, 1)$, $(7, 0)$으로 5가지입니다. ㉣ $= 6$일 때, (㉠, ㉡)이 될 수 있는 수는 $(1, 2)$, $(2, 1)$, $(3, 0)$, $(4, 8)$, $(5, 7)$, $(7, 5)$, $(8, 4)$로 7가지입니다. 따라서 네 자리 수가 될 수 있는 수는 모두 $5 + 7 = 12$(가지)입니다.

> **해결 전략**
> 네 수의 합이 9의 배수이므로 9를 뺀 나머지 세 수의 합도 9의 배수여야 해요.

## 14 1단원 + 3단원
**접근 ≫ 약속에 따라 식을 나타내고 간단하게 합니다.**

$\begin{vmatrix} 6 & 7 \\ 11 & 15 \end{vmatrix} + \begin{vmatrix} 18 & 12 \\ 9 & \square \end{vmatrix} = (6 \times 15 - 7 \times 11) + (18 \times \square - 12 \times 9) = 31$

$(6 \times 15 - 7 \times 11) + (18 \times \square - 12 \times 9)$

$= (90 - 77) + (18 \times \square - 108)$

$= 13 + 18 \times \square - 108 = 31$

➡ $18 \times \square = 126$, $\square = 7$

> **주의**
> 순서를 바꾸어 곱하고 빼면 계산 결과가 달라질 수 있어요.

**15** 4단원 접근 》 $\dfrac{2}{3}$, $\dfrac{7}{9}$과 크기가 같은 분수를 각각 찾아서 알아봅니다.

$\dfrac{2}{3}$와 크기가 같은 분수는

$\dfrac{2}{3}=\dfrac{4}{6}=\dfrac{6}{9}=\dfrac{8}{12}=\dfrac{10}{15}=\dfrac{12}{18}=\dfrac{14}{21}=\dfrac{16}{24}=\dfrac{18}{27}\cdots\cdots$입니다. ⋯ ㉠

$\dfrac{7}{9}$과 크기가 같은 분수는 $\dfrac{7}{9}=\dfrac{14}{18}=\dfrac{21}{27}=\dfrac{28}{36}\cdots\cdots$입니다. ⋯ ㉡

㉠의 분모에서 3을 뺀 수와 ㉡의 분자에 5를 더한 수가 같아지는 수는

$\dfrac{16}{24+3}=\dfrac{16}{27}$, $\dfrac{21-5}{27}=\dfrac{16}{27}$이므로 어떤 분수는 $\dfrac{16}{27}$입니다.

> **보충 개념**
> 분모에서 3을 뺀 수와 분자에 5를 더한 수가 같으므로 크기가 같은 분수 중에서 분모끼리의 차는 3, 분자끼리의 차는 5인 수를 찾아봐요.
> ➡ $\dfrac{16}{24}$, $\dfrac{21}{27}$

**16** 6단원 접근 》 삼각형 ㅁㄴㄷ과 삼각형 ㅁㄹㄱ의 관계를 알아봅니다.

삼각형 ㅁㄴㄷ과 삼각형 ㅁㄹㄱ은 모양이 같고 삼각형 ㄱㄴㄷ과 삼각형 ㄹㄴㄷ의 넓이가 같습니다.

삼각형 ㅁㄴㄷ과 합동인 삼각형으로 삼각형 ㅁㄹㄱ을 채우면 오른쪽과 같습니다.

변 ㄱㄹ은 변 ㄴㄷ의 2배이므로 변 ㄱㅁ은 변 ㅁㄷ의 2배, 변 ㅁㄹ은 변 ㅁㄴ의 2배입니다.

이때 삼각형 ㅁㄴㄷ의 높이는 변 ㄱㄴ의 $\dfrac{1}{3}$과 같으므로

$9\times4\times\dfrac{1}{3}=36\times\dfrac{1}{3}=12$(cm)입니다.

(삼각형 ㄹㅁㄷ의 넓이)

$=$(삼각형 ㄱㄴㄷ의 넓이)$-$(삼각형 ㅁㄴㄷ의 넓이)

$=18\times36\div2-18\times12\div2$

$=324-108=216(\text{cm}^2)$

> **해결 전략**
> 모눈 한 칸이 9 cm이므로 모눈 두 칸은 18 cm, 모눈 세 칸은 27 cm, 모눈 네 칸은 36 cm예요.

**17** 1단원 + 3단원 접근 》 배열 순서와 조각 수 사이의 대응 관계를 알아봅니다.

|  | 첫째 | 둘째 | 셋째 | 넷째 |  | □째 |
|---|---|---|---|---|---|---|
| 파란색: | 2 | 6 | 12 | 20 | ➡ | □×(□+1) |
| 초록색: | 2 | 3 | 4 | 5 | ➡ | □+1 |

따라서 개수의 차를 구하는 식은 □×(□+1)−(□+1)입니다.

□=30일 때 개수의 차는

$30\times(30+1)-(30+1)=30\times31-31=930-31=899$입니다.

> **해결 전략**
> 배열 순서를 □라 하고 파란색 조각 수와 초록색 조각 수를 □로 나타내요.

## 18 [3단원] + [5단원]

**접근 》 분자와 분모에서 수가 변하는 규칙을 각각 찾아서 수를 찾아봅니다.**

분자는 1, 2, 3, 4, 5가 반복되고, 분모에서 2씩 커지는 규칙입니다.

- 53째 분수: 분자는 $53 \div 5 = 10 \cdots 3$이므로 3째와 같은 3이고,
  분모는 $53 \times 2 - 1 = 105$입니다.
- 83째 분수: 분자는 $83 \div 5 = 16 \cdots 3$이므로 3째와 같은 3이고,
  분모는 $83 \times 2 - 1 = 165$입니다.

따라서 두 분수는 $\dfrac{3}{105} = \dfrac{1}{35}$, $\dfrac{3}{165} = \dfrac{1}{55}$이므로 합은 $\dfrac{1}{35} + \dfrac{1}{55} = \dfrac{18}{385}$입니다.

> **해결 전략**
> 분모는 1, 3, 5, 7……이므로 ■째 분수의 분모는 ■×2보다 1작아요.

### 서술형 19 [2단원]

**접근 》 가운데 수를 □라고 하여 세 수를 □로 나타냅니다.**

㉮ 세 수를 □−1, □, □+1이라고 하면

(세 수의 합) = □−1+□+□+1 = □+□+□ = 3×□

(세 수의 곱) = (□−1)×□×(□+1)

(□−1)×□×(□+1)은 3×□의 배수이므로

(□−1)×(□+1)은 3의 배수입니다.

□=11일 때 $10 \times 11 \times 12 = 1320$, □=12일 때 $11 \times 12 \times 13 = 1716$
이므로 □는 11 또는 12입니다.

□=11일 때 (□−1)×(□+1) = $10 \times 12 = 120$이므로 3의 배수입니다.

따라서 조건에 알맞은 세 자연수는 10, 11, 12이고 가장 큰 수는 12입니다.

> **주의**
> □=12일 때 (□−1)×(□+1) = $11 \times 13 = 143$으로 3의 배수가 아니예요.

| 채점 기준 | 배점 |
|---|---|
| □를 사용하여 세 수를 나타낼 수 있나요? | 1점 |
| 세 수의 곱이 3의 배수임을 알았나요? | 2점 |
| 조건에 알맞은 수를 구했나요? | 2점 |

### 서술형 20 [4단원]

**접근 》 □를 사용하여 수의 범위로 나타내어 봅니다.**

㉮ 구하는 분수를 □라고 하면 $\dfrac{7}{8} < □ < \dfrac{11}{12}$입니다.

$\dfrac{7}{8}$과 $\dfrac{11}{12}$을 분모가 48, 96인 분수로 각각 통분하면 $\left(\dfrac{42}{48}, \dfrac{44}{48}\right)$, $\left(\dfrac{84}{96}, \dfrac{88}{96}\right)$입니다.

$\dfrac{42}{48}$보다 크고 $\dfrac{44}{48}$보다 작은 기약분수는 $\dfrac{43}{48}$,

$\dfrac{84}{96}$보다 크고 $\dfrac{88}{96}$보다 작은 기약분수는 $\dfrac{85}{96}$입니다.

따라서 구한 두 기약분수의 합은 $\dfrac{43}{48} + \dfrac{85}{96} = \dfrac{171}{96} = 1\dfrac{75}{96} = 1\dfrac{25}{32}$입니다.

> **해결 전략**
> 공통분모가 48, 96인 분수로 각각 통분한 후 범위에 맞는 수를 찾아봐요.

| 채점 기준 | 배점 |
|---|---|
| 두 분수를 분모가 48, 96인 분수로 각각 통분할 수 있나요? | 2점 |
| 범위에 맞는 기약분수를 구했나요? | 1점 |
| 구한 기약분수의 합을 구했나요? | 2점 |

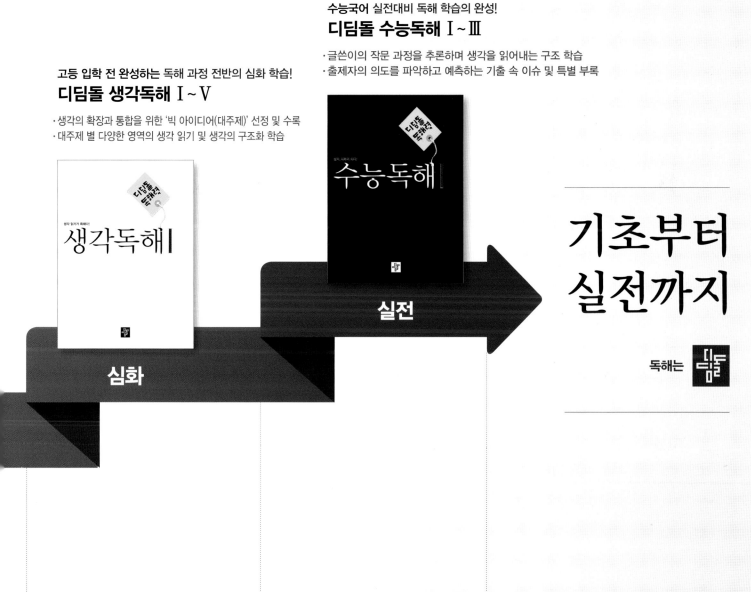

고등 입학 전 완성하는 독해 과정 전반의 심화 학습!
## 디딤돌 생각독해 Ⅰ~Ⅴ

· 생각의 확장과 통합을 위한 '빅 아이디어(대주제)' 선정 및 수록
· 대주제 별 다양한 영역의 생각 읽기 및 생각의 구조화 학습

수능국어 실전대비 독해 학습의 완성!
## 디딤돌 수능독해 Ⅰ~Ⅲ

· 글쓴이의 작문 과정을 추론하며 생각을 읽어내는 구조 학습
· 출제자의 의도를 파악하고 예측하는 기출 속 이슈 및 특별 부록

심화

실전

# 기초부터
# 실전까지

독해는 디딤돌

중등

고등(예비고~고2)

# 한걸음 한걸음 디딤돌을 걷다 보면
# 수학이 완성됩니다.

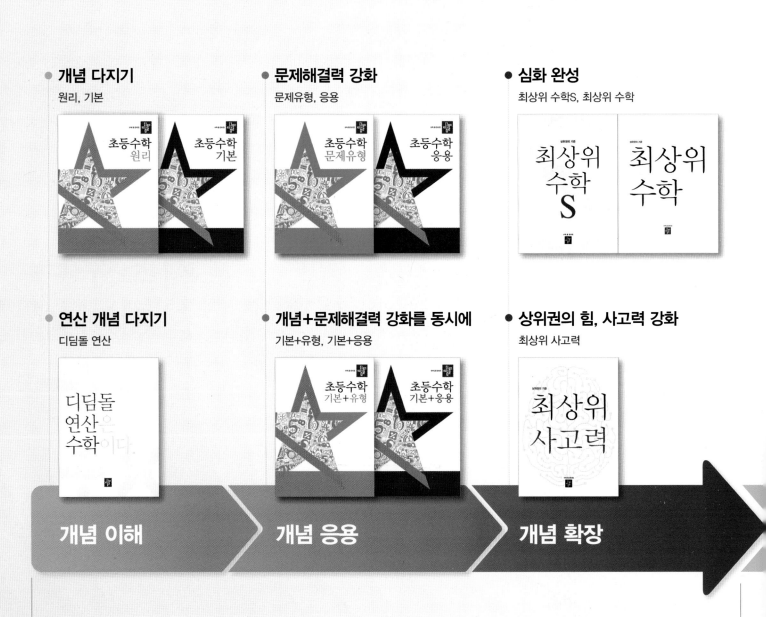

**개념 다지기**
원리, 기본

**문제해결력 강화**
문제유형, 응용

**심화 완성**
최상위 수학S, 최상위 수학

**연산 개념 다지기**
디딤돌 연산

**개념+문제해결력 강화를 동시에**
기본+유형, 기본+응용

**상위권의 힘, 사고력 강화**
최상위 사고력

개념 이해

개념 응용

개념 확장

학습 능력과 목표에 따라
맞춤형이 가능한 디딤돌 초등 수학